机械原理课程设计

（第二版）

李瑞琴　主　编

乔峰丽　副主编

电子工业出版社

Publishing House of Electronics Industry

北京·BEIJING

内 容 简 介

本书是机械原理课程的配套教材，以培养学生的机械运动系统方案创新设计能力为目标。全书共分 3 篇：第 1 篇为机械原理课程设计指导部分，主要介绍机械运动方案设计的一般过程、机械运动系统的协调设计、机械传动系统的设计、执行机构系统的创新设计、机械运动方案的评价等；第 2 篇为机械原理课程设计资料部分，主要给出了连续转动机构、往复运动机构、间歇运动机构和换向机构、行程增大机构和可调机构、差动机构和液、气动机构、实现预期轨迹和预期位置的机构等的设计实例，同时提供了常用基本机构的计算机辅助设计程序及机械运动方案设计中常用到的平面机构的设计知识等；第 3 篇为机械原理课程设计题目部分，主要介绍几种典型的机构系统方案设计实例，提供了若干个有实际应用价值的机械原理课程设计题目及要求等。

本书可作为高等院校机械类各专业机械原理课程设计的教学用书，也可作为与机械相关的专业人员从事产品开发和创新设计的参考用书。

图书在版编目（CIP）数据

机械原理课程设计 / 李瑞琴主编 . —2 版 . —北京：电子工业出版社，2013.5
普通高等教育"十二五"机电类规划教材
ISBN 978-7-121-20277-3

Ⅰ . ①机… Ⅱ . ①李… Ⅲ . ①机构学－课程设计－高等学校－教材 Ⅳ . ①TH111-41

中国版本图书馆 CIP 数据核字（2013）第 087568 号

策划编辑：李 洁
责任编辑：刘 凡
印 刷：北京虎彩文化传播有限公司
装 订：北京虎彩文化传播有限公司
出版发行：电子工业出版社
 北京市海淀区万寿路 173 信箱 邮编 100036
开 本：787×1092 1/16 印张：18.5 字数：473 千字
版 次：2010 年 6 月第 1 版
 2013 年 5 月第 2 版
印 次：2025 年 2 月第 19 次印刷
定 价：39.00 元

凡所购买电子工业出版社图书有缺损问题，请向购买书店调换。若书店售缺，请与本社发行部联系，联系及邮购电话：（010）88254888，88258888。

质量投诉请发邮件至 zlts@phei.com.cn，盗版侵权举报请发邮件至 dbqq@phei.com.cn。

本书咨询联系方式：lijie@phei.com.cn。

前　言

　　全面实施素质教育，培养学生创新精神是我国人才培养的重要任务。机械原理课程设计是机械类课程中最适合培养学生创新精神的一门课程。机械原理课程设计是使学生全面系统地掌握和深化机械原理课程的基本理论和方法、培养学生初步具有机械运动方案设计和分析能力的重要教学环节，也是培养学生工程设计，特别是机构系统方案创新设计能力的重要实践环节。

　　我国各高等院校在长期的机械原理课程设计的课程建设与实践中不断摸索，积累了丰富的教学改革经验，本书力求反映近年来机械原理课程设计的最新教学研究成果。从另一个角度出发，机械原理课程的研究对象，机构和机器的概念在不断拓展和发展，相应的机构学和机器人学学科的前沿知识也在迅速发展和不断更新，特别是以机构和机器系统方案设计为对象的现代设计理论与方法以及对设计方案的评价方法在不断发展与完善。教材应与时俱进体现机构理论学科的最新成果，特别是应体现现代机构学的前沿知识。本书也正是为了适应这一需要而编写的。

　　本书是机械原理课程的配套教材，以培养学生的机械运动系统方案创新设计能力为目标，以执行机构系统的创新设计为主线，全书共分3篇：第1篇为机械原理课程设计指导部分，主要介绍机械原理课程设计的内容及要求。机械运动方案设计的一般过程、机械运动系统的协调设计、机械传动系统的设计、执行机构系统的创新设计，机械运动方案的评价等。第2篇为机械原理课程设计资料部分，主要分类介绍连续转动机构，往复运动机构，间歇运动机构和换向机构，行程增大机构和可调机构，差动机构和液、气动机构，实现预期轨迹和预期位置的机构等机构的设计实例，较多的设计实例有助于读者开拓思路，选用合适的执行机构完成机械运动系统的方案设计，本篇还提供了连杆机构及凸轮机构等常用基本机构的计算机辅助设计程序及机械运动方案设计中常用平面机构的设计知识等，有助于采用计算机辅助设计的手段完成设计方案中常用执行机构的设计计算。第3篇为机械原理课程设计题目部分，主要介绍几种典型的机械运动方案设计实例，提供若干个有实际意义的机械原理课程设计题目、原始数据及要求等。

　　本书可作为高等院校机械类各专业机械原理课程设计的教学用书，也可作为近机械类等相关专业人员从事产品开发和创新的参考用书。

　　参加本书编写的有李瑞琴（第1~7章，第13~16章）、梅瑛（第8章）、薄瑞峰（第9章）、闫建新（第10章）、乔峰丽（第11章）、苗鸿宾（第12章）。全书由李瑞琴教授任主编，乔峰丽副教授任副主编。

　　在本书的编写过程中，参阅了一些同类论著，在此特向其作者表示衷心的感谢，同时本书也得到了相关学者、老师及责任编辑的热情关注和大力支持，在此一并表示衷心的感谢。

　　由于作者水平有限，书中缺点、误漏、欠妥之处在所难免，恳请广大读者批评指正。

作　者

2013年1月

目　录

第1篇

机械原理课程设计指导

随着科技的进步和工业生产的飞速发展，工业生产中迫切需要各种各样性能优良及智能化、柔性化程度高的现代机械产品。而产品的概念设计是决定产品性能、质量及市场竞争力的重要环节。产品的概念设计包括产品功能分析、工作原理方案设计和机械运动系统方案设计等，这些内容是机械原理课程设计的重要内容，对培养学生进行现代机械运动系统创新设计能力起着重要的作用。本篇主要介绍机械原理课程设计的目的、意义及要求，机械运动方案设计的一般过程，机械运动系统的协调设计，机械传动系统及执行机构系统创新设计，机械运动方案评价等内容。

第 1 章

绪论

1.1 机械原理课程设计的目的和意义

1.1.1 机械原理课程设计的目的

机械原理课程设计是机械类各专业学生在学习了机械原理课程后进行的一个重要的实践性教学环节，是为培养学生机械系统运动方案设计和创新设计能力、应用计算机解决工程实际中各种机构设计和分析能力服务的。机械原理课程设计是使学生较全面、系统地掌握和深化机械原理课程的基本原理和方法的重要环节，是培养学生理论联系实际、锐意创新并完成机械系统整体分析和设计能力的一种手段。

对机械原理课程设计的基本要求是：按照一个简单机械系统的功能要求，综合运用所学知识，拟订机械系统的运动方案，并对其中的某些机构进行分析和设计。

通过机械原理课程设计这一实践环节，可以使学生得到以下几方面的训练。

（1）以机械系统运动方案设计与拟订为结合点，把机械原理课程中分散于各章的理论和方法融会贯通起来，从而使学生进一步巩固和加深理解机械原理课程所学的基本理论和方法。

（2）使学生能受到拟订机械运动方案的训练，初步具有机构选型与组合和确定运动方案的能力。

（3）使学生在了解机械运动的变换与传递的过程中，对机械的运动、动力分析与设计有一个较完整的概念。

（4）进一步提高学生运算、绘图、运用计算机和技术资料的能力。

（5）通过编写设计说明书，培养学生表达、归纳、总结和独立思考与分析的能力。

1.1.2 机械原理课程设计的意义

随着现代科学技术和工业生产水平的飞速发展，机械产品的种类日益增多，如各种仪器仪表、轻工机械、包装印刷机械、交通运输机械、海洋作业机械、矿山机械、钢铁成套设备、办公自动化设备及家用电器、儿童玩具等。各种现代机械设备实现生产和操作过程的自动化程度越来越高。因此，机械产品设计的首要任务是进行机械运动方案的设计和构思、各种传动机构和执行机构的选用和创新设计。这就要求设计者综合运用各类典型机构的结构组成、运动原理、工作特点、设计方法及其在系统中的作用等知识，根据使用要求和功能分析，巧妙地选择工艺动作过程，选用或创新机构形式并巧妙地组合成机械系统运动方案，从而设计出结构简单、制造方便、性能优良、工作可靠、适用性强的机械系统。

21 世纪是全球化的知识经济时代，产品的竞争将越来越激烈。人类将更多地依靠知识创新和技术创新，没有创新能力的国家不仅将失去在国际市场上的竞争力，也将失去知识经济带来的机遇。产品的生命是创新，创新来自于设计，设计中的创新需要高度、丰富的创造性思维，没有创造性的思维，就没有产品的创新，没有创新的产品就不具有市场竞争力和生命力。而机械产品创新设计成功的关键就是机械系统的运动方案设计。因此，通过机械原理课程设计加强对学生机械系统运动方案设计和创新设计能力的培养具有重要意义。

1.2 机械原理课程设计的内容和方法

1. 机械原理课程设计的内容

机械原理课程设计的主要任务是完成一个简单机械的总体运动方案的设计，一般应包括以下几个方面的内容。

（1）按照给定的机械总功能要求，分解成分功能，进行机构的选型与组合。

（2）设计该机械系统的几种运动方案，对各运动方案进行对比和选择。

（3）对选定方案中的机构——连杆机构、凸轮机构、齿轮机构、间歇运动机构、其他常用机构、组合机构等进行分析与设计。

（4）设计机构系统运动循环图，画出机构系统运动简图。

（5）设计飞轮，进行机械动力分析与设计。

2. 机械原理课程设计的方法

机械原理课程设计的方法主要有 3 类：图解法、解析法和实验法。

（1）图解法。图解法是利用已知条件和某些几何关系式等，通过几何作图求得结果。这种方法具有几何概念清晰、形象、直观、定性简单及便于检查结果的正确与否等优点；其缺点是作图烦琐、精度不高。但它是学习者掌握机械原理课程的基本概念、基本原理最有效的方法，是进行解析设计的基础，可借助 CAD 等计算机辅助设计软件进行图解法以提高作图精度。

（2）解析法。解析法是以机构参数表达各构件间的函数关系，通过建立数学模型，编制框图和程序，借助计算机求出其结果，该方法计算精度高、速度快，能解决较复杂的问题，因此在实际设计中得到了越来越广泛的应用。

（3）实验法。用作图法或利用图谱、表格及模型实验等来求得机构运动学参数，或通过建立模型，进行计算机动态仿真。这种方法不仅可以验证设计效果的好坏，还可以培养学生的创新意识和实践动手能力。

以上 3 种方法各有特点，工程实际中要求机械设计人员熟练掌握各种设计方法。在机械原理课程设计中，应根据具体设计内容，在满足机械设计精度要求的前提下，择简而用或并用，使设计工作做到又好又快。

1.3 机械原理课程设计说明书的编写

编写设计说明书是设计工作的重要环节之一。对于课程设计来说，设计说明书是反映设计思想、设计方法和设计结果等的主要手段。因此，课程设计说明书是产品设计的重要技术文件之一，是图样设计的基础和理论依据，也是进行设计审核的依据。

1.3.1 课程设计说明书的内容

设计说明书应详细地记录设计过程中所使用的各种数据及数据来源，给出设计过程中的各种设计计算公式和依据，说明各种选择的依据（如电动机的选择、各种设计方案的选择、计算数据的选取等），给出设计结果和必要的说明。

设计说明书的主要内容如下。

（1）课程设计任务书：包括一般设计要求、使用条件和主要设计参数等。一般由指导教师给定。

（2）目录：应列出说明书中的各项内容的标题及页次，包括设计任务书和附录。

（3）正文：说明书正文主要为设计依据和过程，主要由以下几部分组成。

① 机械运动方案设计：主要有拟订机械的工作原理和工艺动作，确定执行构件的数目及其运动与动力要求，选择执行机构类型，通过机构组合形成机械系统运动方案，以及对运动方案的分析和评价选优。

② 机械传动系统设计：主要有原动机类型和参数选择、传动系统类型选择及布置方式确定、总传动比及其分配、各传动轴动力参数的计算等。

③ 机械系统运动循环图的设计。

④ 机械系统的运动设计：主要有执行机构运动尺寸综合、机构运动分析等。

⑤ 机械系统的动力设计：主要有对所选机构进行动态静力分析、调速飞轮的设计等。

⑥ 对于计算机辅助设计内容，设计程序框图，编制程序代码，并给出程序运行结果。

⑦ 对结果进行分析讨论。

⑧ 设计小结。

⑨ 列出主要参考文献并编号。

上述内容，实际上主要包括机械运动方案的选择与设计（机构选型及其组合）、各执行机构的协调设计、机械的运动分析与设计、机械的动力分析与设计。同时应根据专业的需要和具体设计题目的要求，或比较全面，或偏重于某个方面，但要保证课程设计的基本内容及其完整性、综合性。

1.3.2 编写课程设计说明书的有关要求

课程设计说明书的编写要求如下。

（1）准备好草稿本。每个学生在接到课程设计任务书之后要准备一个草稿本，把在课程设计过程中查阅、摘录的资料，初步的运算，编程的草稿，设计构思的草图，心得思路等都记录在案。不要轻易散落、丢失。这些材料是编写正式说明书的基本素材。

（2）对于计算内容，应先列出公式，然后代入数据，再写出结果，并标明单位，省略中间的计算过程，对重要数据用简短语言给出结论。

（3）说明书中应编写必要的大、小标题，所用的公式和数据应注明其来源（参考资料的编号和页次）。

（4）说明书主要在于说明设计的正确性，故不必写出全部分析、运算和修改过程，但要求分析方法正确、计算过程完整，要保证课程设计的基本内容的完整性和综合性。一般应包括 3 种基本机构，如连杆机构、凸轮机构、齿轮机构的分析与综合，还应包括设计方案中设计的间歇运动机构、组合机构等的分析与综合。

（5）说明书应加上封面与目录装订成册，其封面格式如图 1-1 所示。

（6）说明书应附有相应的图纸和计算程序。图纸的数量要达到规定的要求；图纸的质量要求作图准确、布图匀称，图面整洁，线条、尺寸标注符合制图的国家标准规定。

图 1-1　说明书封面格式

第2章

机械运动方案设计的一般过程

2.1 机械设计的内容和步骤

为了使学生了解机械原理课程设计在培养学生机械创新设计能力中的作用，首先要了解一般机械设计的含义及其设计过程。

2.1.1 设计的基本概念

机械产品的设计按创新程度的不同有以下3类。

（1）开发性设计：在工作原理、结构等完全未知的情况下，应用成熟的科学技术，或经过试验证明是可行的新技术，设计全新的新机械。这是一种完全创新的新设计。

（2）适应性设计：在原理、方案基本保持不变的前提下，对产品进行局部的变更或设计一个新部件，使机械产品在质和量方面更能满足使用要求。

（3）变型设计：在工作原理和功能结构都保持不变的前提下，变更现有产品的结构配置和尺寸，使之适应更多的容量要求。这里的容量含义很广，如功率、转矩、加工对象的尺寸、传动比范围等。

在机械装置的设计中，开发性设计是最复杂的设计，其创新程度最高。即使是进行适应性设计和变型设计，也应在创新上下功夫。创新可以使设计别具一格，从而提高机械的工作性能和市场竞争力。

2.1.2　机械设计的一般过程

机械产品的设计过程一般分为 4 个阶段：产品规划阶段、概念设计阶段、详细设计阶段和改进设计阶段。通常广泛实施和应用的流程可归纳为如图 2-1 所示的流程图。

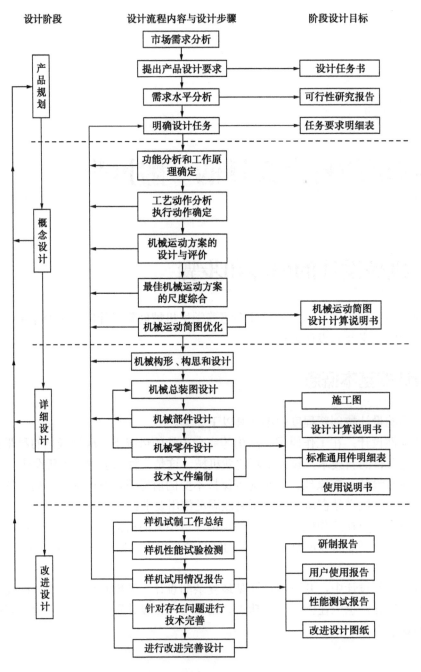

图 2-1　机械设计的一般流程

对于如图 2-1 所示的 4 个设计阶段的基本内容分别阐述如下。

（1）产品规划阶段。产品规划是指进行需求分析、市场预测、可行性分析，确定设计参数及制约条件，最后给出详细的设计任务书或要求表，作为设计、评价和决策的依据。

此阶段须对产品开发中的重大问题进行技术、经济、社会等方面的详细分析，对开发可行性进行综合研究，提出可行性报告，其主要内容如下：

① 产品开发的必要性，市场需求预测。

② 有关产品的国内外水平和发展趋势。

③ 预期达到的最低目标和最高目标，包括设计水平、技术、经济、社会效益等。

④ 提出设计、工艺等方面需要解决的关键问题。

⑤ 现有条件下开发的可能性及准备采取的措施。

⑥ 预算投资费用及项目的进度、期限。

（2）概念设计阶段。需求是以产品的功能来体现的，功能与产品设计的关系是因果关系。体现同一功能的产品可以有多种多样的工作原理。因此，这一阶段的最终目标就是在功能分析的基础上，通过设计理念构想、创新构思、搜索探求、优化筛选取得较理想的工作原理方案。对于机械产品来说，在功能分析和工作原理确定的基础上进行工艺动作构思和工艺动作分解，初步拟定各执行构件动作相互协调、配合的运动循环图，进行机械运动方案的设计（即机构系统的型综合和数综合）等，这就是产品概念设计过程的主要内容。

（3）详细设计阶段。详细设计阶段主要是将机械运动方案具体转化为机器及其零部件的合理构形，也就是要完成机械产品的总体设计、部件设计和零件设计，完成全部生产图纸并编制设计说明书等有关技术文件。

详细设计时要求零件、部件设计满足机械的功能要求；零件结构形状要便于制造加工；常用零件尽可能标准化、系列化、通用化；总体设计还应满足总功能、人机工程、造型美学、包装和运输等方面的要求。

详细设计时，一般先由总装草图分拆成零件、部件草图，经审核无误后，再由零件工作图、部件工作图绘制出总装图。

最后还要编制技术文件，如设计说明书，标准件、外购件明细表，备件、专用工具明细表等。

（4）改进设计阶段。根据样机性能测试数据、用户使用及在鉴定中所暴露的各种问题，进一步做出相应的技术完善工作，以确保产品的设计质量。这一阶段是设计过程中不可缺少的一部分。通过这一阶段的工作可以进一步提高产品的效能、可靠性和经济性，使产品更具有生命力。

2.2　机械运动方案的设计理论与方法

设计理论与方法对于指导产品设计具有重要作用。前苏联学者阿切尔康的巨著《机械零件设计》指导了几代人的设计工作，使机械设计理论化、规范化。美国学者铁摩辛柯的巨著《材料力学》也影响了几代人，奠定了强度设计的基础。同理，机械运动方案设计理论与方法无疑对机械运动系统设计起着重要的指导作用。

目前常用的机械运动方案设计的理论与方法主要有以下几种。

（1）功能方法树。功能方法树是产生多个设计方案的简单实用的方法。功能方法树的建立过程是从确定总功能开始，然后采用自顶向下的方法逐层分解，一直到最低层的方法为止。

（2）Pahl & Beitz 系统设计学。系统化设计思想于 20 世纪 70 年代由德国柏林工业大学 Pahl & Beitz 提出，他们以系统理论为基础，制订了设计的一般模式，倡导设计工作应具备条理性。

系统设计理论的主要特点是：将设计看成由若干设计要素组成的一个系统，系统中每个设计要素都具有相对的独立性，各要素间存在着有机联系，并具有层次性，所有的设计要素结合后，就可以实现设计系统所需完成的任务。

德国工程师协会在这一设计思想的基础上，制订出了标准 VDI 2221"技术系统和产品的开发设计方法"。

（3）形态学矩阵法。形态学矩阵法用于功能元解的组合，将系统的功能元列为纵坐标，各功能元的相应解法（实现该功能的技术途径）列为横坐标，构成形态学矩阵。根据形态学求解规则，选择不同的元素进行组合，获得不同的方案解。

形态学矩阵法具有良好的动态组合性能，可以方便地形成数目可观的满足需求的运动方案。

（4）设计目录法。设计目录是一种设计信息库，它通过把设计过程中所需要的大量信息有规律地加以分类、排列、存储，便于设计者查找和使用。目录中所包含的信息多种多样，所排列解的具体化程度也各不相同，一般包括解的物理效应、作用原理、约束条件、计算方法及必要的说明等项目。设计目录不同于一般的手册和资料，作为一种设计信息载体，它具有信息完备性、可补充性及易检索性，并适合计算机辅助设计。

由于功能描述的多义性，限制了设计目录法的应用范围，使得设计目录法只能构建出目标范围小而明确的知识库。换句话说，只能对特定场合中的功能与功能解的对应关系进行描述。现代机械系统的功能的多样性、功能关系的复杂性决定了难以用设计目录法进行描述。

（5）TRIZ 设计理论。以俄国学者 G.S.Altshuller 为代表的研究小组，深入研究了世界各国近 250 万件专利。TRIZ 的发明者从一开始就认为，发明问题遵循共同的原理，这种原理可以从各个设计领域中抽象出来，再应用到各个设计领域中去，以指导不同领域的设计。TRIZ 是一种基于知识的、面向人的、系统化的解决发明问题的理论。它将产品创新的核心——产生新的工作原理过程具体化，提出了许多规则、算法和发明原理供设计人员使用，现已成为一种较为完善的设计理论。目前，TRIZ 设计理论在美国、欧洲、日本、韩国等国家和地区得到了越来越多的应用。

（6）公理化设计理论。以 Suh 为代表的公理化设计方法认为存在着能够指导设计过程的基本公理及由公理指导的设计方法。根据对产品设计、过程设计、系统设计等所有设计过程共同性的研究，归纳出了两个设计公理，即功能独立性维护与信息最小化这两个著名的设计公理。根据这两个公理可以推导出设计理论和推论。Suh 的设计公理及其推论使得原先一些从经验甚至是直觉发展而来的设计准则有了科学的依据。总的来说，公理化设计应用于概念设计阶段基本上是一种概念上的表达，距离完善的理论体系还有一段距离。

（7）质量功能配置。质量功能配置（QFD）是从质量保证的角度出发，通过一定的市场调查方法获取用户需求，并采用矩阵图解法将对用户需求的实现过程分解到产品开发的各个过程和各职能部门中去，将用户需求作为产品功能特征构思、结构设计和零件设计、工艺规划、作业控制等的基础，从产品开发的宏观过程出发，将用户需求信息合理而有效地转换为产品开发各阶段的技术目标和作业控制规程的方法。

因此，质量功能配置是一种用户驱动的产品开发方法，是一种在产品设计阶段进行质量保证的方法，是在实现用户需求的过程中，帮助产品开发各个职能部门制订出各自的相关技术要求和措施，并使各职能部门能协调地工作，使得设计和制造的产品能真正满足用户需求的方法。其目的是使产品能以最快的速度、最低的成本和最优的质量占领市场。

随着 QFD 的日趋完善和计算机技术、信息技术等其他相关支撑技术的发展，对智能化、集成化计算机辅助 QFD 应用环境的研究也在不断深入，这必将促进 QFD 在工业界的推广和应用，并推动 QFD 向标准化、规范化方向发展。

2.3　机械运动方案设计的步骤

图 2-2 所示为执行机构系统方案设计的一般流程。下面简要介绍设计流程中的几个主要内容。

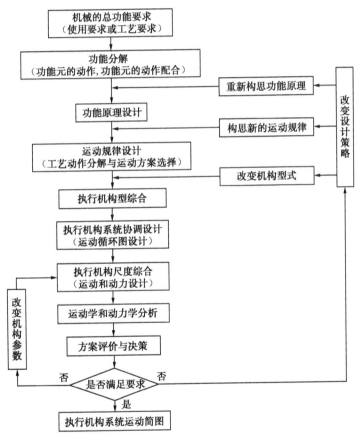

图 2-2　执行机构系统方案设计的一般流程

（1）机械的总功能分析。根据设计对象的用途和要求，合理表述机械的总功能目标和原理。目标既要明确、具体，又要能使设计者发挥创造构思的空间。例如，要设计一个密封盖的夹紧装置，若将功能表述为螺旋夹紧，则设计者直觉地会联想到丝杠螺旋夹紧；如果表述为机械夹紧，则可以想到其他机械手段；如果表述得更抽象，如用压力夹紧，则思路就会更宽，就会想到气动、液压、电动等更多的技术原理。

（2）功能原理设计。功能原理设计的任务是：针对某一确定的功能要求，去寻求某些物理效应并借助一些作用原理来求得实现该功能目标的解法原理。常用的功能原理有摩擦传动原理、机械推拉原理、材料变形原理、电磁传动原理、流体传动原理、光电原理等。对于同一种功能要求，应尽可能把能实现该功能要求的各种功能原理都考虑到。

不同的功能原理需要不同的工艺动作。例如，要求设计一个齿轮加工设备，其预期实现的功能是在轮坯上加工出轮齿，为了实现这一功能要求，既可以选择仿形原理，也可以采用范成原理。若选择仿形原理，则工艺动作除了有切削运动、进给运动外，还需要准确的分度运动；若采用范成原理，则工艺动作除了有切削运动和进给运动外，还需要刀具与轮坯对滚的范成运动等。这说明：实现同一功能要求，可以选择不同的工作原理；选择的工作原理不同，所设计的机械在工作性能、工作品质和适用场合等方面就会有很大差异。

（3）运动规律设计。要实现同一工作原理，可以采用不同的运动规律。所谓运动规律设计，是指为实现上述工作原理而决定选择何种运动规律。这一工作通常是通过对工作原理所提出的工艺动作进行分解来进行的。工艺动作分解的方法不同，所得到的运动规律也各不相同。例如，同是采用范成原理加工齿轮，工艺动作可以有不同的分解方法：一种方法是把工艺动作分解成齿条插刀与轮坯的范成运动、齿条刀具上下往复的切削运动及刀具的进给运动等，按照这种工艺动作分解方法，得到的是插齿机床的方案；另一种方法是把工艺动作分解成滚刀与轮坯的连续转动（将切削运动和范成运动合为一体）和滚刀沿轮坯轴线方向的移动，按照这种工艺动作分解方法，就得到了滚齿机床的方案。这说明：实现同一工作原理，可以选用不同的运动规律；所选用的运动规律不同，设计出来的机械也大相径庭。

（4）执行机构型综合。要实现同一种运动规律，可以选用不同类型的机构。所谓执行机构型综合，是指究竟选择何种机构来实现上述运动规律。例如，为了实现刀具的上下往复运动，既可以采用齿轮齿条机构、螺旋机构；也可以采用曲柄滑块机构、凸轮机构；还可以通过机构组合或结构变异创造发明新的机构等。究竟选择哪种机构，还需要考虑机构的动力特性、机械效率、制造成本、外形尺寸等因素，根据所设计的机械的特点进行综合考虑，分析比较，抓住主要矛盾，从各种可能使用的机构中选择出合适的机构。机构的型综合直接影响机械的使用效果、繁简程度和可靠性等。

（5）执行机构系统的协调设计。一个复杂的机械，通常由多个执行机构组合而成。当选定各个执行机构的形式后，还必须使这些机构以一定的次序协调动作，使其统一于一个整体，互相配合，以完成预期的工作要求。如果各个机构动作不协调，就会破坏机械的整个工作过程，达不到工作要求，甚至会损坏机件和产品，造成生产和人身事故。所谓执行机构系统的协调设计，就是根据工艺过程对各动作的要求，分析各执行机构应当如何协调和配合，设计出协调配合图。这种协调配合图通常称为机械的运动循环图，它具有指导各执行机构的设计、安装和调试的作用。

（6）执行机构的尺度综合。所谓机构的尺度综合，是指根据各执行构件、原动件的运动参数以及各执行构件运动的协调配合要求和动力性能要求，确定各机构中各构件的几何尺寸（指运动尺寸）或几何形状（如凸轮廓线等），绘制出各执行机构的运动简图。在机构的尺度综合时，要考虑机构的静态和动态误差的分析。

（7）执行机构的运动学和动力学分析。对整个执行机构系统进行运动学分析和动力学分析，以检验其是否满足运动要求和动力性能方面的要求。

（8）方案评价与决策。方案评价包括定性评价和定量评价。前者是指对结构的繁简、尺寸的大小、加工的难易等进行评价，后者是指将经过运动学和动力学分析后所得到的执行机构系统的具体性能与使用要求所规定的预期性能进行比较，从而对设计方案做出评价。如果认为评价的结果合适，则可绘制出执行机构系统的运动简图，即完成了执行机构系统的方案设计；如果不认可评价的结果，则需要改变设计策略，对设计方案进行修改。修改设计方案的途径因实际情况而异，既可以改变运动参数，重新进行机构尺度设计，也可以改变机构形式，重新选择新的机构，还可以改变工艺动作分解的方法，重新进行运动规律设计，甚至可以否定原来所采用的功能原理设计，重新寻找新的功能原理。

需要指出的是，选择方案与对方案进行尺度设计和性能分析，有时是不可分的。因为在实际工作中，如果大体尺寸还没有确定，就不可能对方案做出确切评价，不能确定选择哪种方案。所以，这些工作在某种程度上来说是并行的。

综上所述，实现同一种功能要求，可以采用不同的工作原理；实现同一种工作原理，可以选择不同的运动规律；实现同一种运动规律，可以采用不同型式的机构。因此，为了实现同一种预期的功能要求，就可以有许多种不同的方案。机械执行机构系统方案设计所要研究的问题，就是如何合理地运用设计者的专业知识和分析能力，创造性地构思出各种可能的方案，并从中选出最佳方案。

第 3 章

机械运动系统的协调设计

执行机构系统中的各执行机构必须按一定的次序协调动作、互相配合，这样才能完成机械预定的功能和生产过程，这方面的工作称为执行机构系统的协调设计。执行机构系统的协调设计是执行机构系统方案设计的重要内容之一。

3.1　机械运动系统协调设计的要求

各执行机构之间的协调设计是一种系统设计方法，它应满足以下几方面的要求。

1. 各执行构件在时间上的协调配合

执行机构系统的各执行动作过程和先后顺序，必须符合工艺过程所提出的要求。为了使整个执行机构系统的执行动作按一定的时间顺序进行，而且能够实现周而复始地循环协调工作，必须使各执行机构的运动循环时间间隔相同，或与工艺过程所要求的时间成一定的倍数关系。

2. 各执行构件在空间上的协调配合

有些执行机构除了在时间上必须按一定顺序动作外，在空间位置上也必须协调一致，以免相互干涉，即执行机构在运动过程中，在一个运动循环的时间间隔内，运动轨迹不互相干涉。在保证时间同步和空间同步的前提下，工作循环周期必须尽可能短，因为如果动作先后顺序间隔的时间太长，会使机器的生产率降低。图 3-1 所示为饼干自动包装机的折边机构。

左右两个折边执行机构的运动轨迹交于 M 点，如果空间协调关系设计不好，左右两个执行机构就会在运动空间上产生干涉，而使两折边机构因碰撞而损坏。

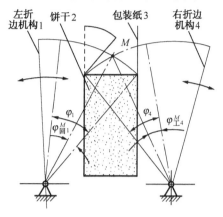

图 3-1 饼干自动包装机的运动协调

3. 各执行机构运动速度的协调配合

有些执行机构运动之间必须保持严格的速比关系。例如，滚齿或插齿按范成法加工齿轮时，刀具和轮坯的范成运动必须保持一定的传动比。如图 3-2 所示的四冲程内燃机中，进气凸轮机构和排气凸轮机构是在曲柄滑块主机构的曲柄转两圈时才完成一次进气和排气动作。此时，凸轮轴只转一圈。为达到曲柄滑块机构和凸轮机构的协调配合，两者之间采用齿轮机构传动来完成上述要求。

4. 多个执行机构完成一个执行动作时，其执行机构运动的协调配合

图 3-3 所示为一纹板冲孔机构，它在完成冲孔这一工艺动作时，要求由两个执行机构组合运动来实现：一是曲柄摇杆机构中摇杆（打击板）的上下摇动，类似榔头的敲击动作；二是电磁铁动作，装有衔铁的曲柄在电磁吸力作用下，带动滑块（冲头）沿打击板上的导路做往复移动。只有当冲头移至冲头上方，同时冲头又随打击板下摆时，才能敲击到冲针，完成冲孔这一工艺动作。显然，这两个机构的运动必须精确协调、配合，否则就会产生空冲，即冲头敲不到冲针而无法满足在纹板上冲孔的要求。

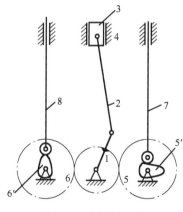

图 3-2 内燃机机构

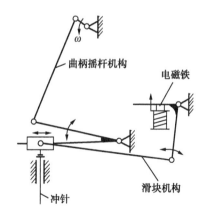

图 3-3 纹板冲孔机构的运动协调配合

3.2 机械运动循环图的类型

1. 机械的运动分类

根据机械所完成的功能及其生产工艺的不同，它们的运动可分为非周期性循环和周期性循环两大类。非周期性循环的机械有起重运输机械、建筑机械、工程机械等，这类机械的工作往往没有确定的运动周期，随着机械工作地点、条件的不同而随时改变；周期性循环的机械有包装机械、轻工自动机、自动机床等，这类机械中的各执行构件，每经过一定的时间间隔，其位移、速度和加速度便重复一次，完成一个运动循环。生产中的大部分机械都属于这类具有周期性运动循环的机械。

2. 执行机构的运动循环

机械的运动循环是指机械完成其功能所需的总时间，常用字母 T 表示。机械的运动循环（又称工作循环）往往与各执行机构的运动循环相一致，因为一般来说，执行机构的生产节奏就是整台机械的运动节奏。但是，也有不少机械，从实现某一工艺动作过程要求出发，某些执行机构的运动循环周期与机械的运动循环周期并不相等。此时，机械的一个运动循环内有些执行机构可完成若干运动循环。

为了设计机械的运动循环图，首先应设计执行机构的运动循环图，而执行机构的运动循环主要根据工艺要求进行设计。通常执行机构中执行构件的运动循环至少包括一个工作行程和一个空回行程。有时有的执行构件还有一个或若干个停歇阶段。

执行机构的运动循环图可以用图 3-4 所示的三种图形来表示。图 3-4（a）所示是表示某执行机构初始停留 T_o、前进 T_k 和后退 T_d 三个阶段的直线式循环图。这种表示方法将运动循环的各运动区段时间及顺序按比例绘制于直线坐标上，可以看出这些运动状态在整个运动循环内的相互关系和时间，比较简单明了。

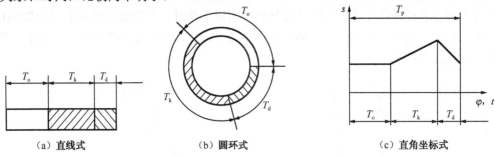

（a）直线式　　　　（b）圆环式　　　　（c）直角坐标式

图 3-4 执行机构运动循环图的表示方法

图 3-4（b）所示为圆周式循环图，它将运动循环的各运动区段时间及顺序按比例绘制在圆形坐标上，这种表示方法比较适用于具有凸轮分配轴或转鼓的自动机械，因为整周 360° 圆形坐标正好与分配轴或转鼓的一整转一致。

图 3-4（c）所示为直角坐标式循环图，横坐标表示运动循环内各运动区段的时间或对应的分配轴转角，纵坐标表示执行机构的运动特性，如位移等。显然，这种循环图表示方法不仅表示了各运动区段的时间及顺序，还表示了机构的运动状态。例如，当曲线为平行于横坐标的水

平线时，表示机构处于停顿状态；当曲线斜率大于零时，表示机构处于工作行程即升程，而且曲线斜率的大小反应了升程的快慢；当曲线斜率小于零时，表示机构处于返回行程即回程。各段曲线究竟采用何种运动规律，需视工艺要求、运动学或动力学特性等多方面因素而定。

3．机械的运动循环图的形式

当按机械的运动要求或工艺要求初步设计出机构系统运动方案示意图后，还不能充分反映出机构系统中各个执行构件间的相互协调、配合的运动关系。在大多数机械中，各执行机构往往做周期性的运动，机构中的执行构件在经过一定时间间隔后，其位移、速度、加速度等运动参数的数值呈现出周期性重复。用于描述机构系统在一个工作循环中各执行机构之间有序的、既相互制约又相互协调、配合的运动关系的示意图称为机械运动循环图（又称为工作循环图）。

拟定机械运动循环图是各执行机构协调设计的重要内容，它的主要任务是根据机械对工艺过程及运动的要求，建立各执行机构运动循环之间的协调、配合关系。如果这种协调、配合得好，就可以保证机械有较高的生产率及较低的能耗。

由于机械在主轴或分配轴转动一周或若干周内完成一个工作循环，故运动循环图常以主轴或分配轴的转角为位置变量，以某主要执行构件有代表性的特征位置为起始位置，在主轴或分配轴转过一个周期时，表示出其他执行构件相对该主要执行构件的位置先后顺序关系。按其表示的形式不同，通常有直线式运动循环图（或称矩形运动循环图）、圆周式运动循环图和直角坐标式运动循环图三种类型。

下面以图 3-5 所示的平版印刷机执行机构为例，说明机械运动循环图的形式。

如图 3-5 所示的平版印刷机适用于印刷 8 开以下的印刷品，它有 3 个执行动作：

（1）印头的往复摆动——使固定在印头上的纸张与涂墨后的铅字版贴合，完成印刷工艺。

（2）油辊上下滚动——在固定铅字版上均匀涂刷油墨。

（3）油盘间歇转动——使定量输送至油盘上的油墨能均匀涂抹在油辊上。

在油盘、油辊和印头 3 个执行构件中，印头是印刷的主要执行构件，故取印头为参考构件。带动印头往复摆动的执行机构的主动件每转一周完成一个运动循环，以该主动件作为直线式和直角坐标式运动循环图的横坐标。

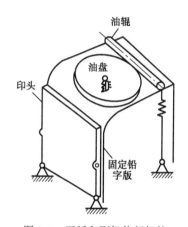

图 3-5　平版印刷机执行机构

平版印刷机的直线式、圆周式和直角坐标式的运动循环图如图 3-6、图 3-7、图 3-8 所示。

主轴转角	0°　　90°　　180°　　270°　　360°		
印头往复摆动机构	印头工作行程 （印刷） 　　　　195°		印头空回行程
油辊往复摆动机构	油辊空回行程 （匀油） 　60°		油辊工作行程 （给铅字上油）
油盘间歇运动机构	油盘 转动	油盘静止	

图 3-6　直线式运动循环图

图 3-7　圆周式运动循环图

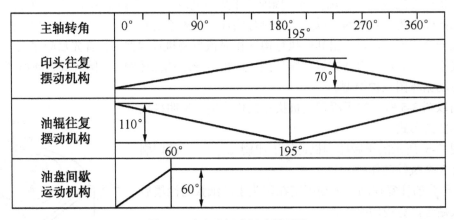

图 3-8　直角坐标式运动循环图

（1）直线式运动循环图。直线式运动循环图是将机械在一个运动循环中各执行构件的各行程区段的起止时间和先后顺序按比例绘制在直线坐标轴上得到的。它的优点是：绘制方法简单，能清楚地表示出一个运动循环内各执行构件间运动的先后顺序和位置关系；缺点是：直观性较差，不能显示各执行构件的运动规律。

（2）圆周式运动循环图。圆周式运动循环图的绘制方法是确定一个圆心，画一个圆。再以该圆心为中心，作若干同心圆环，每个圆环代表一个执行构件。各执行构件不同行程的起始和终止位置由各相应圆环的径向线表示，其优点是：直观性强。因为一般机械的一个运动循环是在主轴或分配轴转一周的过程中完成的，所以通过这种循环图能直观地看出各执行机构的原动件在主轴或分配轴上所处的相位，便于各执行机构的设计、安装和调试。这种运动循环图的缺点是：当执行构件数目较多时，因同心圆环太多而看起来不够清晰。圆周式运动循环图同样也不能显示各执行构件的运动规律。

（3）直角坐标式运动循环图。直角坐标式运动循环图是将各执行构件的各运动区段的时间和顺序按比例绘制在直角坐标系里而得到的。用横坐标表示分配轴或主要执行机构主动件的转角，用纵坐标表示各执行构件的角位移或线位移。为简单起见，各区段之间均用直线连接。这种运动循环图的特点是不仅能清楚地表示各执行构件动作的先后顺序，而且能表示出各执行机构在各区段的运动规律，便于指导各执行机构的设计。

在上述三种类型的运动循环图中，直角坐标式运动循环图不仅能表示出这些执行机构中构件动作的先后，而且能描绘它们的运动规律及运动上的配合关系，直观性较强，比其他两种运动循环图更能反映执行机构的运动特性，并能作为下一步机构几何尺寸设计的依据。所以在设计机械时，通常优先采用直角坐标式的运动循环图。

3.3 机械运动循环图的设计和计算

在设计机械的运动循环图时，通常机械实现的功能是已知的，它的理论生产率也已确定。机械的传动方式及执行机构的结构形式均已初步拟定好，然后再根据各执行机构运动时既不干涉，而机械完成一个产品所需的时间又最短的原则进行。

3.3.1 机械运动循环图的时间同步化设计

下面以如图 3-9 所示的自动打印机为例，说明机械运动循环图的时间同步化设计的步骤和方法。

1. 两个执行机构的时间同步化设计

首先以打印机为例说明。在图 3-9 所示的打印机构中，完整的工艺过程为：推送机构 1 实现把工件 3 送至被打印的位置，然后打印机构 2 的打印头向下动作，完成打印操作；在打印头 2 退回原位时，推送机构再送另一工件向前，把已打印好的工件顶走，打印头再下落；如此反复循环，完成自动打印的作用。显然，机构 1 和机构 2 对工件 3 顺序作用，其运动只有时间上的顺序关系，而在空间上不存在发生干涉的问题。

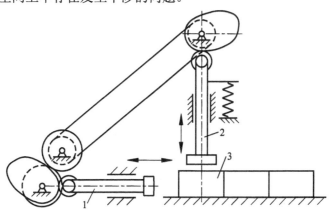

1—推送机构；2—打印机构；3—工件

图 3-9 打印的工作原理

假设机构 1 和机构 2 的运动规律已按工艺要求基本确定，其运动循环图如图 3-10（a）、（b）所示，两个机构的工作循环时间分别为 T_{p1} 和 T_{p2}，并假定 $T_{p1} = T_{p2}$。

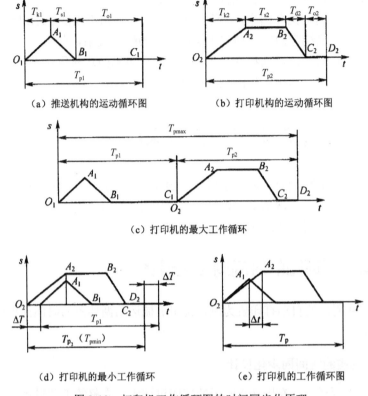

（a）推送机构的运动循环图　　　（b）打印机构的运动循环图

（c）打印机的最大工作循环

（d）打印机的最小工作循环　　　（e）打印机的工作循环图

图 3-10　打印机工作循环图的时间同步化原理

　　按照简单的办法来安排，这两个机构的运动顺序是：机构 1 的运动完成之后，机构 2 才可以运动；而在机构 2 的运动完成之后，机构 1 才能开始下一次运动。这时，这台打印机的循环图将如图 3-10（c）所示。其总的工作循环将为最长的工作循环，即：

$$T_{pmin} = T_{p1} + T_{p2} \qquad (3\text{-}1)$$

　　显然，这种循环图是不合理的。实际上，两机构在空间上没有发生干涉的可能，可以同时进行。因为根据打印要求，只要机构 1 把工件推到打印位置时，机构 2 就可以在这一瞬时与工件接触打印，所以两机构运动循环在时间上的联系点由循环图上的 A_1 和 A_2 两点决定，即机构 1 与机构 2 同时到达加工位置的时刻，是它们在运动和时间上联系的极限情况。据此，令 A_1 和 A_2 两点在时间上重合，就得到图 3-10(d)所示的"同步图"，其工作循环时间具有最小值 T_{pmin}，而 A_1 和 A_2 就是两机构之间的一对"同步点"，图中的 $\Delta T = T_{k2} - T_{k1}$ 是要求机构 1 在开始运动前，有一段额外的停歇时间。这一停歇时间 ΔT，可以由 T_{o1} 中取得，并可使打印机的工作循环时间与两个机构的运动循环时间相等，即：

$$T_{pmin} = T_{p1} = T_{p2} \qquad (3\text{-}2)$$

　　然而，由于许多实际影响因素的存在，按 A_1 与 A_2 重合的极限情况来设计循环图是不可靠的。这些影响因素有：

　　（1）机构运动规律的误差；

　　（2）机构运动副的间隙；

　　（3）机构元件的变形；

（4）机构的调整安装误差；

（5）其他因素产生的运动误差，如被加工工件的运动惯性等。

由于以上原因，必须使机构 1 的 A_1 点在时间上超前机构 2 上的 A_2 点，以避免由上述误差因素引起的机构 1 还没有到 A_1 点，机构 2 就已到达 A_2 点的不可靠操作现象的发生。图 3-10（e）所示是具有运动超前量 Δt 的循环图。Δt 的大小应根据上述实际可能的误差因素综合地加以确定。对于这个实例，$\Delta t = \Delta T$；但也可以不相等。对于 $\Delta t \leqslant \Delta T$ 的情况，工作循环时间 $T_p = T_{pmin}$；对于 $\Delta t > \Delta T$ 的情况，则有 $T_p > T_{pmin}$。

总之，对于具有时间上顺序关系的机构的机械运动系统，根据各执行构件的循环图，就可以进行循环图的时间同步化设计，使机械的工作循环时间尽可能缩短，以便提高其理论生产率。

2．多个执行机构的时间同步化设计

当机械系统具有更多的执行机构时，同步化的步骤是一样的。为进一步说明在循环图时间同步化设计中的一些技巧问题，下面以图 3-11 所示的粒状巧克力包装机为例，讨论具有送料、剪纸、顶糖和折纸四个执行机构的粒状巧克力自动包装机的循环图时间同步化设计过程。

1）绘制工艺原理图，分析工艺操作顺序

产品由一张包装纸将一粒巧克力包裹而成，如图 3-11（b）所示，包括以下四个工艺工程。

（1）送料：间歇运动的拨糖盘将待包装的巧克力 2 送至机械手 4 下面的包装工位；与此同时，间歇送料辊轮将包裹巧克力所需长度的包装纸 1 送至巧克力与机械手之间。图 3-11 中，拨糖盘与送料辊轮均未画出。

（2）剪纸：剪刀 8 下落，将所需长度的包装纸从卷筒纸带上剪下后，剪刀返回原位。

（3）顶糖：接糖杆 3 下行，将包装纸顶向巧克力的上表面；同时顶糖杆 5 上行。当顶糖杆行至与巧克力接触时，接糖杆与顶糖杆一起夹持着巧克力向上，到达机械手夹持部位，经过一段短暂的停留后各自退回。在此过程中，完成包装纸的初步成型。

（4）折纸：机械手将巧克力与包装纸一起夹持住，活动折纸板 6 将一侧板装置折向下一个工位。在机械手转位的过程中，固定托板 7 将另一侧包装纸折向中央。

在机械手转位的同时，拨糖盘与送料辊轮将下一个待包装的巧克力和包装纸送上，如此不断循环。

在粒状巧克力自动包装机中，电动机提供的运动和动力经由若干级传动副传至主分配轴 9，再经过一对传动比为 1 的主动螺旋齿轮 10 和从动螺旋齿轮 12 传至副分配轴 11，如图 3-11（c）所示。该机所有的工艺动作和辅助操作都是由这两根分配轴通过凸轮机构、间歇运动机构和其他一些机构来实现的。也就是说，该机采用分配轴作为时序控制装置。从上述工艺过程和图 3-11（c）不难看出，各执行机构的运动只有时间上的顺序关系，而不可能发生空间干涉。因此，根据各执行机构的运动循环图就可以进行时间同步化设计了。

2）绘制各执行构件的运动简图和运动循环图

为使问题简化，在下面的讨论中，只涉及拨糖盘、送料辊轮、机械手转位、剪刀 8、顶糖杆 5 和活动折纸板 6 这六个机构，暂不考虑接糖杆 3、机械手夹持和其他一些机构的动作。而拨糖盘、送料辊轮和机械手转位这三个机构的动作是完全一致的，可作为一个机构来看待。因此，纳入讨论的机构为四个。图 3-11（c）清楚地表示出了剪刀、顶糖杆和活动折纸板三个机构的运动简图。所涉及的机构的运动循环图可按以下步骤确定。

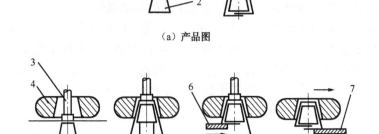

（a）产品图

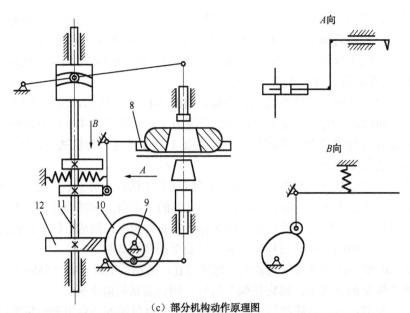

（b）工艺原理

（c）部分机构动作原理图

1—包装纸；2—巧克力；3—接糖杆；4—机械手；5—顶糖杆；6—活动折纸板；7—固定托板；

8—剪刀；9—主分配轴；10—主动螺旋齿轮；11—副分配轴；12—从动螺旋齿轮

图 3-11　粒状巧克力自动包装机的工艺及部分动作原理图

（1）确定各机构的运动循环 T_p。

若给定粒状巧克力自动包装机的理论生产率为 43200 件/班，则：

$$Q_\text{T} = \frac{43200}{60 \times 8} = 90 \text{件 / min}$$

分配轴每转完成一块巧克力的包装，则分配轴的转速为：

$$n = 90 \text{r/min}$$

分配轴每转的时间就是该机的工作循环，即等于各个执行机构的运动循环，所以：

$$T_\text{p} = \frac{60}{n} = \frac{2}{3}\text{s}$$

（2）确定各机构运动循环的组成区段。拨糖盘、送料辊轮和机械手转位都是间歇运动机构，它们的运动循环由两个区段组成：

T_{k1}——拨糖盘、送料辊轮和机械手转位三个机构的转位运动时间；

T_{o1}——拨糖盘、送料辊轮和机械手转位三个机构的停歇时间。

因此，应有：

$$T_{p1} = T_{k1} + T_{o1}$$

相应的分配转角为：

$$\varphi_{p1} = \varphi_{k1} + \varphi_{o1}$$

剪刀机构 8 的运动循环可分为三个区段：

T_{k8}——剪刀机构的剪切工作行程时间；

T_{d8}——剪刀机构的返回行程时间；

T_{o8}——剪刀机构的初始位置的停留时间。

因此，应有：

$$T_{p8} = T_{k8} + T_{d8} + T_{o8}$$

相应的分配轴转角为：

$$\varphi_{p8} = \varphi_{k8} + \varphi_{d8} + \varphi_{o8}$$

顶糖杆机构 5 的运动循环组成区段为：

T_{k5}——顶糖杆机构的顶糖工作行程时间；

T_{s5}——顶糖杆机构在工作位置的停留时间；

T_{d5}——顶糖杆机构的返回行程时间；

T_{o5}——顶糖杆机构在初始位置的停留时间。

因此，应有：

$$T_{p5} = T_{k5} + T_{s5} + T_{d5} + T_{o5}$$

相应的分配轴转角为：

$$\varphi_{p5} = \varphi_{k5} + \varphi_{s5} + \varphi_{d5} + \varphi_{o5}$$

活动折纸板机构 6 的运动循环也可分为四个区段：

T_{k6}——活动折纸板机构的折纸工作行程时间；

T_{s6}——活动折纸板机构在工作位置的停留时间；

T_{d6}——活动折纸板机构的返回行程时间；

T_{o6}——活动折纸板机构在初始位置的停留时间。

因此，应有：

$$T_{p6} = T_{k6} + T_{s6} + T_{d6} + T_{o6}$$

相应的分配轴转角为：

$$\varphi_{p6} = \varphi_{k6} + \varphi_{s6} + \varphi_{d6} + \varphi_{o6}$$

（3）确定各机构运动循环内各区段的时间及分配轴转角。由于粒状巧克力自动包装机的工作循环是从送料开始的，所以以送料辊轮机构的工作起点为基准进行同步化设计，拨糖盘和机械手转位两个机构与之相同。

① 送料辊轮机构的运动循环各区段的时间及分配轴转角。根据工艺要求，试取送料时间

$T_{k1} = \dfrac{2}{13}$ s ，则停歇时间 $T_{o1} = \dfrac{20}{39}$ s ，相应的分配轴转角分别为：

$$\varphi_{k1} = 360° \times \frac{T_{k1}}{T_p} = 360° \times \frac{2/13}{2/3} = 83.1°$$

$$\varphi_{o1} = 360° \times \frac{T_{o1}}{T_p} = 360° \times \frac{20/39}{2/3} = 276.9°$$

② 剪刀机构 8 的运动循环各区段的时间及分配轴转角。根据工艺要求，试取剪切工作行程时间 $T_{k8} = \dfrac{1}{26}$ s ，则相应的分配轴转角为：

$$\varphi_{k8} = 360° \times \frac{T_{k8}}{T_p} = 360° \times \frac{1/26}{2/3} = 20.8°$$

初定 $T_{d8} = \dfrac{5}{156}$ s ，则 $T_{o8} = \dfrac{31}{52}$ s ，相应的分配轴转角分别为：

$$\varphi_{d8} = 360° \times \frac{T_{d8}}{T_p} = 360° \times \frac{5/156}{2/3} = 17.3°$$

$$\varphi_{o8} = 360° \times \frac{T_{o8}}{T_p} = 360° \times \frac{31/52}{2/3} = 321.9°$$

③ 顶糖杆机构 5 的运动循环各区段的时间及分配轴转角。根据工艺要求，试取工作位置停留时间 $T_{s5} = \dfrac{1}{78}$ s ，则相应的分配轴转角为：

$$\varphi_{s5} = 360° \times \frac{T_{s5}}{T_p} = 360° \times \frac{1/78}{2/3} = 6.9°$$

初定 $T_{k5} = \dfrac{3}{26}$ s ， $T_{d5} = \dfrac{7}{78}$ s ，则 $T_{o5} = \dfrac{35}{78}$ s ，相应的分配轴转角分别为：

$$\varphi_{k5} = 360° \times \frac{T_{k5}}{T_p} = 360° \times \frac{3/26}{2/3} = 62.3°$$

$$\varphi_{d5} = 360° \times \frac{T_{d5}}{T_p} = 360° \times \frac{7/78}{2/3} = 48.5°$$

$$\varphi_{o5} = 360° \times \frac{T_{o5}}{T_p} = 360° \times \frac{35/78}{2/3} = 242.3°$$

④ 活动折纸板机构 6 的运动循环各区段的时间及分配轴转角。根据工艺要求，试取折纸工作行程时间 $T_{k6} = \dfrac{2}{39}$ s ，则相应的分配轴转角为：

$$\varphi_{k6} = 360° \times \frac{T_{k6}}{T_p} = 360° \times \frac{2/39}{2/3} = 27.7°$$

初定 $T_{s6} = \dfrac{1}{39}$ s ， $T_{d6} = \dfrac{35}{156}$ s ，则 $T_{o6} = \dfrac{19}{52}$ s ，相应的分配轴转角分别为：

$$\varphi_{s6} = 360° \times \frac{T_{s6}}{T_p} = 360° \times \frac{1/39}{2/3} = 13.8°$$

$$\varphi_{d6} = 360° \times \frac{T_{d6}}{T_p} = 360° \times \frac{35/156}{2/3} = 121.1°$$

$$\varphi_{o6} = 360° \times \frac{T_{o6}}{T_p} = 360° \times \frac{19/52}{2/3} = 197.3°$$

⑤ 绘制各执行机构的循环图。根据以上计算结果，分别绘制各执行机构的运动循环图，如图 3-12 所示。

3）各执行机构运动循环的时间同步化设计

（1）确定粒状巧克力自动包装机最短的工作循环 T_{pmin}。

（a）拨糖盘、送纸辊轮和机械手转位

根据工艺要求送糖、送纸完成时（B_1），剪刀 8 即可开始向下剪切（A_8）；当剪切完成时（B_8），顶糖杆 5 又可以开始将巧克力向上顶（A_5）；而在巧克力被顶到位时（B_5），活动折纸板 6 就可以开始折纸工作行程（A_6）。因此，这四个机构的运动循环在时间上的联系由上述三对同步点 $B_1 - A_8$、$B_8 - A_5$ 和 $B_5 - A_6$ 决定。使四个机构的循环图上的点 B_1 与 A_8、B_8 与 A_5、B_5 与 A_6 分别重合是其运动在时间上联系的极限情况。由此就可得到粒状巧克力自动包装机的具有最短工作循环 T_{pmin} 的同步图，如图 3-13 所示。

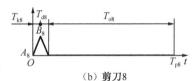

（b）剪刀 8

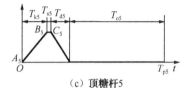

（c）顶糖杆 5

$$\begin{aligned}
T_{pmin} &= T_{k1} + T_{k8} + T_{k5} + T_{k6} + T_{s6} + T_{d6} \\
&= \frac{2}{13} + \frac{1}{26} + \frac{3}{26} + \frac{2}{39} + \frac{1}{39} + \frac{35}{156} \\
&= \frac{95}{156}\,\text{s}
\end{aligned}$$

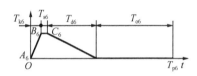

（d）活动折纸板 6

图 3-12　粒状巧克力自动包装机各执行机构的运动循环图

但是，由于前面介绍过的各种实际误差因素的存在，在实际设计时，不能使点 B_1 与 A_8、B_8 与 A_5、B_5 与 A_6 分别对应重合，而必须使送糖、送纸机构的 B_1 点超前于剪刀机构 8 的 A_8 点；剪切机构 8 的 B_8 点又必须超前于顶糖杆机构的 A_5 点；顶糖杆机构的 B_5 点还必须超前于活动折纸板机构的 A_6 点，以确保自动机械工作的可靠性。每对同步点之间的超前量（或称错移量）根据自动机械的实际加工或其他工作情况而定，有时可能还要通过试验加以确定。

（2）确定粒状巧克力自动包装机的工作循环 T_p。令上述三对同步点的错移量分别为 Δt_1、Δt_2 和 Δt_3，若取 $\Delta t_1 = \Delta t_2 = \Delta t_3 = \frac{1}{52}\text{s}$，则其在分配轴上相应的转角为：

$$\Delta \varphi_1 = \Delta \varphi_2 = \Delta \varphi_3 = \frac{\Delta t_1}{T_p} \times 360° = \frac{1/52}{2/3} \times 360° = 10.4°$$

同步图 3-13 中，将时间错移量 Δt_1、Δt_2 和 Δt_3 考虑在内，就得到如图 3-14 所示的粒状巧克力自动包装机的工作循环图。

由工作循环图可知，粒状巧克力自动包装机的工作循环应为：

$$T_p = T_{pmin} + \Delta t_1 + \Delta t_2 + \Delta t_3 = \frac{95}{156} + \frac{1}{52} + \frac{1}{52} + \frac{1}{52} = \frac{2}{3}\,\text{s}$$

此值正好与生产率对应的工作循环一致。

4）绘制粒状巧克力自动包装机的工作循环图

在进行各执行机构运动循环的时间同步化后，就可以绘制粒状巧克力自动包装机的工作循环图。图 3-14 所示就是以时间作为横坐标的工作循环图。工作循环图的横坐标还可以是分配轴的转角。以分配轴转角为横坐标的工作循环图如图 3-15 所示，此图是设计分配轴上各凸轮轮廓曲线的重要依据。

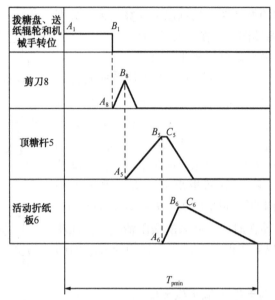

图 3-13　粒状巧克力自动包装机具有最小工作循环

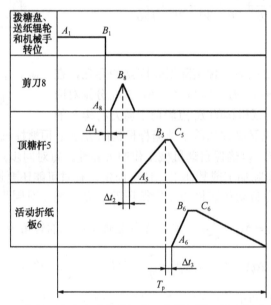

图 3-14　粒状巧克力自动包装机的工作循环图（横坐标为时间）

　　进一步分析工作循环图 3-15 发现，在送糖、送纸和机械手等机构转位时，剪刀机构 8、顶糖杆机构 5 和活动折纸板机构 6 处于初始位置停留状态；而当机构 8、5 和 6 进行各种操作及返回时，送糖、送纸和机械手等机构则处于停歇状态。实际上，当活动折纸板 6 完成折纸动作并从工作位置开始返回时（C_6），机械手等机构就可以开始下一个循环的转位（A_1），这不但符合工艺要求的动作顺序，而且也不存在机构之间发生空间干涉的可能，这从图 3-11（c）可以看出。在图 3-15 中，C_6 位于分配轴转角 238.9° 处。把 C_6 和 A_1 视为一对同步点，并使 C_6 相对 A_1 有一个超前量 $\Delta\varphi_4 = 10.4°$，则可从分配轴转角为 238.9°+10.4°=249.3° 处，将 249.3°～360°

范围内的运动截掉，只把机构 6 的部分返回行程放到 0°～110.7° 范围内，代替原来的一部分停留区段。这样做不会改变各机构原来的各段行程的时间和工作位置的停留时间，只是减少了各机构的初始位置停留时间。图 3-16 所示就是截短后的工作循环图，其工作循环由 T_p 减少到 T'_p，对应的 φ_p 和 φ'_p 分别是 360° 和 249.3°。T'_p 值可表示为：

$$T'_p = \frac{\varphi'_p}{\varphi_p} \cdot T_p = \frac{249.3}{360} \times \frac{2}{3} = 0.46\,\text{s}$$

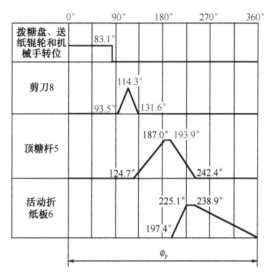

图 3-15　粒状巧克力自动包装机的工作循环图（横坐标为分配轴转角）

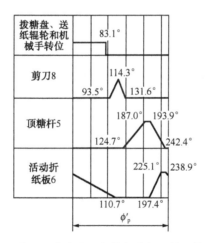

图 3-16　粒状巧克力自动包装机截短后的工作循环图

相应的分配轴转速和理论生产率则为：

$$n'_p = \frac{60}{T'_p} = \frac{60}{0.46} = 130\,\text{r/min}$$

$$Q'_p = 130\,\text{件/min}$$

实际上，粒状巧克力自动包装机要求每转生产一个产品，即要求 $\varphi'_p = 360°$，因此应对图 3-16 进行修正，即按比例或用其他分析方法，求出循环图截短后各运动区段的分配轴转角。

若将修正前各机构运动循环各区段对应的分配转角 φ'_x 按比例放大，则有：

$$\varphi''_x = \frac{T_p}{T'_p} \cdot \varphi'_x \tag{3-3}$$

式中，φ''_x 为修正后各机构运动循环各区段对应的分配轴转角。

根据修正后的分配轴转角绘制的粒状巧克力自动包装机的工作循环图如图 3-17 所示。

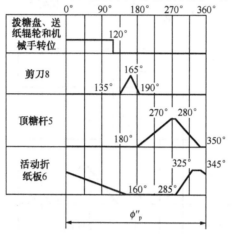

图 3-17　修正后的粒状巧克力自动包装机工作循环图

3.3.2　机械运动循环图的空间同步化设计

除了进行运动循环图的时间同步化设计外，有时机械因为其各执行构件会产生空间干涉，所以还必须进行运动循环图的空间同步化设计。运动循环的空间同步化设计，应在分析研究各执行机构的运动循环或位移曲线的基础上进行。对于空间同步点的确定，既可用分析法，也可用作图法求得。通常，使用作图法比较直观和简单，因而采用较多。

1. 两个执行机构的空间同步化设计

图 3-18 所示是自动冷镦机工作原理的示意图，其中的送料机构 1 和镦锻机构 2 之间的运动循环具有空间干涉的情况。一方面，按照工艺要求，为了使毛坯 5 能够顺利地插入到模具 3 的成型孔中，送料机构 1 应在工作位置停留尽可能长的时间；但另一方面，这段时间又是极其有限的，因为送料机构 1 右端的运动轨迹与镦锻机构 2 下端的运动轨迹将在它们的交点 b 发生干涉。所以，在对两机构的运动循环进行同化设计时，必须首先确定出两机构发生干涉的位置 b 点的时间或分配轴转角坐标。

干涉点坐标无法通过图 3-19（a）、（b）所示的两个机构的运动循环图来确定，必须绘制图 3-19（c）、（d）所示的机构位移曲线。只有根据工艺原理和机构的位移图才能确定干涉点 b 的位置。

从图 3-18 知，干涉点 b 相当于送料机构 1 从工作位置返回 s^b_{d1} 时和镦锻机构 2 从初始位置前进 s^b_{k2} 时两机构所处的位置。于是，在机构位移曲线图 3-19（c）、（d）上，从 O_1 和 O_2 点算起，分别求得相应于 s^b_{d1} 和 s^b_{k2} 的两个点 b_1 和 b_2。若令两机构的位移曲线的 b_1 和 b_2 两点重合于同一时刻，则得到图 3-19（e）所示的图形，这相当于两机构的运动在 b 点不发生干涉的极限情况，从而得到两机构经过空间同步化后的最小工作循环 T_{pmin}。同样，考虑到机构运动的错移量 Δt，使镦锻机构 2 的位移曲线向右移到虚线所在的位置，于是合理的工作循环为：

$$T_p = T_{pmin} + \Delta t$$

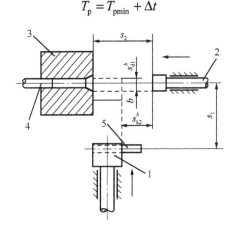

1—送料机构；2—镦锻机构；3—模具；4—脱模机构；5—毛坯

图 3-18　自动冷镦机工作原理示意图

按机构位移图上各区段的位置数据，并以分配轴转角为横坐标，可以得到经空间同步化的工作循环图，如图 3-19（f）所示。

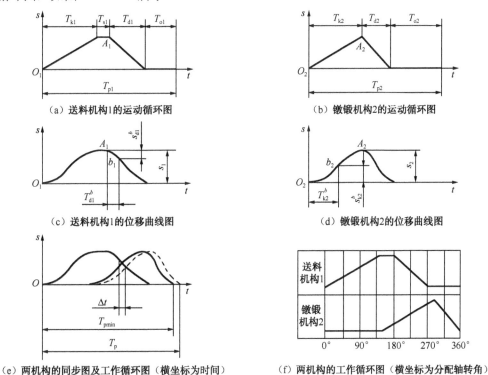

（a）送料机构 1 的运动循环图　　　　（b）镦锻机构 2 的运动循环图

（c）送料机构 1 的位移曲线图　　　　（d）镦锻机构 2 的位移曲线图

（e）两机构的同步图及工作循环图（横坐标为时间）　　　（f）两机构的工作循环图（横坐标为分配轴转角）

图 3-19　运动循环图的空间同步化原理

2．多个执行机构的空间同步化设计

现再以三面切纸机为例，详细说明多个执行机构的空间同步化设计的具体步骤和技巧。

1）绘制三面切纸机的工艺原理图

图 3-20 所示是三面切纸机的工艺原理图。其工艺过程为：由传送带送来的具有一定高度的纸叠在初始位置被初压板 5 压紧，推杆 1 将压紧的纸叠推到加工工位。由主压板 2 将纸叠压紧后，初压板放松并和推杆一起返回原位；在加工工位，首先由两把侧刀 3 同时从两侧切去多余的纸边，再由一把前刀 4 切去前边的纸边。当完成这一次切边动作后，主压板推回，由卸纸杆 6 将切好的纸叠推到传送带 7 上，完成一次加工循环。

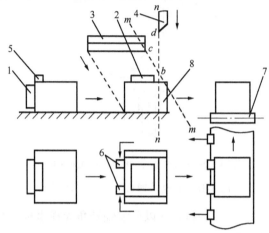

1—推杆；2—主压板；3—侧刀；4—前刀；5—初压板；6—卸纸杆；7—传送带；8—纸边

图 3-20　三面切纸机工艺原理图

2）确定执行机构的运动循环及其组成区段

为了简化对问题的讨论，现仅对三面切纸机的推杆 1、主压板 2、侧刀 3 和前刀 4 四个机构进行分析。根据工艺要求，这四个机构的运动循环分别包括如下一些区段。

（1）推杆 1 推纸叠前进的时间为 T_{k1}，返回运动的时间为 T_{d1}，在初始位置上的停留时间为 T_{o1}。

（2）主压板 2 压纸叠的前进运动时间为 T_{k2}，压紧时的停留时间为 T_{s2}，返回运动时间为 T_{d2}，初始位置停留时间为 T_{o2}。

（3）侧刀 3 前进运动时间为 T_{k3}，返回时间为 T_{d3}，初始位置停留时间为 T_{o3}。

（4）前刀 4 前进运动时间为 T_{k4}，返回时间为 T_{d4}，初始位置停留时间 T_{o4}。

这台三面切纸机采用凸轮分配轴作为各机构的集中时序控制系统，分配轴匀速旋转，每转完成一个工作循环。因此可用分配轴的转角表示各机构的运动循环。与工作循环时间 T_p 对应的分配轴总转角应为 $\varphi_p = 360°$，各执行机构各区段对应的转角之和都等于 φ_p，即：

$$\varphi_{k1} + \varphi_{d1} + \varphi_{o1} = \varphi_p$$

$$\varphi_{k2} + \varphi_{s2} + \varphi_{d2} + \varphi_{o2} = \varphi_p$$

$$\varphi_{k3} + \varphi_{d3} + \varphi_{o3} = \varphi_p$$

$$\varphi_{k4} + \varphi_{d4} + \varphi_{o4} = \varphi_p$$

图 3-21 所示是各执行机构的运动循环图。

3）执行机构运动循环的同步化设计

根据三面切纸机的工艺原理图及操作顺序，可以看出在这台自动机械各执行机构运动循环的同步化设计中，既包括时间同步化，又包括空间同步化。下面将分别研究各机构之间的同步化问题。

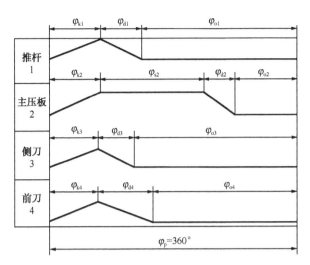

图 3-21　三面切纸机各机构的运动循环图

（1）推杆 1 与主压板 2 的同步化。若这台设备只裁切一种高度的纸叠，可根据图 3-22（a）所示的工艺原理图，按前述的同步化方法，实现这两个机构的时间同步化。但是，纸叠高度 H 常常不一致，因此主压板到达行程终点所运动的距离 H_1 是变化的。主压板的实际运动循环图如图 3-22（b）所示。在进行推杆与主压板之间的时间同步化时，必须按裁切最高纸叠的情况进行设计，即取纸叠高度为：

$$H = H_{max}$$

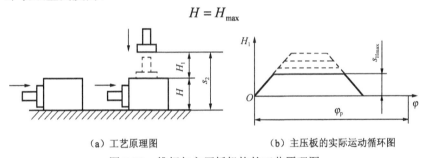

（a）工艺原理图　　　　　　　　（b）主压板的实际运动循环图

图 3-22　推杆与主压板机构的工艺原理图

为此，应绘出主压板的位移曲线。设主压板的位移量为 s_{2max}，由位移曲线求主压板下降 $s_{Hmax} = s_{2max} - H_{max}$ 时分配轴的转角 φ_{2Hmax}。

图 3-23（a）所示是主压板的机构简图，图 3-23（b）所示是其位移曲线；横坐标为分配轴的转角 φ，纵坐标为主压板的位移。欲求相应于机构执行至纸叠最大高度 H_{max} 处的分配轴转角 φ_{2Hmax}，可在位移曲线上截取 H_{max} 的高度，求得 a 点，此点对应的分配轴转角即为 φ_{2Hmax}。

因此，只要在推杆到达终点位置之前 φ_{2Hmax} 处，主压板开始下降，则得到两机构的时间同步化循环图，如图 3-24 所示。两机构的运动关系也可用它们运动起始点之间的分配轴转角之差 φ_{21} 来表示，称为相对移相角。从图 3-24 可以看出：

$$\varphi_{21} = \varphi_{k1} - \varphi_{2Hmax} \tag{3-4}$$

（2）主压板 2 与侧刀 3 的同步化。根据工艺原理的要求，当主压板压紧纸叠后，侧刀才能开始裁切，因此主压板与侧刀之间具有时间同步化特征。当侧刀向下裁切的行程速度大于主压板的下压速度，则主压板完成压紧行程的同时，侧刀到达纸叠最小高度 H_{min} 处，就决定了这两个机构的极限联系位置。这时侧刀下降的高度为 $s_3 = h_{k3}^g$。侧刀下降 h_{k3}^g 时的分配轴转角 φ_{k3}^g，可以从侧刀机构的位移曲线中求得。

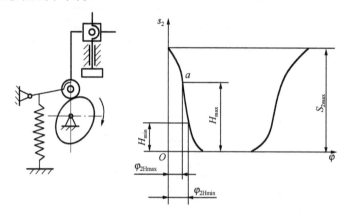

（a）主压板机构简图　　　　　（b）主压板的位移曲线图

图 3-23　主压板机构的简图及位移曲线图

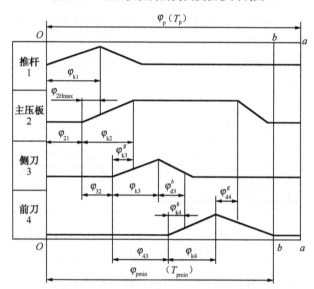

图 3-24　推杆、主压板、侧刀与前刀机构的同步图

侧刀机构采用图 3-25（a）所示的曲柄滑块机构，侧刀的摆动则由导杆实现，使侧刀在裁切纸叠的过程中改变裁切角 α。机构由此产生的侧刀刃的位移曲线如图 3-25（b）所示。在此位移曲线的工作行程上，从最高点处向下截取相当于 h_{k3}^g 的高度，在位移曲线上得到点 g_3，该点对应的分配轴转角即为 φ_{k3}^g。因此，只要在主压板下压行程结束之前 φ_{k3}^g 处，侧刀机构开始裁切工作行程，则得到两机构的时间同步化循环图，如图 3-24 所示。侧刀机构与主压板两机构的相对移相角为：

$$\varphi_{32} = \varphi_{k2} - \varphi_{k3}^g \tag{3-5}$$

（3）侧刀 3 与前刀 4 的同步化。从图 3-20 的工艺原理图中可见，侧刀刃 c 的运动轨迹 m—m 与前刀刃 d 的运动轨迹 n—n 相交于 b 点，即侧刀 3 与前刀 4 的运动循环会在空间发生干涉，应进行空间同步化。侧刀与前刀同步化的关键，是根据这两个机构的位移曲线，求出当侧刀返回到 b 点时和前刀前进到 b 点时的分配轴转角。

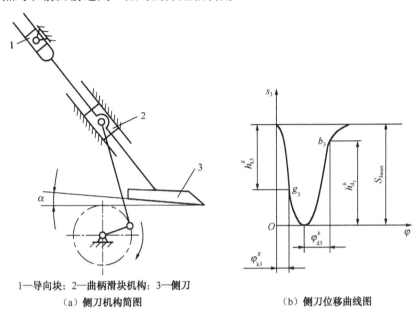

1—导向块；2—曲柄滑块机构；3—侧刀

（a）侧刀机构简图　　　　　　　　　　　（b）侧刀位移曲线图

图 3-25　侧刀机构简图及位移曲线图

侧刀从最低工作位置返回到 b 点时，其上升的高度为 h_{d3}^b。在侧刀的位移曲线图 3-25（b）中，从横坐标轴向上截取相当于 h_{d3}^b 的高度，与曲线的返回行程部分交于 b_3 点，则从侧刀开始返回至 b 点时的分配轴转角 φ_{d3}^b 可以从横坐标轴上得到。

前刀从原始位置到达 b 点时，其下降的高度为 h_{k4}^b。前刀机构的原理如图 3-26（a）所示，前刀的上下运动由上滑轨决定，而前刀的摆动则由下滑轨实现，使裁切角 α 发生变化。图 3-26（b）所示是按此机构产生的前刀刃的位移曲线。在此位移曲线的工作行程上，从最高点处向下截取相当于 h_{k4}^b 的高度，在位移曲线上得到点 b_4，该点对应的分配轴转角即为 φ_{k4}^b。

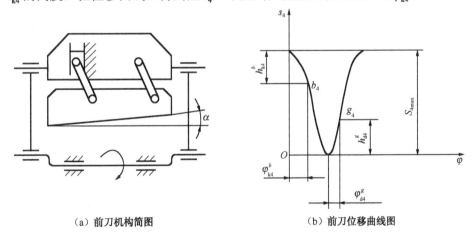

（a）前刀机构简图　　　　　　　　　　　（b）前刀位移曲线图

图 3-26　前刀机构简图及位移曲线图

将这两个机构的位移曲线上的 b_3 和 b_4 点重合，则得到经过同步化的侧刀和前刀机构的同步图，如图 3-24 所示。由图可见，侧刀和前刀两个机构的相对移相角为

$$\varphi_{43} = \varphi_{k3} + \varphi_{d3}^b - \varphi_{k4}^b \tag{3-6}$$

（4）前刀 4 与主压板 2 的同步化。根据工艺原理的要求，当前刀裁切完毕后，主压板才能放松纸叠并退回原位，因此主压板与侧刀之间具有时间同步化特征。若前刀的返回行程速度大于主压板的回程速度，则前刀返回至纸叠最小高度 H_{min} 处的同时，主压板开始放松并退回，就决定了这两个机构的极限联系位置。这时前刀上升的高度为 h_{d4}^g。前刀上升 h_{d4}^g 时的分配轴转角 φ_{d4}^g，可以从前刀机构的位移曲线中求得。

在前刀的位移曲线图 3-26（b）中，从横坐标轴向上截取相当于 h_{d4}^g 的高度，与曲线的返回行程部分相交于 g_4 点，则从前刀开始返回至到达纸叠最小高度 H_{min} 时的分配轴转角 φ_{d4}^g 可以从横坐标轴上得到。

因此，只要在前刀机构开始返回 φ_{d4}^g 处，主压板也开始返回行程，则得到两机构的时间同步化循环图如图 3-24 所示。

由此图也可求得主压板在压纸时的工作停留段所对应的分配轴转角为：

$$\varphi_{s2} = \varphi_{k3} + \varphi_{k4} + \varphi_{d3}^b + \varphi_{d4}^g - \varphi_{k3}^g - \varphi_{k4}^b \tag{3-7}$$

在四个机构的同步图图 3-24 中，各机构运动循环的起点，对作为基准机构的推杆机构 1 的运动循环的起点的移相角称为绝对移相角，其值可按式（3-8）确定：

$$\begin{cases} \varphi_{21} = \varphi_{k1} - \varphi_{2Hmax} \\ \varphi_{31} = \varphi_{32} + \varphi_{21} = \varphi_{k1} + \varphi_{k2} - \varphi_{2Hmax} - \varphi_{k3}^g \\ \varphi_{41} = \varphi_{43} + \varphi_{31} = \varphi_{k1} + \varphi_{k2} + \varphi_{k3} - \varphi_{2Hmax} - \varphi_{k3}^g + \varphi_{d3}^b - \varphi_{k4}^b \end{cases} \tag{3-8}$$

从同步图上可以看出，经过同步化后，在线段 $b—b$ 和 $a—a$ 之间，各机构均为停留时间；从工艺分析中可知，可以去掉这段停留时间，从而得到缩短了的同步图，即图 3-24 上的 $O—O$ 和 $b—b$ 之间的部分。这时，工作循环对应的分配轴转角为：

$$\begin{aligned} \varphi_{pmin} &= \varphi_{41} + \varphi_{k4} + \varphi_{d4} \\ &= \varphi_{k1} + \varphi_{k2} + \varphi_{k3} + \varphi_{k4} + \varphi_{d4} - \varphi_{2Hmax} - \varphi_{k3}^g + \varphi_{d3}^b - \varphi_{k4}^b \end{aligned} \tag{3-9}$$

工作循环时间也由 T_p 减少为 T_{pmin}：

$$T_{pmin} = T_{k1} + T_{k2} + T_{k3} + T_{k4} + T_{d4} - T_{2Hmax} - T_{k3}^g + T_{d3}^b - T_{k4}^b \tag{3-10}$$

若考虑各对同步点之间的时间错移量 ΔT，则合理的工作循环时间为：

$$T_p' = T_{pmin} + \Delta T \tag{3-11}$$

在本例中，$\Delta T = \Delta t_1 + \Delta t_2 + \Delta t_3$，其中 Δt_1、Δt_2 和 Δt_3 分别是前三对同步点之间的时间错移量。

而相应的分配轴转速则为：

$$n_p = \frac{60}{T_p'} \tag{3-12}$$

总之，只有通过对执行机构的运动循环或位移曲线的分析研究，并对运动循环进行时间和空间同步化后，才能得到机械运动循环图。它既可用分析法，也可用作图法求得。通常，使用作图法比较直观、简单，特别是当执行机构较多时，作图法更为方便，因而采用较多。循环图设计完成后，就可以设计分配轴上各凸轮轮廓曲线或其他机构的几何参数。在多工位自动机械中，循环图设计应针对操作时间最长的限制性工位进行。在具有曲柄连杆、偏心或其他非凸轮机构的自动机械中，在工艺速度一定的情况下，其生产率也是一定的。这时，凸轮控制的各机构的运动循环就要受到这些工作机构运动循环的限制。

在绘制机械的运动循环图时，还必须注意以下几点。

（1）以生产的工艺过程开始点作为机械运动循环的起点，并且确定最先开始运行的那个执行机构在运动循环图上的位置，其他执行机构则按工艺程序的先后次序列出。

（2）因为运动循环图是以主轴或分配轴的转角为横坐标的，所以对于不在主轴或分配轴上各执行机构的原动件，如凸轮、曲柄、偏心轮等，应把它们运动时所对应的转角换算成主轴或分配轴上相应的转角。

（3）考虑到机械在制造、安装时不可避免地会产生误差，也为防止两个机构在工作过程中发生干涉，所以应在理论计算的正好不发生干涉的临界基础上再给以适当的余量，即把两个机构的运动相位错开到足够大，以确保动作可靠。

（4）应尽量使执行机构的动作重合，以便缩短机械的工作循环周期，提高生产效率。

（5）在不影响工艺动作要求和生产率的前提下，应尽可能使各执行机构工作行程对应的中心角增大些，以便减小凸轮的压力角。

3.3.3　机械运动循环图的作用

机械运动循环图的作用如下：

（1）保证各执行构件的动作相互协调、紧密配合，使机械顺利实现预期的工艺动作。

（2）反映了机械的生产节奏，可用来核算机械的生产率，并可用来作为分析、研究、提高机械生产率的依据。

（3）用来确定各个执行机构原动件在主轴上的相位，或者控制各个执行机构原动件的凸轮安装在分配轴上的相位。

（4）为进一步设计各执行机构的运动尺寸提供了重要依据。

（5）为机械系统的安装、调试提供了依据。

在完成了执行机构的型式设计和执行机构系统的协调设计后，就可以着手对各执行机构进行运动学和动力学设计了。

需要指出的是：在完成各执行机构的尺寸设计后，有时由于结构和整体布局等方面的原因，还需要对运动循环图进行修改。

第4章

机械传动系统的设计

为了使执行机构系统能够实现预期的执行动作和功能，还需要相应的原动机、传动系统和控制系统。本章主要介绍原动机的选择和传动系统的设计。关于控制系统的设计可参考相关资料。

4.1 机械传动系统方案设计过程

4.1.1 传动系统的作用及其设计过程

传动系统位于原动机和执行机构系统之间，将原动机的运动和动力传递给执行机构系统。除进行功率传递、使执行机构系统能克服阻力做功外，传动系统还起着如下重要作用：实现增速、减速和变速传动；变换运动形式；进行运动的合成和分解；实现分路传动和较远距离的传动；实现某些操纵控制功能（如启动、离合、制动、换向……）等。

传动系统方案设计是机械系统方案设计的重要组成部分。当完成执行机构系统的方案设计和原动机的选型后，就可以根据执行机构所需要的运动和动力条件及原动机的类型和性能参数，进行传动系统的方案设计了。传动系统的设计过程如下。

（1）确定传动系统的总传动比。

（2）选择传动类型。根据设计任务书中规定的功能要求及执行机构系统对动力、传动比或速度变化的要求，以及原动机的工作特性，选择合适的传动装置类型。

（3）拟定传动链的布置方案。根据空间布置、运动和动力传递路线及所选传动装置的传动特点和适用条件，合理拟定传动路线，安排各传动机构的先后顺序，以完成从原动机到各执行机构之间的传动系统的总体布置方案。

（4）分配传动比。根据系统的组成方案，将总传动比合理分配至各级传动机构。

（5）确定各级传动机构的基本参数和主要几何尺寸。计算传动系统的各项运动学和动力学参数，为各级传动机构的结构设计、强度计算和传动系统方案评价提供依据和指标。

（6）绘制传动系统运动简图。

4.1.2　传动的类型及特点

传动装置的类型很多，选择不同类型的传动机构，将会得到不同形式的传动系统方案。为了获得理想的传动系统方案，需要合理选择传动类型。

1. 按传动的工作原理分类

（1）机械传动。利用机构实现的传动称为机械传动，其优点是：工作稳定、可靠，对环境的干扰不敏感；缺点是：响应速度较慢，控制欠灵活。

机械传动按传动原理又可分为啮合传动和摩擦传动两大类，如图 4-1 所示。啮合传动的传动比准确，传递功率大，尺寸小（除链传动外），速度范围广，工作可靠，寿命长，但加工制造复杂，噪声大，须安装过载保护装置；摩擦传动工作平稳，噪声低，结构简单，容易制造，价格低，有吸收冲击和过载保护能力，但传动比不稳定，传递功率较小，速度范围小，轴与轴承承载大，元件寿命较短。

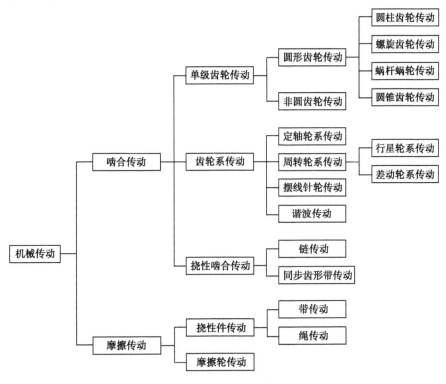

图 4-1　机械传动的分类

（2）液压传动。利用液压泵、阀、执行器等液压元器件实现的传动称为液压传动。液压传动的主要优点是：速度、扭矩和功率均可连续调节；调速范围大，能迅速换向和变速；传递功率大；结构简单，易于实现系列化和标准化，使用寿命长；易于实现远距离控制，动作快；能实现过载保护。缺点主要是：传动效率低，不如机械传动准确；制造、安装精度要求高；对油液质量和密封性要求高。

（3）气压传动。以压缩空气为工作介质的传动称为气压传动。与液压传动相比，气压传动经济、无污染、安全，能适应恶劣的工作环境。气压传动的缺点是：传动效率低；因压力不能太高，故不能传递大功率；因空气的可压缩性，故载荷变化时，传递运动不太平稳，排气噪声大。

（4）电气传动。利用电动机和电气装置实现的传动称为电气传动。电气传动的特点是传动效率高，控制灵活，易于实现自动化。电气传动具有的显著优点和计算机技术的广泛应用，使传动系统发生了深刻的变化。在传动系统中作为动力源的电动机虽然仍在大量使用，但已出现了具有驱动、变速与执行等多重功能的伺服电动机，从而使原动机、传动系统、执行机构朝着集成化的广义机构方向发展。目前，广义机构已在一些系统中取代了传动机构，而且这种趋势还在增强。

2．按传动比和输出速度的变化情况分类

（1）定传动比传动。定传动比传动的输入与输出转速对应，适用于执行机构的工况固定或其工况与原动机对应变化的场合，如齿轮、蜗杆、带、链传动等。

（2）变传动比传动。变传动比传动按传动比变化的规律又可分为如下 3 种：

① 变传动比有级变速传动。传动比的变化不连续，一个输入转速可对应于若干输出转速，适用于原动机工况固定，而执行机构有若干种工况的场合，或用于扩大原动机的调速范围。

② 变传动比无级变速传动。传动比可连续变化，即一个输入转速对应于某一范围内无限多个输出转速，适用于执行机构工况很多或最佳工况不明确的情况。

③ 变传动比周期性变速传动。输出角速度是输入角速度的周期性函数，以实现函数传动或改善某些机构的动力特性。

表 4-1 列出了传动装置按速度变化情况的分类及实例。

表 4-1　按速度变化情况划分的传动类型

传　动　类　型		原动机输出速度	传动类型举例
定传动比传动		恒定	齿轮传动；带、链传动；蜗杆传动；螺旋传动；不调速的电力、液压及气压传动
变传动比传动	有级变速	恒定	带塔轮的皮带传动；滑移齿轮变速箱
		可调	电力、液压传动中的有级调速传动
	无级变速	恒定	机械无级变速器；液力耦合器及变矩器；电磁滑走离合器；磁粉离合器；流体黏性传动
		可调	内燃机调速传动；电力、液压及气压无级调速传动
	周期性变速	恒定	非圆齿轮机构；凸轮机构；连杆机构及组合机构
		可调	数控的电力传动

4.1.3　机械传动类型的选择原则

选择机械传动类型时，应遵循以下原则。

（1）执行系统的工况和工作要求与原动机的机械特性相匹配。

① 当原动机的性能完全适合执行系统的工况和工作要求时，可采用无滑动的传动装置使两者同步；当原动机的运动形式、转速、输出力矩及输出轴的几何位置完全符合执行机构的要求时，可采用联轴器直接连接。

② 当执行系统要求输入速度能调节，而又选不到调速范围合适的原动机时，应选择能调速的传动系统，或采用原动机调速和传动系统调速相结合的方法。

③ 当传动系统启动时的负载扭矩超过原动机的启动扭矩时，需要在原动机和传动系统间增设离合器或液力耦合器，使原动机可空载启动。

④ 当传动机构要求正、反向工作或停车反向（如提升机械）或快速反向（如磨床、刨床）时，应充分利用原动机的反转特性。若选用的原动机不具备此特性，则应在传动系统中设置反向机构。

⑤ 当执行机构须频繁启动、停车或频繁变速时，若原动机不能适应此工况，则传动系统的变速装置中应设置空挡，让原动机脱开传动链空转。

此外，传动类型的选择还应考虑使原动机和执行机构的工作点都能接近各自的最佳工况。

（2）考虑符合工作要求的传递功率和运转速度。选择传动类型时应优先考虑技术指标中的传递功率和运转速度两项指标。

（3）有利于提高传动效率。大功率传动时要优先考虑传动效率。原则是：在满足系统功能要求的前提下，优先选用效率高的传动类型；在满足传动比、功率等技术指标的条件下，尽可能选用单级传动，以缩短传动链，提高传动效率。

（4）尽可能选择结构简单的单级传动装置。在满足工作要求的传动比的前提下，尽量选择结构简单、效率高的单级传动；若单级传动不能满足工作对传动比的要求，则须采用多级传动。

（5）考虑结构布置。应根据原动机输出轴与执行机构系统输入轴的相对位置和距离来考虑传动系统的结构布置，并选择传动类型。

（6）考虑经济性。首先考虑选择寿命长的传动类型，其次考虑费用问题，包括初始费用（制造、安装费用）、运行费用和维修费用。

（7）考虑机械的安全运转和环境条件。要根据现场条件，包括场地大小、能源条件、工作环境（是否多尘、高温、易腐蚀、易燃、易爆等）等，来选择传动类型。

当执行系统载荷频繁变化、变化量大且有可能过载时，为保证安全运转，应考虑选用有过载保护性能的传动类型，或在传动系统中增设过载保护装置；当执行系统传动惯量较大或有紧急停车要求时，为缩短停车过程和适应紧急停车，应考虑安装制动装置。

以上介绍的只是传动类型选择的基本原则。在具体选择传动类型时，由于使用场合不同，考虑的因素不同，或对以上原则的侧重不同，会选择出不同的传动方案。为了获得理想的传动方案，还须对各方案的技术指标和经济指标进行分析、对比，综合权衡，以确定最后方案。

4.2 原动机的类型和选择

原动机的类型很多，特性各异。在进行机械系统总体方案设计时，原动机的机械特性及各项性能与执行机构系统的负载特性和工作要求是否相匹配，将在很大程度上决定着整个机械系统的工作性能及传动系统的构造特征。因此，合理选择原动机的类型是机械系统方案设计中的一个重要问题。

4.2.1 原动机的类型和特点

常用的原动机有以下几种类型。

1. 动力电动机

动力电动机的类型很多，不同类型的动力电动机具有不同的结构形式和特性，可满足不同的工作环境和机械不同的负载特性要求。它的主要优点为：驱动效率高、有良好的调速性能、可远距离控制，启动、制动、反向调速都容易控制，与传动系统或执行机构连接方便，作为一般传动，动力电动机的功率范围很广。动力电动机的主要缺点是：必须有电源，不适合野外使用。

根据使用电源的不同，动力电动机又分为交流电动机和直流电动机两大类。

1）交流电动机。

（1）同步电动机。依靠电磁力的作用使旋转磁极同步旋转的电动机称为同步电动机，其最大优点是：能在功率因子 $\cos\varphi=1$ 的状态下运行，不从电网吸收无功功率。缺点是：结构较异步电动机复杂、造价较高、转速不能调节。同步电动机常用于长期连续工作而需保持转速不变的大型机械，如大功率离心式水泵和通风机等。

（2）三相异步电动机。使用三相交流电源且转速与旋转磁场不同的电动机称为三相异步电动机。根据转子结构形式的不同，可分为笼式和绕线式两种。前者结构简单、体积小、易维护、价格低、寿命长，连续运行特性好，转速受负载转矩波动的影响小，具有硬机械特性，但启动和调速性能差，启动转矩大时启动电流也大，适用于无调速要求、连续运转、轻载启动的机械中，如风机、水泵等；后者结构复杂、维护较麻烦、价格稍贵，但启动转矩大，启动时功率因数较高，可进行小范围调速，广泛用于启动次数较多、启动负载较大或小范围调速的机械中，如提升机、起重机和轧钢机械等。

2）直流电动机。

直流电动机使用直流电源，按励磁方式不同，可分为他励、并励、串励和复励 4 种形式。其主要优点是：调速性能好、调速范围宽、启动转矩大。缺点是：结构较复杂、维护工作量较大，且价格较高。

2. 伺服电动机

伺服电动机是指能精密控制系统位置和角度的一类电动机。它体积小、重量轻；具有宽广而平滑的调速范围和快速响应能力；其理想的机械特性和调节特性均为直线。

伺服电动机广泛应用于工业控制、军事、航空航天等领域，如数控机床、工业机器人、火炮随动系统等。

3．内燃机

内燃机的种类很多。按燃料种类分，可分为柴油机、汽油机和煤油机等；按一个工作循环中的冲程数分，可分为四冲程和二冲程内燃机；按汽缸数目分，可分为单缸和多缸内燃机；按主要机构的运动形式分，可分为往复活塞式和旋转活塞式内燃机。其优点是：功率范围宽、操作简便、启动迅速；适用于工作环境无电源的场合，多用于工程机械、农业机械、船舶、车辆等。缺点是：对燃油的要求高、排气污染环境、噪声大、结构复杂。

4．液压电动机

液压电动机又称为油电动机，它是把液压能转变为机械能的动力装置。其主要优点是：可获得很大的动力或转矩，可通过改变油量来调节执行机构速度，易进行无级调速，能快速响应，操作控制简单，易实现复杂工艺过程的动作要求。缺点是：要求有高压油的供给系统，液压系统的制造装配要求高，否则易影响效率和运动精度。

5．气动电动机

气动电动机是以压缩空气为动力，将气压能转变为机械能的动力装置。常用的有叶片式和活塞式两种气动电动机。其主要优点是：工作介质为空气，故容易获取且成本低廉；易远距离输送，排入大气也无污染；能适应恶劣环境；动作迅速、反应快。缺点是：工作稳定性差、噪声大，输出转矩不大，只适用于小型轻载的工作机械。

4.2.2　原动机的选择

原动机的选择主要考虑以下几方面的因素。

（1）考虑工作机械的负载特性、工作速度、启动和制动的频繁程度。

（2）考虑原动机本身的机械特性能否与工作机械的负载特性（包括功率、转矩、转速等）相匹配，能否与工作机械的调速范围、工作的平稳性等相适应。

（3）考虑机械系统整体结构布置的需要。

（4）考虑经济性，包括原动机的原始购置费用、运行费用和维修费用等。

（5）考虑工作环境对原动机的要求，如能源供应、防止噪声和环境保护等要求。

1．原动机类型的选择原则

（1）若工作机械要求有较高的驱动效率和较高的运动精度，应选用电动机。电动机的类型和型号较多，并具有各种特性，可满足不同类型工作机械的要求。

① 对于负载转矩与转速无关的工作机械，如轧钢机、提升机械、皮带运输机等，可选用机械特性较硬的电动机，如同步电动机、一般的交流异步电动机或直流并励电动机。

② 对于负载功率基本保持不变的工作机械，如许多加工机床和一些工程机械等，可选用调励磁的变速直流电动机或带机械变速的交流异步电动机。

③ 对于无调速要求的机械，尽可能采用交流电动机；工作负载平稳、对启动和制动无特殊

要求且长期运行的工作机械，宜选用笼型异步电动机，容量较大时则采用同步电动机；工作负载为周期性变化、传递大、中功率并带有飞轮或启动沉重的工作机械，应采用绕线式异步电动机。

④ 对于需要调速的机械，若功率小且只要求几挡变速，可采用可变换定子极数的多速（双速、三速、四速）笼式异步电动机；若调速平滑程度要求不高，且调速比不大，可采用绕线式异步电动机；若调速范围大、需连续稳定平滑调速，宜采用直流电动机，若同时启动转速大，则宜采用直流串励电动机；若要求无级调速，并希望获得很大的机械力或转矩时，可选用液压电动机。

（2）在相同功率下，要求外形尺寸尽可能小、重量尽可能轻时，宜选用液压电动机。

（3）要求易控制、响应快、灵敏度高时，宜采用液压电动机或气动电动机。

（4）要求在易燃、易爆、多尘、振动大等恶劣环境中工作时，宜采用气动电动机。

（5）要求对工作环境不造成污染，宜选用电动机或气动电动机。

（6）要求启动迅速、便于移动或在野外作业场地工作时，宜选用内燃机。

（7）要求负载转矩大、转速低的工作机械或要求简化传动系统的减速装置，需要原动机与执行机构直接连接时，宜选用低速液压电动机。

2．原动机转速的选择原则

原动机的额定转速一般是直接根据工作机械的要求而选择的，但需考虑如下几方面：

（1）原动机本身的综合因素。对于电动机来说，在额定功率相同的情况下，额定转速越高的电动机，其尺寸越小，质量越小，同时价格也越低，即高速电动机反而经济。

（2）传动系统的结构。若原动机的转速选得过高，势必增加传动系统的传动比，从而导致传动系统的结构复杂。

应综合考虑以上两个因素，合理选择转速。

3．原动机容量的选择

在选择了原动机的类型及额定转速后，就可以根据工作机械的负载特性计算原动机的容量，确定原动机的型号。当然，也可先预选原动机型号，然后校核其容量。

原动机的容量主要指功率。它是由负载所需的功率、转矩及工作制来决定的。负载的工作情况大致可分为连续恒负载、连续周期性变化负载、短时工作制负载和断续周期性工作制负载等。在各种工作制负载情况下所需的原动机容量的计算方法，可查阅有关手册。

4.3 传动链的方案设计

在根据机械系统的设计要求及各项技术、经济指标选择了传动类型后，若对选择的传动机构做不同的顺序布置或不同的传动比分配，则会产生不同效果的传动系统方案。只有合理安排传动路线，恰当布置传动机构及合理分配各级传动比，才能使整个传动系统获得较好的性能。

4.3.1 传动路线的选择

根据功率传递，即能量流动的路线，传动系统中传动路线大致可分为以下几类。

（1）串联式单路传动。其传动路线如图 4-2 所示。当系统中只有一个执行机构和一个原动机时，采用这种传动路线较为适宜。它可以是单级传动（$n=1$），也可以是多级传动（$n>1$）。由于全部能量流过每一个传动机构，故所选的传动机构必须都具有较高的效率，以保证传动系统具有较高的总效率。

图 4-2　串联式单路传动

（2）并联式分路传动。其传动路线如图 4-3 所示。当系统含有多个执行机构，而各执行机构所需的功率之和并不很大时，可采用这种传动路线。为了使传动路线具有较高的总效率，在传递功率最大的那条路线上，应注意选择效率较高的传动机构。

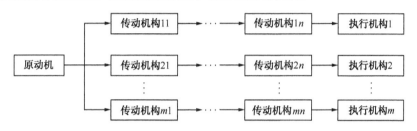

图 4-3　并联式分路传动

　　例如，牛头刨床中采用的就是这种传动路线，它由一个电动机同时驱动工作台横向送进机构和刨刀架做纵向往复移动。

（3）并联式多路联合传动。其传动路线如图 4-4 所示。当系统中只有一个执行机构，但需要多个低速运动且每个低速运动传递的功率都很大时，宜采用这种传动路线。多个原动机共同驱动反而有利于减小整个传动系统的体积、转动惯量和重量。远洋船舶、轧钢机、球磨机中常采用这种传动路线。

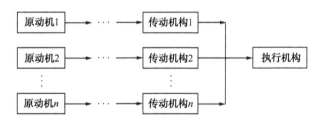

图 4-4　并联式多路联合传动

（4）混合式传动。其传动路线如图 4-5 所示。

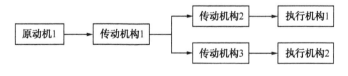

图 4-5　混合式传动

蜂窝煤成型机的主传动系统采用的就是这种传动路线，如图 4-6 所示。

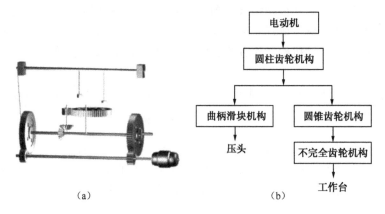

（a）　　　　　　　　　　　（b）

图 4-6　蜂窝煤成型机传动路线

4.3.2　传动链中机构的布置

传动链布置的优劣对整个机械的工作性能和结构尺寸都有重要的影响。在安排各机构在传动链中的顺序时，通常应遵循下述原则。

（1）有利于提高传动系统的效率。对于长期连续运转或传递较大功率的机械，提高传动系统的效率显得更为重要。例如，蜗杆蜗轮机构效率较低，若与齿轮机构同时被选用组成两级传动，且蜗轮材料为锡青铜时，应将蜗杆蜗轮机构安排在高速级，以便其齿面有较高的相对滑动速度，易于形成润滑油膜而提高传动效率。

（2）有利于减小功率损失。功率分配应按"前大后小"的原则，即消耗功率较大的运动链应安排在前，这样既可减小传送功率的损失，又可减小构件尺寸。例如，机床中一般带动主轴运动的传动链消耗功率较大，应安排在前；而带动进给运动的机构传递的功率较小，应安排在后。

（3）有利于机械运转平稳和减小振动及噪声。一般将动载小、传动平稳的机构安排在高速级。例如，带传动能缓冲减振，且过载时易打滑，可防止后续传动机构中其他零件损坏，故一般将其布置在高速级；而链传动冲击振动较大，运转不均匀，一般安排在中、低速级。只有在要求有确定传动比、不宜采用带传动时，高速级才安排齿形链轮机构。又如，同时采用直齿圆柱齿轮机构和平行轴斜齿圆柱齿轮机构两级传动时，因斜齿轮传动较平稳、动载荷较小，宜布置在高速级上。

（4）有利于传动系统结构紧凑、尺寸匀称。通常，把用于变速的传动机构（如带轮机构、摩擦轮机构等）安排在靠近运动链的始端与原动机相连，这是因为此处转速较高、传递的扭矩较小，所以可减小传动装置的尺寸；而把转换运动形式的机构（如连杆机构、凸轮机构等）安排在运动链的末端，即靠近执行构件的地方，这样安排运动链简单、结构紧凑、尺寸匀称。

（5）有利于加工制造。由于尺寸大而加工困难的机构应安排在高速轴。例如，圆锥齿轮尺寸大时加工困难，因此应尽量将其安排在高速轴并限制其传动比，以减小其模数和直径，有利于加工制造。

此外，还应考虑传动装置的润滑和寿命、装拆的难易、操作者的安全以及对产品的污染等因素。例如，开式齿轮机构润滑条件差、磨损严重、寿命短，应将其布置在低速级；而将闭式齿轮机构布置在高速级，则可减小其外形尺寸。若机械生产的产品为不可污染的药品、食品等，则传动链的末端（即低速端）应布置闭式传动装置。若在传动链的末端直接安排有工人操作的工位，也应布置闭式传动装置，以保证操作安全。

4.3.3　各级传动比的分配原则

将传动系统的总传动比合理地分配至各级传动装置，是传动系统方案设计中的一个重要环节。若分配合理，达到了整体优化，则既可使各级传动机构尺寸协调和传动系统结构匀称紧凑，又可减小零件尺寸和机构重量，降低造价，还可以降低转动构件的圆周速度和等效转动惯量，从而减小动载荷，改善传动性能，减小传动误差。

各级传动比的分配应遵循以下几项原则。

（1）各级传动的传动比，均应在其合理范围内取值。

（2）当齿轮传动链的传动比较大时，须采用多级齿轮传动。一级圆柱齿轮减速器的传动比一般小于 5，二级圆柱齿轮减速器的传动比一般为 8～40。在图 4-7 中，某个减速器的传动比为 8，则无论在外形上还是在重量上，如图 4-7（b）所示的两级齿轮减速器都比图 4-7（a）所示的单级齿轮减速器要小得多。

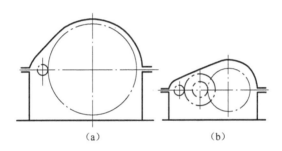

（a）　　　　　　　　　　　　（b）

图 4-7　传动比分配对外廓尺寸的影响

（3）当各中间轴有较高转速和较小扭矩时，轴及轴上的零件可取较小的尺寸，从而使整个结构较为紧凑。分配各级传动比时，若传动链为升速传动，则应在开始几级就增速，增速比逐渐减小；若传动链为降速传动，则应按传动比逐渐增大的原则分配为好，且相邻两级传动比的差值不要太大。

（4）当要求降速齿轮传动链的质量尽可能小时，可按下述原则分配传动比。

① 对于小功率装置，若设各主动小齿轮材料和齿宽均相同，轴与轴承的转动惯量、效率均不计，则可选各小齿轮的模数、齿数相同，且各级传动比也相同。

② 对于大功率装置，为保证总重量最小，各级传动比应按"前大后小"逐渐减小的原则选取。

例如，展开式或分流式二级圆柱齿轮减速器，其高速级传动比 i_1 和低速级传动比 i_2 的关系通常取：

$$i_1=(1.2～1.3)i_2 \tag{4-1}$$

分配圆锥圆柱齿轮减速器的传动比时，通常取锥齿轮传动比 $i_1=0.25i$（i 为圆锥圆柱齿轮减速器的总传动比），一般 $i_1 \leqslant 3.5$。

（5）对于要求传动平稳、频繁启停和动态性能较好的多级齿轮传动，可按转动惯量最小的原则设计。

（6）对于以提高传动精度、减小回程误差为主的降速齿轮传动链，从输入端到输出端的各级传动比应按"前小后大"的原则选取，且最末两级传动比应尽可能大，同时应提高齿轮的制造精度，以减小对输出轴运动精度的影响。

（7）对于负载变化的齿轮传动装置，各级传动比应尽可能采用不可约的分数，以避免同时啮合。此外，相啮合的两个轮的齿数最好为质数。

（8）对于传动比很大的传动链，应考虑将周转轮系与定轴轮系或其他类型的传动结合使用。

（9）在考虑传动比分配时，应使各传动件之间、传动件与机架之间不要干涉。

（10）设计减速器时应考虑润滑问题，为使各级传动中的大齿轮都能浸入油池且深度大致相同，各级大齿轮直径应接近，高速级传动比应大于低速级传动比。

以上几点仅是传动比分配的基本原则，而且这些原则往往不能同时满足，着眼点不同，分配方案也会不同。因此，具体设计时，应根据传动系统的不同要求进行具体分析，并尽可能做多方案比较，以获得较为合理的分配方案。当需要对某项指标严格控制时，应将传动比作为变量，选择适当的约束条件进行优化设计，这样才能得到最佳的传动比分配方案。

4.4 机械传动系统的特性和参数计算

机械传动系统的特性包括运动特性和动力特性。运动特性通常用转速、传动比和变速范围等参数表示；动力特性用功率、转矩、效率及变矩系数等参数表示。这些参数是传动系统的重要性能数据，也是对各级传动进行设计计算的原始数据。在传动系统的总体方案布置和总传动比的分配完成后，这些特性参数可由原动机的性能参数或执行机构系统的工作参数计算得到。

1. 传动比

对于串联式单路传动系统，当传递回转运动时，其总传动比 i 为：

$$i = \frac{n_r}{n_c} = i_1 i_2 \cdots i_k \tag{4-2}$$

式中，n_r 为原动机的转速或传动系统的输入转速（r/min）；n_c 为传动系统的输出转速（r/min）；i_1、i_2、$\cdots$、i_k 为系统中各级传动的传动比。$i>1$ 时为减速传动，$i<1$ 时为增速传动。

在各级传动的设计计算完成后，由于多种因素的影响，系统的实际总传动比 $i_总$ 常与预定值 $i_{预总}$ 不完全相符，其相对误差 Δi 可表示为：

$$\Delta i = \left| \frac{i_总 - i_{预总}}{i_{预总}} \right| \times 100\% \tag{4-3}$$

式中，Δi 称为系统的传动比误差。各种机器都规定了机器的传动比误差的许用值，为了满足机械的转速要求，Δi 不应超过许用值，一般情况下 Δi 的许用值取 5%。

2. 转速和变速范围

传动系统中，任一传动轴的转速 n_i 可由式（4-4）计算：

$$n_i = \frac{n_r}{i_1 i_2 \cdots} \tag{4-4}$$

式中，$i_1 i_2 \cdots$ 为系统的输入轴到该轴之间各级传动比的连乘积。

3．机械效率

各种机械传动及传动部件的效率值可查机械设计手册。在一个传动系统中，设备传动及传动部件的效率分别为 η_1、η_2、$\cdots$、η_n，串联式单路传动系统的总效率 η 为：

$$\eta = \eta_1 \eta_2 \cdots \eta_n \tag{4-5}$$

并联及混合传动系统的效率计算可参考有关资料。

4．功率

机械执行机构的输出功率 P_w 可由负载参数（力或力矩）及运动参数（线速度或转速）求出。设执行机构的效率为 η_w，则传动系统的输入功率或原动机所需功率为：

$$P_r = \frac{P_w}{\eta_w} \tag{4-6}$$

原动机的额定功率 P_e 应满足 $P_e \geqslant P_r$，由此可确定 P_e 值。

设计各级传动时，常以传动件所在轴的输入功率 P_i 为计算依据。若从原动机至该轴之前各传动及传动部件的效率分别为 η_1、η_2、$\cdots$、η_i，则有：

$$P_i = P' \eta_1 \eta_2 \cdots \eta_i \tag{4-7}$$

式中，P' 为设计功率。

对于批量生产的通用产品，为了充分发挥原动机的工作能力，应以原动机的额定功率为设计功率，即取 $P'=P_e$；对于专用的单台产品，为减小传动件的尺寸、降低成本，常以原动机的所需功率为设计功率，即取 $P'=P_r$。

5．转矩和变矩系数

传动系统中任一传动轴的输入转矩 T_i（N·mm）可由式（4-8）求出：

$$T_i = 9.55 \times 10^6 \frac{P_i}{n_i} \tag{4-8}$$

式中，P_i 为轴的输入功率（kW）；n_i 为轴的转速（r/min）。

传动系统的输出转矩 T_c 与输入转矩 T_r 之比称为变矩系数，用 K 表示，由式（4-8）可得：

$$K = \frac{T_c}{T_r} = \frac{P_c n_r}{P_r n_c} = \eta i \tag{4-9}$$

式中，P_c 为传动系统的输出功率。

常用机械传动的主要性能如表 4-2 所示。

表 4-2　常用机械传动的主要性能

传 动 类 型	单级传动比 i		功率 P（kW）		效率 η	速度 v（m/s）	寿　命
	常用值	最大值	常用值	最大值			
摩擦轮传动	≤7	15	≤20	200	0.85～0.92	一般≤25	取决于接触强度和耐磨损性

续表

传动类型		单级传动比 i		功率 P（kW）		效率 η	速度 v （m/s）	寿 命
		常用值	最大值	常用值	最大值			
带 传 动	平带	≤3	5	≤20	3500	0.94～0.98	一般 <30 最大 120	一般 V 带为 3000～5000h 优质 V 带为 20000h
	V 带	≤8	15	≤40	4000	0.92～0.97	一般 ≤25～30 最大 40	
	同步带	≤10	20	≤10	400	0.96～0.98	一般 ≤50 最大 100	
链传动		≤8	15 （齿形链）	≤100	4000	闭式 0.95～0.98 开式 0.90～0.93	一般 <20 最大 40	链条寿命为 5000～ 15000h
齿 轮 传 动	圆柱齿轮	≤5	10		50000	闭式 0.96～0.99 开式 0.94～0.96	与精度等级有关 7 级精度 直齿<20 斜齿<25	润滑良好时，寿命可达数 十年，经常换挡的变速齿轮
	锥齿轮	≤3	8		1000	闭式 0.94～0.98 开式 0.92～0.95	与精度等级有关 7 级精度 直齿<8	平均寿命为 10000～20000h
蜗杆传动		≤40	80	≤50	800	闭式 0.7～0.92 开式 0.5～0.7 自锁式 0.3～0.45	一般 v_s≤15 最大为 35	精度较高、润滑条件好时 寿命较长
螺旋传动				小功率传动		滑动 0.3～0.6 滚动 ≥0.9	低速	滑动螺旋磨损较快，滚动 螺旋寿命较长

4.5 机械传动系统方案设计实例

在实际设计中，传动系统的方案拟定和传动比的分配往往是交叉进行的。通常在拟定了传动系统初步方案后，先预分配传动比，然后再根据各级传动机构的结构情况进行调整。若实际的总传动比与工作要求的传动比的误差超过许用值，则须重新修改、调整方案。

4.5.1 蜂窝煤成型机传动系统的设计

图 4-8 所示是初步拟定的蜂窝煤成型机的设计方案示意图，其传动路线如图 4-9 所示。

从图 4-9 中可知，主传动链从电动机到分配轴III轴，然后分 3 路传动：

第 1 路为主运动链，固结于III轴上的齿轮 7，既是主传动链的从动齿轮，又是主运动链上的原动件曲柄。考虑到载荷较大，采用了两套曲柄滑块机构作为执行机构——压煤机构，滑块（滑架）9 上固结了主压头 9′和推煤压头 9″。

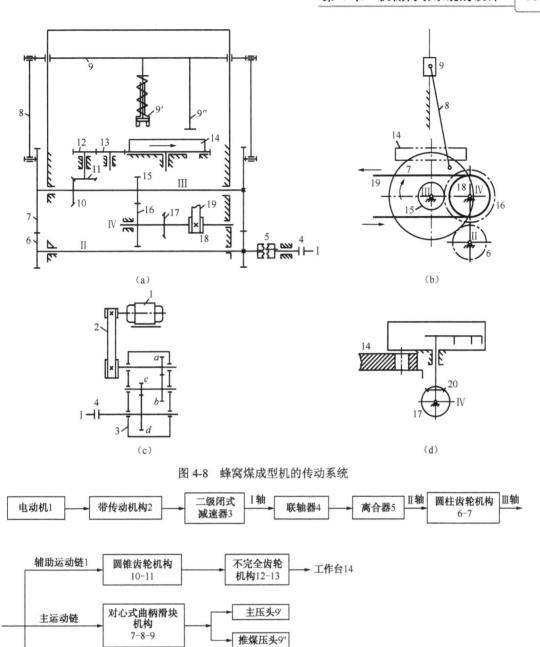

图 4-8　蜂窝煤成型机的传动系统

图 4-9　蜂窝煤成型机的传动路线

第 2 路为辅助运动链 1，通过传动比为 1 的圆锥齿轮机构（10、11）带动不完全齿轮 12，齿轮 12 转动 1 周，通过齿轮 13 带动工作台 14 转动一个工位，正好对应于主压头 9′ 的一次下压，9′ 在工作台 14 的型腔中压制出一块蜂窝煤，同时推煤压头 9″ 将另一型腔中的一块成品煤推至输送带 19 上［如图 4-9（b）所示］，随后工作台转位、再停歇做间歇运动。

第 3 路是辅助运动链 2，通过圆柱齿轮机构（15、16）带动Ⅳ轴，再经过圆锥齿轮机构（17、20）带动搅拌器，将搅拌的料送入工作台 14 的型腔［如图 4-9（d）所示］，固结于Ⅳ轴的带轮 18 带动输送带 19 运送成品。

有了以上初步方案即可分配传动系统的传动比。

首先分配主传动链的传动比。

若初步确定每 1.5s 压一块煤，即预定的工作台每次转位的周期和滑架 9 的工作周期均为 $T_{预}$=1.5s，则分配轴Ⅲ的转速为：

$$n_{预Ⅲ} = \frac{60}{T_{预}} = \frac{60}{1.5} = 40 \text{r/min}$$

若选取的电动机额定转速为 2900r/min，则预定的总传动比为：

$$i_{预总} = \frac{n_1}{n_{预Ⅲ}} = \frac{2900}{40} = 72.5$$

主传动链中包括 3 级减速机构，第 1 级为 V 形带传动机构，第 2 级为减速器，第 3 级为圆柱齿轮机构。因压制机除工作时有冲击载荷外，对传动链的功率、重量、频繁启停或动态性能、精度等方面并无其他特殊要求，故传动比的分配只可按 4.3.3 节分配原则中的第（1）、（2）、（3）、（7）、（10）项进行。根据分配原则第（3）项，为使传动构件获得较小尺寸，整个机构结构紧凑，减速传动链的传动比应逐级增大，相邻两级之差不要太大，因此，若初选传动比为 i_1=2.5，i_2=8（二级减速器，每级平均传动比为 2.8），i_3=3.6，则总传动比为：

$$i_1 \cdot i_2 \cdot i_3 = 2.5 \times 8 \times 3.6 = 72$$

且各级传动比均未超过各类机构的最高传动比，符合分配原则第（1）项；根据分配原则第（2）项，为减小减速器的外形和重量，传动比大于及等于 8 的定轴齿轮传动应分为两级；又考虑到蜂窝煤压制机所处的工作环境较差，采用了闭式减速器；根据分配原则第（10）项，考虑闭式减速器的润滑，高速级的传动比应大于低速级的传动比；同时根据分配原则第（7）项，负载变化的齿轮传动装置的各级传动比应尽可能采用不可约的比数，且相啮合的两轮齿数取为质数。根据以上各原则，选择各轮齿数为：

$$z_a=17，z_b=57，z_c=21，z_d=51，z_6=18，z_7=65$$

则各级的实际传动比为：

$$i_1=2.5$$

$$i_2 = \frac{z_b z_d}{z_a z_c} = 8.14$$

$$i_3 = \frac{z_7}{z_6} = 3.61$$

实际总传动比为：

$$i_{总}=i_1 \cdot i_2 \cdot i_3 = 2.5 \times 8.14 \times 3.61 = 73.46$$

校核传动比误差：

$$\Delta i = \left| \frac{i_{总} - i_{预总}}{i_{预总}} \right| \times 100\% = \left| \frac{73.46 - 72.5}{72.5} \right| \times 100\%$$

$$= 1.3\% < 5\%$$

符合要求。

故分配轴Ⅲ的实际转速为：

$$n_{\text{Ⅲ}} = \frac{n_1}{i_{\text{总}}} = \frac{2900}{73.46} = 39.48 \text{r/min}$$

接下来进行辅助运动链 2 的传动比计算。若按蜂窝煤的最大直径为 120mm，两块煤间距离为 30mm 计算，则初定输送带 19 的带速为：

$$v_{\text{预带}} = \frac{120 + 30}{60 / 39.48} = 0.0987 \text{m/s}$$

若取带轮 18 的直径 d=100mm，则预定Ⅳ轴转速为：

$$n_{\text{预Ⅳ}} = \frac{v_{\text{预带}}}{\dfrac{\pi d}{1000 \times 60}} = \frac{0.0987 \times 1000 \times 60}{\pi \times 100} = 18.85 \text{r/min}$$

则传动比为：

$$i_{\text{预4}} = \frac{n_{\text{Ⅲ}}}{n_{\text{预Ⅳ}}} = \frac{39.48}{18.85} = 2.094$$

若预定两轮齿数为 z_{15}=19，z_{16}=39，则实际传动比为：

$$i_4 = \frac{z_{16}}{z_{15}} = 2.053$$

传动比误差为：

$$\Delta i = \left| \frac{i_4 - i_{\text{预4}}}{i_{\text{预4}}} \right| \times 100\% = \left| \frac{2.053 - 2.094}{2.094} \right| \times 100\%$$
$$= 1.96\% < 5\%$$

符合要求。

故Ⅳ轴实际转速为：

$$n_{\text{Ⅳ}} = \frac{n_{\text{Ⅲ}}}{i_4} = \frac{39.48}{2.053} = 19.23 \text{r/min}$$

实际带速为：

$$v_{\text{带}} = n_{\text{Ⅳ}} \times \frac{\pi d}{1000 \times 60} = 19.23 \times \frac{\pi \times 100}{1000 \times 60} = 0.1007 \text{m/s}$$

至此，蜂窝煤成型机传动系统的传动比和各轴转速均已确定，但拟定的传动方案还需要经过结构设计等做进一步的调整和修改。

4.5.2 方便针自动包装机传动系统的方案设计

方便针自动包装机是为了解决手工包装方便针劳动生产率低、生产成本较高的问题而专门设计的,其传动系统的方案设计在其机械系统方案设计中占有重要的地位。

1. 方便针的包装工艺方式

方便针的包装采用如图4-10所示的形式，首先将6根不同规格的方便针按规定的间隔排列并插在包装纸上，然后再将包装纸装入透明的塑料盒或纸袋中。方便针自动包装机主要任务是：

将6根方便针排列并插入包装纸中。将插好针的包装纸装入包装盒或纸袋中的动作比较简单，可由人工完成，以便降低方便针自动包装机的复杂程度和设计难度。

根据设计要求可知，总功能就是把6根针按照要求的顺序排列并插入包装纸中。通过对总功能的分析可知，其机械系统比较复杂，难以直接求得满足总功能的系统解，所以把总功能分解成能直接求解的分功能（功能元）。这些分功能与机器所要完成的一系列相互独立的工艺动作相对应，并用树状功能图来描述，如图4-11所示，将总功能分解为出料、排料、送料、送纸、插针、切纸6个分功能。

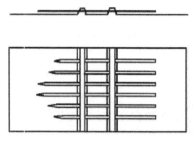

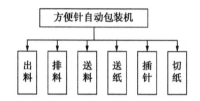

图 4-10　方便针包装形式示意图　　　　　图 4-11　方便针自动包装机功能分解

2．方便针自动包装机的工作过程

（1）首先将三种规格的方便针按规定的顺序装入料斗的6个料仓内，工作时推料机构推动出料板将6根针按一定顺序推出料斗，如图4-12（a）所示。

（2）两组排料机构从两侧将针排成如图4-12（b）所示的形状。

（3）送料机构开始工作将其送到插针工位，同时送纸机构将包装纸送到插针工位。

（4）最后插针机构完成插针动作，同时切纸机构在切纸工位将插好6根针的带状包装纸按规定长度切断。插好6根针的包装纸在重力作用下沿滑道进入料箱。

（a）出料工位顺序　　　　　　　　　　　　　（b）排料工位顺序

图 4-12　出料及排料顺序

根据方便针的形状特点，送料动作的执行机构选择螺旋机构。送纸动作的执行机构选用带有滚轮的直齿圆柱齿轮机构，靠相互压紧的一对滚轮实现单方向的间歇送纸动作，同时完成在包装纸上压出两道棱脊，为接下来的插针动作做好准备。

根据所设计的方便针自动包装机要求性能良好、结构简单紧凑、工作平稳可靠、成本低的特点，最终确定方便针自动包装机机械运动方案如图4-13所示。

3．机械传动系统的方案设计

包装机工作过程中，出料、排料、插针、切纸4个工艺动作均为往复移动，实现上述工艺动作的各执行机构的原动件均为凸轮，并安装在同一个分配轴上，以便准确控制各执行构件的运动，实现相应的工艺动作。上述各执行机构均采用不同形式的串联式凸轮连杆机构组合系统，以完成各自的预期功能。送料动作的执行机构为螺旋机构。送纸动作的执行机构为带有滚轮的直齿圆柱齿轮机构，靠相互压紧的一对滚轮实现单方向的间歇送纸动作。根据上述设计要求，初步拟定方便针包装机的传动系统方案如图4-14所示。传动系统的主传动链为从电动机经蜗轮蜗杆减速器、链传动到分配轴，然后分六路传动：

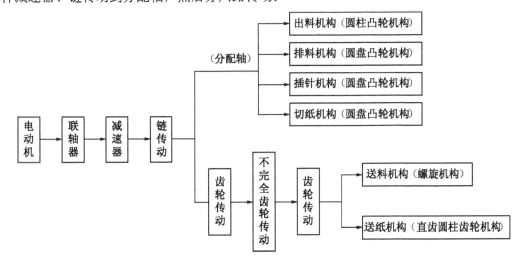

图 4-13　方便针自动包装机机械运动方案

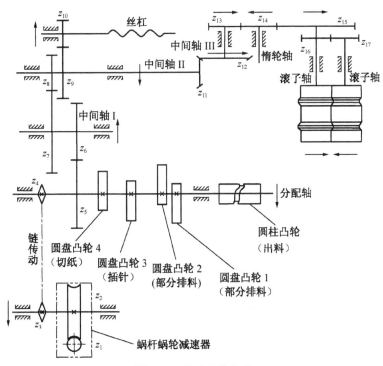

图 4-14　传动系统方案

第一路以圆柱凸轮为原动件驱动出料机构完成出料动作。
第二路以圆盘凸轮1为原动件驱动一组排料机构完成部分排料动作。
第三路以圆盘凸轮2为原动件驱动另外一组排料机构完成其余排料动作。
第四路以圆盘凸轮3为原动件驱动插针机构完成插针动作。
第五路以圆盘凸轮4为原动件驱动切纸机构完成切纸动作。

第六路作为辅助运动链，通过传动比为1的圆柱齿轮机构$(z_5 - z_6)$经中间轴 I 带动不完全齿轮z_7做连续转动，从而带动齿轮z_8及中间轴 II 做动停比$k = 1$的间歇转动，同时保证不完全齿轮z_7转1周时齿轮z_8及中间轴 II 转动2周。接下来辅助运动链可再分为两路传动：

第一路是通过传动比为$1/3$的圆柱齿轮机构$(z_9 - z_{10})$带动丝杠轴转动，由此实现丝杠轴动停比$k = 1$的间歇转动，同时满足分配轴转1周时丝杠轴转6周的设计要求，实现间歇送料的工艺动作。

第二路是通过圆锥齿轮机构$(z_{11} - z_{12})$、圆柱齿轮机构$(z_{13} - z_{14})$、$(z_{14} - z_{15})$、$(z_{16} - z_{17})$带动压滚相对转动，实现间歇送纸动作。

在完成上述初步方案后，即可进一步分配传动系统的传动比。

首先分配主传动链的传动比。根据设计要求分配轴的转速应为$60\text{r}/\text{min}$。选取的电动机满载转速为$n_1 = 1400\text{r}/\text{min}$，则预定的总传动比$i_{预总}$为：

$$i_{预总} = 1400/60 = 23.3$$

主传动链中包括两级减速机构，第1级为蜗轮蜗杆减速器，第2级为链传动机构。选定蜗轮蜗杆减速器的传动比为$i_{1,2} = 20$。则链传动的传动比为：

$$i_{3,4} = 23.3/20 = 1.17$$

由此确定出链轮齿数分别为$z_3 = 21$，$z_4 = 25$。

实际总传动比为：

$$i_{总} = 20 \times \frac{25}{21} = 23.81$$

校核传动比误差Δi：

$$\Delta i = \left| \frac{i_{总} - i_{预总}}{i_{预总}} \right| \times 100\% = \left| \frac{23.81 - 23.3}{23.3} \right| \times 100\%$$
$$= 2.19\% < 5\%$$

$\Delta i < 5\%$ 符合要求。

故分配轴的实际转速为：

$$n_{分} = \frac{n_1}{i_{总}} = \frac{1400}{23.8} = 58.8\text{r}/\text{min}$$

为满足设计要求，预定圆柱齿轮机构$(z_5 - z_6)$的两轮齿数均为60，则传动比$i_{5,6} = 1$。不完全齿轮机构中不完全齿轮z_7的理论齿数为80，实际齿数为40；齿轮z_8的齿数为20。圆柱齿轮机构$(z_9 - z_{10})$的齿数分别为42和14，则其传动比$i_{9,10} = 1/3$（齿轮z_{10}的数量为2）。分配轴每转1周，丝杠转6周，并停歇相同的时间。

4.5.3　肥皂压花机传动系统的设计

肥皂压花机是在肥皂块上利用模具压制花纹和字样的自动机，其机械传动系统的机构如图4-15所示。按一定比例切制好的肥皂块12由推杆11送至压模工位，下模具7上移，将肥皂块推至固定的上模具8下方，靠压力在肥皂块上、下两面同时压制出图案，下模具返回时，凸轮机构13的顶杆将肥皂块推出，完成一个运动循环。

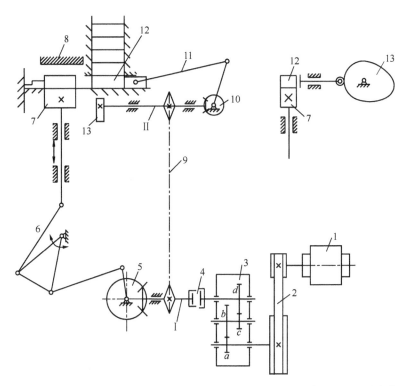

1—电动机；2—V 带传动；3—齿轮减速器；4—离合器；5、10—锥齿轮传动；6—六杆机构

7—下模具；8—上模具；9—链传动；11—曲柄滑块机构；12—肥皂块；13—凸轮机构

图 4-15　肥皂压花机传动系统设计方案

1．肥皂压花机的传动路线分析

　　肥皂压花机的工作部分包括 3 套执行机构，分别完成规定的动作。曲柄滑块机构 11 完成肥皂块送进运动，六杆机构 6 完成模具的往复运动，凸轮机构 13 完成成品移位运动。3 个运动相互协调，连续工作。因整机功率不大，故共用一台电动机。考虑执行机构工作频率较低，故须采用减速传动装置。减速装置被 3 套执行机构共用，由一级 V 带传动和两级齿轮传动组成。带传动兼有安全保护功能，适宜在高速级工作，故安排在第一级。当机器要求具有调速功能时，可将带传动改为带式无级变速传动。传动系统中，链传动 9 是为实现较大距离的传动而设置的，锥齿轮传动 5、10 用于改变传动方向。

　　该机的传动系统为三路混联传动，其中模具的往复运动路线为主传动链，肥皂块送进运动和成品移位运动路线为辅助传动链。具体传动路线如图 4-16 所示。

2．肥皂压花机的传动比分配

　　若该机的工作条件为：电动机转速为 1450r/min，每分钟压制 50 块肥皂，要求传动比误差在±2%的范围内。以下对上述方案进行传动比分配并确定相关参数。

　　（1）主传动链。电动机到模具的往复移动为主传动链。锥齿轮传动⑤的作用主要是改变传动方向，可暂定其传动比为 1。这时，每压制一块肥皂，六杆机构带动下模完成一个运动循环，相应分配轴 I 应转动一周，故轴 I 的转速应为 $n_1=50r/min$。已知电动机转速为 $n_d=1450r/min$，由此可知，该传动链总传动比的预定值为：

$$i_{预总}=\frac{n_d}{n_I}=\frac{1450}{50}=29$$

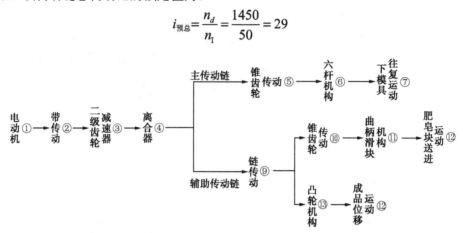

图 4-16　肥皂压花机的传动路线

　　设带传动及二级齿轮减速器中高速级和低速级齿轮传动的传动比分别为 i_1、i_2、i_3，根据多级传动的传动比分配时"前小后大"及相邻两级之差不宜过大的原则，取 $i_1=2.5$，则减速器的总传动比是 29/2.5=11.6，两级齿轮传动平均传动比为 3.4。从有利于实现两级传动等强度及保证较好的润滑条件出发，按二级展开式圆柱齿轮减速器传动比分配公式（4-1），取 $i'_2=1.3i'_3$，则由 $i'_2i'_3=11.6$，可求得 $i'_2=3.88$，$i'_3=2.99$。

　　选取各轮齿数分别为：$z_a=23$，$z_b=86$，$z_c=21$，$z_d=65$。

　　实际传动比为：

$$i_2=\frac{z_b}{z_a}=\frac{86}{23}=3.739，\quad i_3=\frac{z_d}{z_c}=\frac{65}{21}=3.095$$

　　主传动链的实际传动比为：

$$i_{总}=i_1i_2i_3=2.5\times3.739\times3.095=28.93$$

　　由式（4-3）可知，传动比误差为：

$$\Delta i=\left|\frac{i_{总}-i_{预总}}{i_{预总}}\right|\times100\%=\left|\frac{28.93-29}{29}\right|\times100\%$$
$$=0.24\%$$

　　满足传动比误差在±2%的范围内的要求，且各传动比均在常用范围之内，故该传动链传动比分配方案可用。

　　（2）辅助传动链。肥皂块送进和成品移位运动的工作频率应与模具往复运动频率相同，即在一个运动周期内，3 套执行机构各完成一次运动循环，即送进→压花→移位。因此，分配轴 II 必须与分配轴 I 同步，即 $n_{II}=n_I$，故链传动⑨和锥齿轮传动⑩的传动比均应为 1。

第 5 章

执行机构系统的创新设计

在机构的选型中，如果所选择的形式不能满足使用要求，这时就需要进行机构的创新设计。机构的创新设计是设计者利用所掌握的基本理论和设计方法，借鉴成功的经验及机构实例资料，进行创造性思维，设计出结构新颖、功能独特、性能优良、简单灵活的新机构。要设计出新机构，就要基础扎实、思路开阔、知识面广、创新意识强，且善于联想和模仿。

通过机构的演化与变异等各种创新手段，虽然没有创造出新机构，但可设计出具有相同机构简图、不同外形且功能也不同的、能满足特殊工作要求的机械装置。该方法属于机构的应用创新范畴。基本机构的应用创新是机构系统创新设计过程中常见的问题，也是机械设计过程中迫切需要解决的问题。

5.1 机架变换法

一个基本机构中，以不同的构件为机架，可以得到不同功能的机构。这一过程统称为机构的机架变换。机架变换规则不仅适合低副机构，也适合高副机构。但这两种变换具有很大的区别。

5.1.1 低副机构的机架变换

低副机构主要是连杆机构，所以下面仅针对各种连杆机构进行分析与讨论。

低副运动的可逆性是指在低副机构中，两构件之间的相对运动与机架的改变无关。在如图 5-1 所示的铰链四杆机构中，A、B 为整转副。构件 AD 为机架时，构件 AB 相对于 AD 能整周转动；当构件 AB 为机架时，AD 相对于 AB 也能够整周转动。低副运动的可逆性是低副机构演化设计的理论基础。

1. 铰链四杆机构的机架变换

在如图 5-1（a）所示的铰链四杆机构 $ABCD$ 中，AD 为机架，AB 为曲柄。其中，运动副 A、B 可做整周转动。运动副 C、D 不能做整周转动。图 5-1（b）～（d）是取不同构件为机架时的变异。

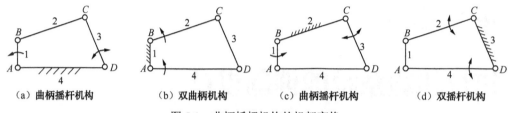

（a）曲柄摇杆机构　　　　（b）双曲柄机构　　　　（c）曲柄摇杆机构　　　　（d）双摇杆机构

图 5-1　曲柄摇杆机构的机架变换

2. 含有一个移动副的四杆机构的机架变换

对心曲柄滑块机构是含有一个移动副的四杆机构的基本形式，图 5-2 所示为其机架变换的各种机构简图。

由于无论以哪个构件为机架，A、B 均为整转副，C 为摆动副，所以如图 5-2 所示的机构分别为曲柄滑块机构、转动导杆机构、摆动导杆机构、曲柄摇块机构和移动导杆机构。

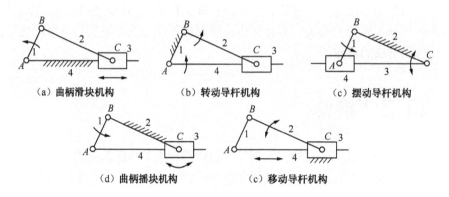

（a）曲柄滑块机构　　　　（b）转动导杆机构　　　　（c）摆动导杆机构

（d）曲柄摇块机构　　　　（c）移动导杆机构

图 5-2　曲柄滑块机构的机架变换

3. 含有两个移动副的四杆机构的机架变换

以如图 5-3（a）所示的双滑块机构为基本机构，A、B 均为整转副。以连杆 AB 为机架时，得到如图 5-3（b）所示的双转块机构；以其中的任一个滑块为机架时，得到如图 5-3（c）所示的正弦机构。

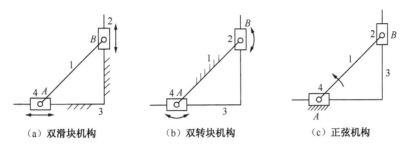

（a）双滑块机构　　　　　（b）双转块机构　　　　　（c）正弦机构

图 5-3　双滑块机构的机架变换

5.1.2　高副机构的机架变换

高副没有相对运动的可逆性，如在圆和直线组成的高副中，直线相对于圆做纯滚动时，直线上某点的运动轨迹是渐开线；圆相对于直线做纯滚动时，圆上某点的运动轨迹是摆线。渐开线和摆线性质不同，所以组成高副的两个构件的相对运动没有可逆性。由此可知，高副机构经过机架变换后，所形成的新机构与原机构的性质也有很大的区别，这说明高副机构的机架变换具有更大的创造性。

如图 5-4（a）所示的定轴轮系机构经过机架变换后可得到如图 5-4（b）所示的行星轮系机构，由于齿轮 1 具有公转与自转特性，该机构的传动比也发生了巨大的变化。

如图 5-5（a）所示的凸轮机构经过机架变换后可得到如图 5-5（b）、（c）所示的变异机构。如图 5-5（b）所示的凸轮为机架时，从动推杆一边绕着 O 点转动，一边按凸轮廓线提供的运动规律移动。如图 5-5（c）所示的滚子推杆为机架时，凸轮绕 O 点转动，同时 O 点沿导路方向移动。

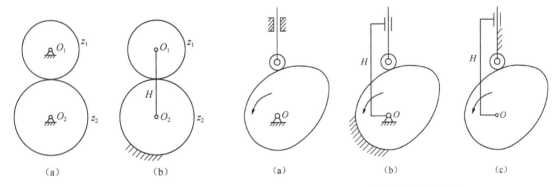

（a）　　　　　（b）　　　　　　　　（a）　　　　　（b）　　　　　（c）

图 5-4　轮系的机架变换　　　　　　图 5-5　凸轮机构的机架变换

在机架变换过程中，机构的构件数目和构件之间的运动副类型没有发生变化，但变异后的机构性能却可能发生很大变化，所以机架变换为机构的创新设计提供了良好的基础。

一般情况下，所有平面机构都可以进行机架变换，空间机构也可以进行机架变换。由于空间机构的角速度的叠加不能进行代数运算，所以这里不进行讨论。

5.2 构件形状变异

构件的形状变异可以从两方面考虑：首先是从构件具体结构的观点考虑，其次是从构件相对运动的观点考虑。

构件的结构设计涉及强度、刚度、材料及加工等许多问题，如连杆截面形状是圆形、方形、管形还是其他形状之类的问题，都属于构件的结构设计。这里仅从相对运动的观点讨论构件的形状变异与创新设计。

构件的形状变异大都与运动副有密切关系，这里先讨论单纯的构件形状变异。

5.2.1 避免构件之间的运动干涉

研究机构运动时，各构件的运动空间是必须要考虑的问题，否则可能发生构件之间或构件与机架之间的运动干涉。在如图 5-6（a）所示的启闭公交汽车门的曲柄滑块机构中，为避免曲柄与启闭机构箱体发生碰撞，需要把曲柄做成如图 5-6（b）所示的弯臂状。

在摆动从动件凸轮机构中，为避免摆杆与凸轮廓线发生运动干涉，经常把摆杆做成曲线状或弯臂状。图 5-7（a）所示为机构综合的结果，图 5-7（b）、（c）所示为摆杆变异设计的结果。

在连杆机构和凸轮机构中，为避免运动干涉，经常涉及构件的形状变异设计，进行变异设计时还要考虑到构件的强度和刚度。

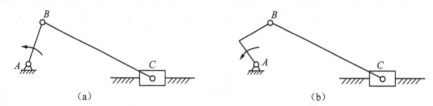

（a）　　　　　　　　　　　　　（b）

图 5-6　曲柄滑块机构中曲柄的形状变异

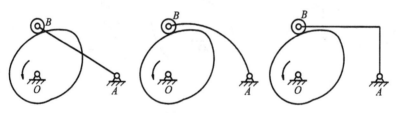

图 5-7　凸轮机构中摆杆的形状变异

5.2.2 满足特定的工作要求

有时为满足特定的工作要求，可以改变做相对运动的构件的形状。在如图 5-8（a）所示的曲柄摇块机构中，把摇块 3 做成杆状，把连杆 2 做成块状，则演化成如图 5-8（b）所示的摆动导杆机构。曲柄摇块机构应用在插齿机中，摆动导杆机构则在牛头刨床中有广泛应用。

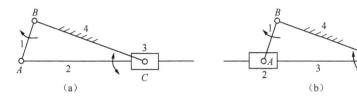

图 5-8　连杆机构中杆块形状的变异

在如图 5-9（a）所示的曲柄滑块机构中，将导路与滑块制成曲线状，可得到如图 5-9（b）所示的曲柄曲线滑块机构，曲率中心的位置按工作需要确定。该机构可应用在圆弧门窗的启闭装置中。

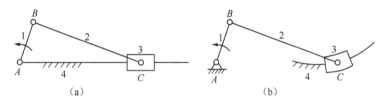

图 5-9　曲柄滑块机构中导路形状的变异

图 5-10 所示是凹圆弧底从动件盘形凸轮机构，通过把平底从动件变成凹弧底从动件，使凸轮机构的传动寿命和效率得到提高。

图 5-11（b）所示的弧面蜗杆是由图 5-11（a）所示的圆柱蜗杆变形而造出来的。由于弧面蜗杆与蜗轮相互包容，所以同时啮合的齿对数增多，使承载能力大大提高。

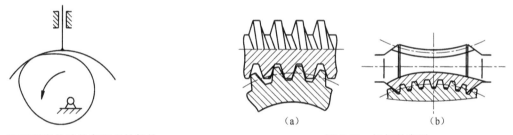

图 5-10　凹圆弧底从动件盘形凸轮机构　　　　图 5-11　蜗杆的变异

在如图 5-12 所示的正弦机构中，两移动副的导轨相互垂直，运动输出构件的行程等于两倍曲柄长（$2r$）。如果改变运动输出构件的形状，使两移动导轨间的夹角为 α（$\alpha \neq 90°$），如图 5-12（b）所示，则运动输出构件的行程将增大为 $2r/\sin\alpha$。如果将图 5-12（a）中竖直方向的导杆由直导轨改变为半径等于 r 的圆弧导轨，则运动输出构件在一个运动循环中可实现有停歇的往复直线运动，如图 5-12（c）所示。

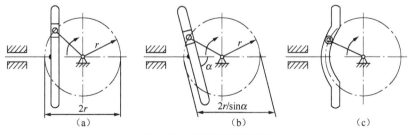

图 5-12　正弦机构的变异

在设计过程中，巧妙利用机架的结构形状，可使机构大为简化。

例如，滚动轴承制造厂往往要求对大量的轴承钢珠按不同直径进行直径筛选。为了提高筛选效率，可使用钢珠分选机构进行筛选，如图 5-13 所示。当钢珠沿着导槽滚动时，尺寸小的钢珠由于导槽夹不住而靠自重先行落下，大一些的钢珠则可多移动一段距离。钢珠落下的先后与其直径大小成比例，于是就达到了钢珠尺寸分级的目的。

对于如图 5-14 所示的卧式三面封袋装机，如果包装薄膜不动，要设计出一台能自动将包装袋封好的机构不是一件容易的事。但如

图 5-13　钢珠尺寸分选示意图

果让包装薄膜运动起来，则只需将封装机构设计成如图 5-14 所示的结构就行了。当卷筒薄膜运动时，对折薄膜的上口安装隔离板 5，以利于开袋。横封牵引器 8 在完成横封的同时，牵引塑料薄膜向左步移一个袋距，包装袋袋型为三面封口扁平袋。

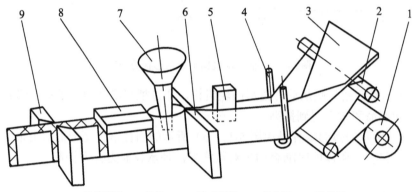

1—卷筒薄膜；2—导辊；3—三角成型器；4—导向杆；5—隔离板；

6—纵封器；7—料斗；8—横封牵引器；9—切刀

图 5-14　卧式三面封袋装机

在设计过程中，机构的哪个构件变异、如何变异，可视具体设计要求而定。

5.3　运动副的形状变异

运动副的变异设计是机构构型设计中的重要创新内容。机构是由运动副把各构件连接起来的、具有确定运动的组合体，因此各构件之间的相对运动是由运动副来保证的。高副的形状是已设计好的曲线，如凸轮廓线、齿轮的渐开线等，这里主要讨论低副的变异设计。在工程设计中，运动副的变异设计常常和构件形状的设计密切相关。

5.3.1　转动副的变异设计

两构件之间的相对运动为转动时，常常用滚动轴承或滑动轴承作为转动副。这里的变异设计主要指轴径尺寸的设计，或者称为运动副销钉的扩大。图 5-15（a）所示为曲柄摇杆机构，图 5-15（b）所示为该机构中转动副 B、C、D 依次扩大后形成的机械装置，该装置的机构

简图与图 5-15（a）完全相同，具有较高的强度与刚度。

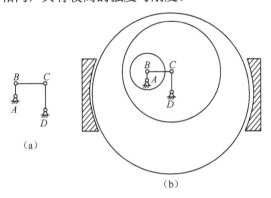

图 5-15 曲柄摇杆机构中转动副的形状变异

图 5-16 给出了曲柄摇块机构的运动副销钉扩大和构件形状变异同时发生的机构演化实例。

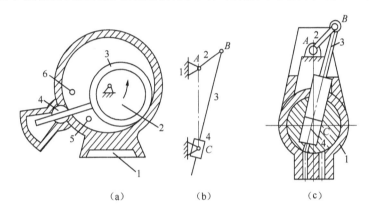

图 5-16 曲柄摇块机构的演化实例

5.3.2 移动副的变异设计

移动副的形状变异可分为移动滑块的扩大和滑块形状的变异设计两部分。如图 5-17 所示为曲柄滑块机构中滑块扩大示意图。滑块扩大后，可把其他构件包容在块体内部，适合驱动大面积的块状物体，或应用在剪床、压床之类的工作装置中。

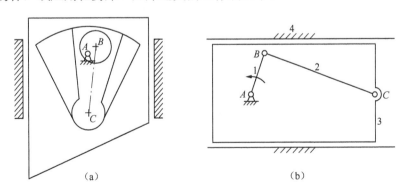

图 5-17 曲柄滑块机构中滑块形状的变异

　　移动副的变异设计多体现在形状与结构上。如图 5-18 所示的移动副为滑块形状变异设计的典型示意图。移动副中有时需要用滚动摩擦代替滑动摩擦，因此，滚动导轨代替滑动导轨是常见的移动副变异设计。为避免出现形成移动副的两构件发生脱离现象，移动副的变异设计必须考虑虚约束的形状问题。

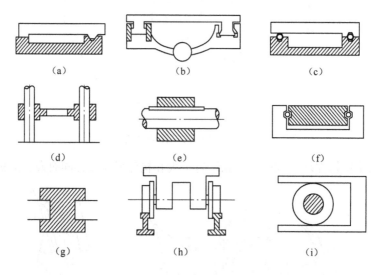

图 5-18　移动副的形状变异

5.3.3　球面副的变异设计

　　由于低副两元素上对应重合点的运动轨迹是重合的，所以低副两元素的中空体与插入中空体的实心体位置可以互换，而不影响被连两构件的相对运动关系。利用低副的这个特点，设计者可以更加灵活地进行机构及其结构创新设计。在如图 5-19（a）所示的球面副中，可动构件是实心体，而不动构件是中空体，将实心体与中空体位置互换得到如图 5-19（b）所示的结构，两运动副虽然结构不同，但运动特性并未改变。

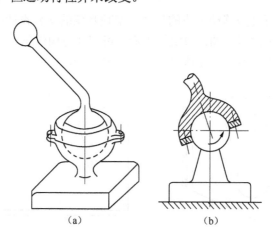

图 5-19　球面副的结构变异

5.4　运动副的等效代换

运动副的等效代换是指在不改变运动副自由度的条件下，用平面运动副代替空间运动副，或是低副与高副之间的代换，而不改变运动副的运动特性。运动副的等效代换不仅能使机构的实用性增强，还为创造新机构提供了理论基础。

5.4.1　高副与低副的等效代换

高副与低副的等效代换在工程设计中有广泛的应用，如用滚动导轨代替滑动导轨、用滚珠丝杠代替传统的螺旋副在工程中都得到了广泛的应用。在机构结构分析中介绍的高副低代方法中，虽然得到的机构是瞬时机构，但是当组成高副机构的轮廓曲线的曲率半径是常数时，则可以用确定的低副机构代替高副机构应用在工程实践中。如图 5-20 所示的偏心盘凸轮机构就可以用相应的四杆机构代替。图 5-20（a）所示是尖底推杆偏心盘形凸轮机构与曲柄滑块机构的等效替换；图 5-20（b）所示是滚子摆杆偏心盘形凸轮机构与曲柄摇杆机构的等效替换；图 5-20（c）所示是平底摆杆偏心盘形凸轮机构与摆动导杆机构的等效代换。

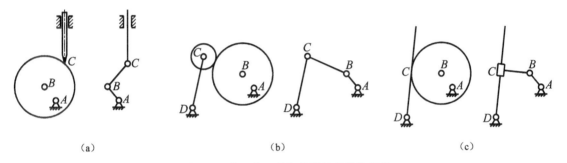

图 5-20　偏心盘凸轮机构的等效代换机构

高副低代过程中应注意：共轭曲线高副机构是啮合高副机构，这类高副机构可以用低副机构代替；瞬心线高副机构是摩擦高副机构，其连心线与过两曲线接触点的公法线共线，因而不能用相应的低副机构代替。

5.4.2　滑动摩擦副与滚动副的等效代换

运动副是两个构件之间的可动连接，按其相对运动方式可分为转动副和移动副。但以面接触的相对运动产生滑动摩擦，较大的摩擦力将导致磨损发生。另外，移动副制造困难，不易保证配合精度，效率较低且容易自锁，移动副的导轨需要足够的导向长度，质量较大，在可能的条件下，可用高副代替移动副，如图 5-21 所示。

根据相对运动速度和承受载荷的大小，运动副处常选择使用滑动摩擦或滚动摩擦。对转动副而言，常使用滚动轴承作为运动副，但对于承受重载的转动副，常使用滑动轴承作为转动副。对于移动副而言，考虑到滑动构件的定位与约束的方便，经常使用滑动摩擦的导轨。但若要求运动灵活且承受载荷较小，使用滚动导轨更加方便。以此类推，低速、重载的螺旋副常常使用滑动摩擦副；否则，使用滚动螺旋副会更加方便。

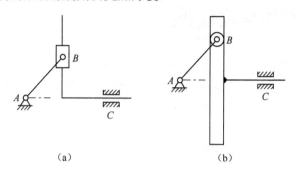

（a）　　　　　　　　（b）

图 5-21　用高副代替移动副

运动副的等效代换设计一般与工程设计有密切关系，是工程设计中一种有效的创新方法。

第6章

机械运动方案的评价

　　机械系统方案设计的最终目标，是寻求一种既能实现预期功能要求，又具有优良的性能、低廉的价格的运动方案。

　　设计机械运动方案时，为实现同一功能，可以采用不同的工作原理，从而构思出不同的设计方案；采用同一工作原理，工艺动作分解的方法不同，也会产生不同的设计方案；采用相同的工艺动作分解方法，选用的机构形式不同，同样会形成不同的设计方案。因此，机械系统的方案设计是一个多解性问题。面对多种设计方案，设计者必须分析、比较各方案的性能优劣、价值高低，经过科学评价和决策，才能获得最满意的方案。机械系统方案设计的过程，就是一个先通过分析、综合，使待选方案数目由少变多，再通过评价、决策，使待选方案数目由多变少，最后获得满意方案的过程。

　　通过创造性构思产生多个待选方案，再以科学的评价和决策优选出最佳的设计方案，而不是主观地确定一个设计方案，通过校核来确定设计方案的可行性，是现代设计方法与传统设计方法的重要区别之一。如何通过科学评价和决策来确定最满意的设计方案，是机械系统方案设计阶段的一个重要任务。

6.1 机械运动方案的评价体系

6.1.1 评价指标体系的确定原则

机械运动系统方案的构思和拟定的最终目标是最优地确定某一机械运动系统方案，并进一步解决机构系统设计问题。通过科学的评价和决策方法来确定最佳机械运动系统方案是机械运动方案设计的一个重要阶段。为此，必须根据机械运动方案的特点来确定评价特点、评价准则和评价方法，从而使评价结果更加准确、客观、有效，并能为广大工程技术人员认可和接受。

机械运动系统方案设计是机械设计的初始阶段的设计工作，其评价具有如下特点。

（1）评价准则应包括技术、经济、安全可靠3方面的内容。这一阶段的设计工作只是解决原理方案和机构系统的设计问题，不具体涉及机械结构设计的细节。因此，对经济性评价往往只能从定性角度加以考虑。对于机械运动系统方案的评价准则所包括的评价指标总数不宜过多。

（2）在机械运动系统方案设计阶段，各方面的信息一般来说都还不够充分，因此一般不考虑重要程度的加权系数。但是为了使评价指标有广泛的适用范围，对某些评价指标可以按不同应用场合列出加权系数。例如承载能力，对于重载的机器应加上较大的加权系数。

（3）考虑到实际的可行性，可采用0~10十分制评分法来进行评价，即将各评价指标的评价值分成等级。对于相对评价值低于6的方案，一般认为较差，应该予以剔除；若方案的相对评价值高于8，那么只要它的各项评价指标都较均衡，则可以采用；对于相对评价值介于6~8之间的方案，则要进行具体分析，有的方案在找出薄弱环节后加以改进，可以成为较好的方案而被采纳。例如，当传递相对较远的两平行轴之间的运动时，采用V带传动是比较理想的方案。但是，当整个系统要求传动比十分精确，而其他部分都已考虑到这一点而采取相应措施（如高精度齿轮传动、无侧隙双导程蜗杆传动等）时，V带传动就是一个薄弱环节。如果改成同步带传动后，就能达到扬长避短的目的，又能成为优先选用的好方案。至于有的方案，确实缺点较多，又难以改进，则应予以淘汰。

（4）在评价机械运动系统方案时，应充分集中机械设计专家的知识和经验，特别是集中所要设计的这类机器的设计专家的知识和经验；要尽可能多地掌握各种技术信息和技术情报；要尽量采用功能成本（包括生产成本和使用成本）指标值进行机械运动方案的比较。通过这些措施才能使机械运动方案评价更加有效。

因此，为了使机械运动系统方案的评价结果尽量准确、有效，必须建立一个评价指标体系，它是一个机械运动方案所要达到的目标群。对于机械运动方案的评价指标体系，一般应满足以下基本要求。

（1）评价指标体系应尽可能全面，但又必须抓住重点。它不仅要考虑到对机械产品性能有决定性影响的主要设计要求，而且应考虑到对设计结果有影响的主要条件。

（2）评价指标应具有独立性，各项评价指标相互间应该无关，也就是说，采用提高方案中某一评价指标评价值的某种措施，不应对其他评价指标的评价值有明显影响。

（3）评价指标应定量化。对于难以定量化的评价指标可以通过分级量化。评价指标定量化有利于对方案进行评价与选优。

6.1.2 机构系统的评价指标

1. 机构系统性能的评价指标

执行机构系统方案是由若干执行机构组成的。在方案设计阶段，对于单一机构的选型或整个机构系统的设计都应建立合理、有效的评价指标。从机构和机构系统的方案设计和评价的要求来看，主要应满足表 6-1 列出的各方面的性能指标。

表 6-1 机构系统的性能评价指标

序 号	评 价 指 标	具 体 内 容
1	系统功能	实现运动规律或运动轨迹、实现工艺动作的准确性、特定功能等
2	运动性能	运转速度、行程可调性、运动精度等
3	动力性能	承载能力、增力特性、传力特性、振动噪声等
4	工作性能	效率高低、寿命长短、可操作性、安全性、可靠性、适用范围等
5	经济性	加工难易程度、制造误差敏感度、调整方便性、能耗等
6	结构紧凑	尺寸、质量、结构复杂性等

这些评价指标是根据机构及机构系统设计的主要性能要求和机械设计专家的咨询意见制订的。对于具体的机械系统，这些评价指标和具体内容还需要根据实际情况加以增减和完善，以形成一个比较合理的评价指标。

根据上述评价指标即可着手建立一个评价体系。所谓评价体系，就是通过一定范围内的专家咨询，确定评价指标及其评定方法。需要指出的是：对于不同的设计任务，应根据具体情况，拟定不同的评价体系。例如，对于重型机械，应对其承载能力一项给予较大的重视；对于加速度较大的机械，应对其振动、噪声和可靠性给予较大的重视；至于适用范围这一项，对于通用机械，适用范围广些为好，而对于某些专用机械，则只须完成设计目标所要求的功能即可，不必要求其具有很广的适用范围。因此，针对具体设计任务，科学地选取评价指标和建立评价体系是一项十分细致和复杂的工作，也是设计者面临的重要问题。只有建立科学的评价体系，才可以避免个人决定的主观片面性，减少盲目性，从而改善设计的质量并提高设计的效率。

2. 几种典型机构的性能和评价

在机械运动方案构思和拟定时，由于连杆机构、凸轮机构、齿轮机构、组合机构 4 种典型机构的机构特点、工作原理、设计方法已为广大设计人员所熟悉，并且它们本身结构较简单，易于实际应用，所以往往成为机械运动方案设计的首选机构。下面对它们的性能和初步评价做简要评述，为评分和择优提供一定的依据，见表 6-2。

如果在机构系统方案设计中采用自己创造的新机构或其他一些非典型机构，对评价指标应另做评定。

表6-2　4种典型机构的性能和评价

性能指标	具体内容	评价			
		连杆机构	凸轮机构	齿轮机构	组合机构
A 功能	实现运动规律或运动轨迹	任意性较差，只能实现有限个精确点的位置	基本上能实现任意运动规律或运动轨迹	一般实现定速比的转动或移动	基本上能实现任意运动规律或运动轨迹
	传动精度	较高	较高	高	较高
B 工作性能	应用范围	较广	较广	广	较广
	可调性	较好	较差	较差	较好
	运转速度	高	较高	很高	较高
	承载能力	较大	较小	大	较大
C 动力性能	加速度峰值	较大	较小	小	较小
	噪声	较小	较大	小	较小
	耐磨性	耐磨	差	较好	较好
	可靠性	可靠	可靠	可靠	可靠
D 经济性	加工难易程度	易	难	较难	较难
	制造误差敏感度	不敏感	敏感	敏感	敏感
	调整方便性	方便	较麻烦	方便	方便
	能耗	一般	一般	一般	一般
E 结构紧凑	尺寸	较大	较小	较小	较小
	质量	较小	较大	较大	较大
	结构复杂性	简单	复杂	一般	复杂

3. 机构选型的评价体系

机构选型的评价体系是由机构系统方案设计应满足的要求来确定的。依据表6-2所示的评价指标所列项目，通过一定范围内的专家咨询，逐项评定分配分数值。这些分配分数值是按项目重要程度来分配的。这一工作是十分细致、复杂的。在实践中，还应该根据有关专家的咨询意见，对机构系统方案设计中的机构选型的评价体系不断进行修改、补充和完善。

表6-3是初步建立的机构选型评价体系，它既有评价指标，又有各项分配分数值，正常情况下满分为100分。有了这样一个初步的评价体系，可以使机构系统方案设计逐步摆脱经验、类比的情况。

利用如表6-3所示的机构选型评价体系，再加上对各选用的机构评价指标的评价量化后，就可以对几种被选用的机构进行评估、选优。

表6-3　机构选型的评价体系

性能指标代号	A	B	C	D	E
总分	25	20	20	20	15
具体内容	A_1, A_2	B_1, B_2, B_3, B_4	C_1, C_2, C_3, C_4	D_1, D_2, D_3, D_4	E_1, E_2, E_3
分配分	15, 10	5, 5, 5, 5	5, 5, 5, 5	5, 5, 5, 5	5, 5, 5

续表

性能指标代号	A	B	C	D	E
加权系数	以实现某一运动为主时,加权系数为 1.5,即 $A\times1.5$	受力较大时,这两项加权系数为 1.5,即 $(B_3+B_4)\times1.5$	加速度较大时,加权系数为 1.5,即 $C\times1.5$		

4．机构评价指标的评价量化

利用机构选型评价体系对各种被选用机构进行评价、选优的重要步骤就是将各种常用的机构针对各项评价指标进行评价量化。通常情况下各项评价指标较难量化,一般可以按"很好"、"好"、"较好"、"不太好"、"不好"5 档来加以评价,这种评价当然应出自机械设计专家的评估。在特殊情况下,也可以由若干有一定设计经验的专家或设计人员来评估。上述 5 档评价可以量化为 4、3、2、1、0 的数值,由于多个专家的评价总是有一定差别的,其评价指标的评价值取其平均值,所以不再为整数。如果数值 4、3、2、1、0 用相对值 1、0.75、0.5、0.25、0 表示,其评价值的平均值也要按实际情况而定。有了各机构实际的评价值,就不难进行机构选型。这种选型过程由于依靠了专家的知识和经验,所以可以避免个人决定的主观片面性。

5．机构系统选型的评估方法

在机构系统方案中,实际上是由若干执行机构进行评估后将各机构评价值相加,取最大评价值的机构系统作为最佳机构系统设计方案。除此之外,也可以采用多种价值组合的规则来进行综合评估。

机构系统方案的选择本身是一个因素复杂、要求全面的难题,采用什么样的机构系统选型的评估计算方法值得认真去探索。上面采用评价指标体系及其量化评价的方法是进行机械运动方案选择的一大进步,只要不断完善评价指标体系,同时注意收集机械设计专家的评价值的资料,吸收专家经验,并加以整理,就能有效地提高设计水平。

本章分别介绍评分法、系统工程评价法及模糊综合评价法。

6.2　评分法

评分法用分值作为衡量方案优劣的定量标准。对于多个评价目标的系统先分别取各自目标的分值,再求总和。

1．评分

一般采用集体评分以减少由于个人主观因素对分值的影响。对几个评分者所评的分数取平均值或去除最大、最小值后的平均值作为有效分值。

评分标准多采用十分制,"理想状态"取 10 分,"不能用"取 0 分,其他分值可参考表 6-4。

表 6-4　十分制评分标准

0	1	2	3	4	5	6	7	8	9	10
不能用	差	较差	勉强可用	可用	中	良	较好	好	优	理想

对于某些产品若能根据工作要求定出具体评分值则更便于操作。表 6-5 所示为某单位对内燃发动机的特性参数评价的分值表。

表 6-5 内燃发动机的特性参数评价分值表

评价分值	特性参数			
	燃料消耗 （g/kW·h）	单位功率质量 （kg/kW）	铸件的复杂性	寿命 （km）
0	400	3.5	极复杂	20×10^3
1	380	3.3		30×10^3
2	360	3.1	复杂	40×10^3
3	340	2.9		60×10^3
4	320	2.7	中等	80×10^3
5	300	2.5		100×10^3
6	280	2.3	简单	120×10^3
7	260	2.1		140×10^3
8	240	1.9	极简单	200×10^3
9	220	1.7		300×10^3
10	200	1.5	理想	500×10^3

2. 加权计分法

对于多评价目标的方案，常按加权计分法求其总分，其评分、计分过程如下。

（1）确定评价目标 $\boldsymbol{u} = (u_1, u_2, \cdots, u_n)$。

（2）确定各评价目标的加权系数，矩阵表达式为：

$$\boldsymbol{G} = [g_1 \ g_2 \ \cdots \ g_n]$$

式中，$g_i < 1$，$\sum g_i = 1$。

（3）按评分标准（如十分制评分标准）列出评分标准。

（4）对各评分目标评分，用矩阵列出 m 个方案对 n 个评分目标的评分值。

$$\boldsymbol{P} = \begin{bmatrix} P_1 \\ P_2 \\ \vdots \\ P_j \\ \vdots \\ P_m \end{bmatrix} = \begin{bmatrix} P_{11} & P_{12} & \cdots & P_{1n} \\ P_{21} & P_{22} & \cdots & P_{2n} \\ \vdots & & & \\ P_{j1} & P_{j2} & \cdots & P_{jn} \\ \vdots & & & \\ P_{m1} & P_{m2} & \cdots & P_{mn} \end{bmatrix}$$

（5）求各方案总分 N_j 并做比较，分值高者为优。

m 个方案的总分矩阵为：

$$\boldsymbol{N} = \boldsymbol{GP}^{\mathrm{T}} = [N_1 \quad N_2 \quad \cdots \quad N_j \quad \cdots \quad N_m] \tag{6-1}$$

其中，第 j 个方案的总分值为：

$$N_j = \boldsymbol{GP}_j^{\mathrm{T}} = g_1 P_{j1} + g_2 P_{j2} + \cdots + g_n P_{jn} \tag{6-2}$$

例如，用评分法对Ⅰ、Ⅱ、Ⅲ 3 种汽车发动机进行性能方案比较。3 种汽车发动机的 3 种基本性能及加权系数见表 6-6。

表 6-6　3 种汽车发动机的 3 种基本性能及加权系数

性　能 加权系数 g 方　案	燃料消耗 （g/kW·h）	单位功率质量 （kg/kW）	寿　命 （km）
	0.5	0.2	0.3
Ⅰ	340	2.4	$120×10^3$
Ⅱ	280	2.2	$100×10^3$
Ⅲ	220	1.9	$80×10^3$

参考表 6-5 对 3 种方案各项性能评分见表 6-7。

表 6-7　3 种性能评分

分　项　评　分 方　案	燃料消耗 P_1	单位功率质量 P_2	寿命 P_3
Ⅰ	3	5.5	6
Ⅱ	6	6.5	5
Ⅲ	9	8	4

按加权计分法求各方案总分，由式（6-2）可得 3 种方案的总分值为：

$N_{\mathrm{I}} = g_1 P_{\mathrm{I}1} + g_2 P_{\mathrm{I}2} + g_3 P_{\mathrm{I}3} = 0.5×3 + 0.2×5.5 + 0.3×6 = 4.4$

$N_{\mathrm{II}} = g_1 P_{\mathrm{II}1} + g_2 P_{\mathrm{II}2} + g_3 P_{\mathrm{II}3} = 0.5×6 + 0.2×6.5 + 0.3×5 = 5.8$

$N_{\mathrm{III}} = g_1 P_{\mathrm{III}1} + g_2 P_{\mathrm{III}2} + g_3 P_{\mathrm{III}3} = 0.5×9 + 0.2×8 + 0.3×4 = 7.3$

由于 $N_{\mathrm{III}} > N_{\mathrm{II}} > N_{\mathrm{I}}$，所以方案Ⅲ为最佳方案，方案Ⅱ次之，方案Ⅰ最差。

6.3　系统工程评价法

系统工程评价法就是将整个机械运动方案作为一个系统，从整体上评价方案适合总的功能要求的程度，以便从多种方案中客观、有效地选择整体最优方案。

6.3.1　系统工程评价法步骤

如图 6-1 所示为系统工程评价法的步骤。

1．系统工程评价方法的基本原则

为了使机构系统从整体上进行综合评价，必须遵循以下几个原则。

（1）要保证评价的客观性。系统综合评价的目的是为了决策和选优，因此评价的客观性、有效性和合理性必须充分保证。这就要求评价的依据要全面和可靠，评价专家要有一定的权威性和客观性，评价方法要合理和可靠等。

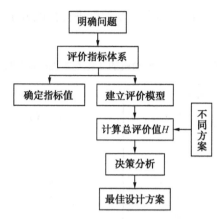

图 6-1　系统工程评价法的步骤

（2）要保证方案的可比性。各个供选择的机构系统方案在保证实现系统的基本功能上要有可比性和一致性。不能只突出一点，要进行方案的全面比较，这样才能防止出现片面性和个人主观性。

（3）要有适合机械运动方案的评价指标体系。评价指标既要包括机构系统所要实现的定量目标，也要包括机构系统所应满足的定性要求。评价指标体系制订得好坏，对于评价结果的合理性和有效性十分重要。评价指标体系的建立过程应充分集中领域专家的知识和经验。

2．建立评价指标体系和确定评价指标值

机构系统方案的评价指标体系如表 6-2 和表 6-3 所示，定为 5 个方面 17 项评价指标。从表 6-3 中可看出这 17 项评价指标的重要程度按分配分的多少来定，如果在具体的机械运动方案中要考虑一些特别情况，还可以对有关项评价指标的分配分的加权系数进行修正。

确定评价指标值的过程称为量化的过程，它是把具体某一执行机构所能达到评价指标要求的程度进行量化，一般采用相对比值方法，将实现程度定为 1、0.75、0.5、0.25、0。对完全能实现评价指标规定的要求的机构定为 1，也就取得这项评价指标分配分的满分，否则就要将分配分打一个折扣。量化的方法通常有 3 种：直接量化法、间接量化法、分等级法。这里采用了分等级法。

如何确定机构系统评价指标体系及其各项评价指标的分配分是机构系统方案评价中十分重要的步骤。这些工作要通过领域专家的咨询而最后确定下来。表 6-3 就是一种集思广益的评价指标体系和各项分配分。

为了对各机构系统方案进行评价，还必须对各个具体的执行机构的各项指标的实现程度用相对比值来表示，这些相对比值一定要根据机构的技术资料、手册、实验数据及领域专家的知识和经验来确定。如果由多名专家用填表方式来确定相对比值，其平均值就作为最后确定的相对比值。

3．建立评价模型

评价模型应能综合考虑各评价指标，得出合理的评价结果，体现系统工程评价法的具体计算原理。评价模型不但应考虑各指标在总体目标中的重要程度，还应考虑各指标之间的相互影响及结合状态。一般不能只用加权方法，还应运用多种价值组合规则。当各因素之间互相促进

时用代换规则；当各因素之间可以互相补偿时用加法规则；当各因素均重要时用乘法规则。由 A、B、C 3 个执行机构组成的机械运动方案评价模型如图 6-2 所示。

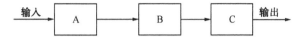

图 6-2　3 个执行机构组成的机构系统方案评价模型

它的总评价模型为 H，即：

$$H = \langle H_A^{\omega_A} \cdot H_B^{\omega_B} \cdot H_C^{\omega_C} \rangle \tag{6-3}$$

式中，ω_A、ω_B、ω_C 为加权因子，根据各执行机构 A、B、C 在整体中所占的重要程度而定。必须注意，运用乘法规则时的加权因子采用指数加权。

评价模型的结构如图 6-3 所示。

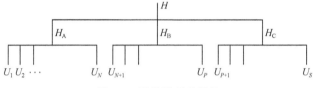

图 6-3　评价模型的结构

在图 6-3 中，$H_A = \langle U_1(\cdot)U_2\cdots(\cdot)U_N \rangle$ 为乘法规则；$H_B = \langle U_{N+1}(+)U_{N+2}(+)\cdots(+)U_P \rangle$ 为加法规则；$H_C = \langle U_{P+1}(\cdot)U_{P+2}(\cdot)\cdots(\cdot)U_S \rangle$ 为乘法规则。

每个指标 U_i 又可由若干子指标组成，可根据设计要求采用某一运动规则来组成。对于加法规则：

$$U_i = \sum_{i=1}^{M} W_i \tag{6-4}$$

经过计算得出所有方案的评价值后，应对所得结果进行分析，选取其中最能适合设计要求的方案。例如，A 执行机构有 m 个方案、B 执行机构有 n 个方案、C 执行机构有 p 个方案，那么根据排列组合理论和实际可行性，此机构系统方案共有方案数为：

$$Q = mnp - k \tag{6-5}$$

式中，k 为 A、B、C 3 个执行机构组成的不可行方案数。不可行方案主要是由于 3 个执行机构在 5 大类评价指标上不能匹配工作。

采用系统工程评价法进行机械运动方案评价时，通常 Q 个方案中 H 值为最高的方案是整体最佳的方案。当然，由系统工程方法算出的评价值只是为设计者选择机构系统方案提供了可靠的依据。最终的决策还是可以由设计者根据实际情况做出最终的选择。

6.3.2　系统工程评价法应用实例

为了使提花织物纹板轧制系统实现自动化，设计制造了纹板自动冲孔机。该机构的第一个功能是削纸，即将放在纸库内的纹板（一块长 400 mm、宽 68 mm、厚 0.7 mm 的纸板，如图 6-4 所示）推出，送至由一对滚轮组成的纹板步进机构。与此功能相匹配的削纸机构的速度要均匀，每次削纸要可靠，不能卡纸或削空，同时还要求机构的结构尽量简单，便于设计、加工和制造。图 6-5 所示是该机构的简图。

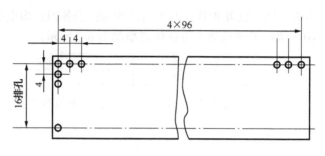

图 6-4 提花纹板

根据对削纸机构的要求，通过初步分析研究，可以采用以下 3 个方案。

（1）凸轮-摇杆滑块机构（如图 6-6 所示）。

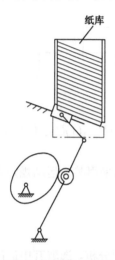

图 6-5 削纸机构简图　　　　　　　图 6-6 凸轮-摇杆滑块机构

（2）牛头刨机构（如图 6-7 所示）。

（3）斯蒂芬森机构（如图 6-8 所示）。

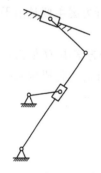

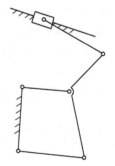

图 6-7 牛头刨机构　　　　　　　图 6-8 斯蒂芬森机构

下面用系统工程评价法对这 3 个方案进行评价。根据削纸机构的工作特点、性能要求和应用场合等，采用表 6-2 的评价指标，即 $U_1=A$，$U_2=B$，$U_3=C$，$U_4=D$，$U_5=E$。图 6-9 所示为削纸机构的评价体系。

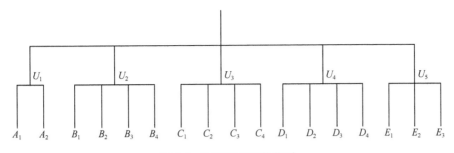

图 6-9　削纸机构评价体系

因为评价指标 U_i（$i=1\sim5$）之间相互独立，故采用乘法规则；评价指标 U_i 内部各子评价指标之间相互补偿，采用加法规则，由此建立削纸机构的评价模型为：

$$H = \langle U_1(\cdot)U_2(\cdot)U_3(\cdot)U_4(\cdot)U_5 \rangle$$

式中，$U_1 = A_1 + A_2$；$U_2 = B_1 + B_2 + B_3 + B_4$；$U_3 = C_1 + C_2 + C_3 + C_4$；$U_4 = D_1 + D_2 + D_3 + D_4$；$U_5 = E_1 + E_2 + E_3$。

表 6-8 表示上述 3 个方案的评价体系、评价值及计算结果。在表 6-8 中，所有指标分为 5 个等级："很好"、"好"、"较好"、"不太好"、"不好"，它们分别用 1、0.75、0.5、0.25、0 来表示。在确定指标值时应咨询有经验的设计人员、专家的意见，采用它们评定的指标值的平均值可以更趋于合理。

表 6-8　3 种机构的评价体系、评价值及计算结果

评价指标		方案 I（凸轮-摇杆滑块机构）	方案 II（牛头刨机构）	方案 III（斯蒂芬森机构）
U_1	A_1	1	0.75	0.75
	A_2	0.75	0.75	0.75
U_2	B_1	0.75	0.75	0.75
	B_2	0.75	0.75	0.75
	B_3	0.75	0.75	0.75
	B_4	0.5	0.75	0.75
U_3	C_1	1	0.5	0.5
	C_2	0.5	0.75	0.75
	C_3	0.5	0.75	0.75
	C_4	1	1	1
U_4	D_1	0.5	0.75	0.75
	D_2	0.5	0.75	0.75
	D_3	1	0.75	0.75
	D_4	0.75	0.75	0.75
U_5	E_1	0.75	0.5	0.5
	E_2	0.75	0.75	0.75
	E_3	0.75	0.75	0.5
方案的 H 值		89.33	81	70.875

根据表 6-8 表示的评价值，用系统工程评价法可以算出各方案的 H 值，以 H 值的大小来排列 3 个机构方案的次序为：方案 I 最佳，方案 II 其次，方案III最差。在一般情况下宜选用方案 I 。

6.4 模糊综合评价法

在机械运动方案评价时，由于评价指标较多，如应用范围、可调性、承载能力、耐磨性、可靠性、加工难易程度、调整方便性、结构复杂性等，它们很难用定量分析来评价，属于设计者的经验范畴，因此只能用很好、好、不太好、不好等模糊概念来评价。模糊评价就是利用集合与模糊数学将模糊信息数值化，以进行定量评价的方法。

6.4.1 模糊集合的概念

模糊数学中的主要运算符号见表 6-9。

表 6-9 模糊综合评价中的主要运算符号

运 算 符 号	含 义	运 算 符 号	含 义
$\in$	元素与集合的属	$\cap$	交
$\bar{\in}$	不属于	$\cup$	并
$\notin$	不属于	$\underset{\sim}{A}^{C}$	模糊集 $\underset{\sim}{A}$ 的补
$\subseteq$	包含	$\underset{\sim}{A}$	模糊集合
$\subset$	真包含	$\vee$	取大运算
$\nsubseteq$	不包含	$\wedge$	取小运算

定义：论域 U 中的模糊集合 $\underset{\sim}{A}$ ，是以隶属函数 $\mu_{\underset{\sim}{A}}$ 为表征的集合，即：

$$\mu_{\underset{\sim}{A}} : U \rightarrow [0,1]$$
$$u \rightarrow \mu_{\underset{\sim}{A}}(u)$$

$\mu_{\underset{\sim}{A}}$ 称为 $\underset{\sim}{A}$ 的隶属函数，$\mu_{\underset{\sim}{A}}(u)$ 表示元素 $u \in U$ 属于 $\underset{\sim}{A}$ 的程度，并称 $\mu_{\underset{\sim}{A}}(u)$ 为 u 对于 $\underset{\sim}{A}$ 的隶属度。

关于此定义，有如下几点说明：

（1） $\underset{\sim}{A}$ 的隶属函数与普通集合的特征函数相比，它是经典集合的一般化，而经典集合则是它的特殊形式。亦即 $\underset{\sim}{A}$ 是 U 上的一个模糊子集。

（2）模糊子集完全由其隶属函数来描述。事实上，我们可以建立模糊子集与隶属函数间的一一对应关系。

$\mu_{\underset{\sim}{A}}(u)$ 接近于 1，表示 u 隶属于 $\underset{\sim}{A}$ 的程度大；反之 $\mu_{\underset{\sim}{A}}(u)$ 接近于零，表示 u 隶属于 $\underset{\sim}{A}$ 的程度小。

（3）隶属度函数是模糊数学的最基本概念，借助它我们才有可能对模糊集合进行量化，也才有可能利用精确数学方法去分析和处理模糊信息。

隶属函数通常是根据经验或统计来确定的，它本质上是客观事物的属性，但往往带有一定的主观性。正确地建立隶属函数，是使模糊集合能够恰当地表现模糊概念的关键。所以，应用模糊数学去解决实际问题，往往归结为找出一个恰当的隶属函数。这个问题解决了，其他问题也就迎刃而解了。

为了说明隶属函数与其模糊集合的关系，举例如下。

例如：设 $U=[0, 100]$ 表示年龄的某个集合，A 和 B 分别表示"年老"与"年轻"，其隶属度函数分别如图 6-10 和图 6-11 所示，其表达式如下：

$$\mu_A(x)=\begin{cases} 0 & (0 \leqslant x \leqslant 50) \\ \left[1+\left(\dfrac{x-50}{5}\right)^{-2}\right]^{-1} & (50 < x \leqslant 100) \end{cases} \tag{6-6}$$

$$\mu_B(x)=\begin{cases} 1 & (0 \leqslant x \leqslant 25) \\ \left[1+\left(\dfrac{x-25}{5}\right)^{2}\right]^{-1} & (25 < x \leqslant 100) \end{cases} \tag{6-7}$$

如果 $x=60$，则有 $\mu_A(60)=0.80$，$\mu_B(60)=0.02$，即 60 岁属于"年老"的程度为 0.80，属于"年轻"的程度为 0.02，故可以认为 60 岁是比较老的。

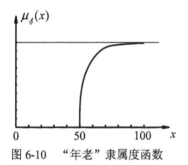

图 6-10　"年老"隶属度函数

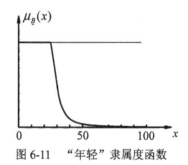

图 6-11　"年轻"隶属度函数

6.4.2　隶属度函数的确定方法

一个模糊集合在给定某种特性之后，就必须建立反映这种特性所具有的程度函数，即隶属度函数。它是模糊集合应用于实际问题的基石。一个具体的模糊对象，首先应当确定其切合实际的隶属度函数，才能应用模糊数学方法进行具体的定量分析。

模糊评价的表达和衡量是用某一评价指标的评价概念（如优、良、差）隶属度的高低来表示的。例如，某方案的调整方便性，一般不可能是绝对方便或绝对不方便，而被认为对方便性的概念有八成符合，那么就可称它对调整方便性的隶属度为 0.8。

隶属度可采用统计试验法或二元对比排序法求得。

1．模糊统计试验法

模糊统计试验法是对评价指标体系中某一指标进行模糊统计试验，其试验次数应足够多，使统计得到的隶属频率稳定在某一数值范围，由此求得较准确的隶属度。

例如，为了对执行机构系统方案中某执行机构的调整方便性隶属度函数进行统计试验。由

20 位机械设计人员进行评定，其数据见表 6-10。

由表 6-10 可见，此指标在"好"处的隶属度为 0.75。

表 6-10　某机械执行机构调整方便性评价统计

序　　号	评　　价	频　　数	相 对 频 数
1	很好	1	0.05
2	好	15	0.75
3	较好	3	0.15
4	不太好	1	0.05
5	不好	0	0

2．二元对比排序法

由二元对比排序法确定隶属度。在实际工作中，常常能对不易量化的概念得到较好的数据处理，但主观色彩较浓厚。下面介绍二元对比排序法中的择优比较法。它是经过抽样试验后，利用统计方法求取隶属度的。

例如，对于某种评价指标，五种机构哪种最好？

设论域 $U=\{$机构Ⅰ，机构Ⅱ，机构Ⅲ，机构Ⅳ，机构Ⅴ$\}$。

在从事机械设计的科技人员中，随机抽取 50 人，每人被测 20 次，每次在 U 中选两种机构对比，被测者从两种机构中择优指定自己选定的机构。

每个被测者按表 6-11 中的次序反复进行 2 遍，结果记于表 6-12 中。

表 6-11　择优选定记录

	机构Ⅰ	机构Ⅱ	机构Ⅲ	机构Ⅳ	机构Ⅴ
机构Ⅰ					
机构Ⅱ	1				
机构Ⅲ	5	2			
机构Ⅳ	8	6	3		
机构Ⅴ	10	9	7	4	

择优比较法将表 6-12 各行数字相加，按总和数值大小排序。百分数是由各行总和除以"∑"列总和后求得。其中，各百分数就代表某评价指标"好"的隶属度。由表 6-12 可见，机构Ⅱ为最好。

表 6-12　择优选定记录结果与排序

择 优 次 数	Ⅰ	Ⅱ	Ⅲ	Ⅳ	Ⅴ	∑	%	顺　　序
Ⅰ		52	52	54	66	224	22.4	2
Ⅱ	48		84	48	58	238	23.8	1
Ⅲ	47	16		53	61	177	17.7	4
Ⅳ	45	52	47		64	208	20.8	3
Ⅴ	40	52	39	22		153	15.3	5

6.4.3　模糊综合评价

机构系统方案的评价指标的评价往往是模糊的，因此需采用模糊综合评价的方法对机构系统的方案做出最佳决策。

1．确定评价因素集

评价因素集又称为评价指标集，其中每一因素都是评价的"着眼点"。

对于一个执行机构的评价因素集，由表 6-2 可得：

$$U = \{A, B, C, D, E\} \tag{6-8}$$

式中，$A = (A_1, A_2)$；$B = (B_1, B_2, B_3, B_4)$；$C = (C_1, C_2, C_3, C_4)$；$D = (D_1, D_2, D_3, D_4)$；$E = (E_1, E_2, E_3)$。

为了全面评价某一选定的执行机构，它的评价指标集应由专家群来确定，以力求全面、合理。

2．确定评价等级集合

对于 U 中的各因素做出评价等级，一般可以按"很好"、"好"、"较好"、"不太好"、"不好"5 个等级来加以评价。因此，请 N 个专家，分别对 U 中各因素做出评价 v_i，得到评价等级矩阵：$V = [v_1 \quad v_2 \quad v_3 \quad v_4 \quad v_5]$，列于表 6-13 中，其中评价因素集中的因素 u_i 有 x_{ij} 个专家评定为 v_j。

表 6-13　评价等级

	v_1	v_2	v_3	v_4	v_5	Σ
$u_1(A_1)$	x_{11}	x_{12}	x_{13}	x_{14}	x_{15}	N
$u_2(A_2)$	x_{21}	x_{22}	x_{23}	x_{24}	x_{25}	N
$u_3(B_1)$	x_{31}	x_{32}	x_{33}	x_{34}	x_{35}	N
$\vdots$	$\vdots$	$\vdots$	$\vdots$	$\vdots$	$\vdots$	$\vdots$
$u_{17}(E_3)$	$x_{17\text{-}1}$	$x_{17\text{-}2}$	$x_{17\text{-}3}$	$x_{17\text{-}4}$	$x_{17\text{-}5}$	N

3．确定评价矩阵

对于某一执行机构都可确定从 U 到 V 的评价矩阵，亦可称为模糊关系 $\underset{\sim}{\boldsymbol{R}}$：

$$\underset{\sim}{\boldsymbol{R}} = (r_{ij})_{n \times m} = \begin{bmatrix} r_{11} & r_{12} & \cdots & r_{1m} \\ r_{21} & r_{22} & \cdots & r_{2m} \\ \vdots & \vdots & \vdots & \vdots \\ r_{n1} & r_{n2} & \cdots & r_{nm} \end{bmatrix} \tag{6-9}$$

式中，$r_{ij} = \dfrac{x_{ij}}{N}$。

对于一个执行机构，它的评价因素有 n 个，$n = 17$；它的评价等级有 m 个，$m = 5$。

4．确定权数分配集

权数又称为权重，它是表征各评价因素相对重要性大小的估测。权重分配集用 $\underset{\sim}{A}$ 表示：

$$\underset{\sim}{A} = (a_1, a_2, a_3, \cdots, a_n) \tag{6-10}$$

式中， $a_i > 0$ ，且 $\sum\limits_{i=1}^{n} a_i = 1$ 。

权数确定方法很多，对于机械运动方案评估可以采用专家估测法。这种方法取决于机械设计领域中的专家的知识与经验，各评价指标的权数都可由专家群做出判断。

设评价指标集为 $U = \{u_1, u_2, u_3, \cdots, u_n\}$ ，请 M 个专家分别就 U 中元素做出权重判定，其结果列于表 6-14。

表 6-14 专家对评价因素的权重判定

专　　家	评价指标对应的权数				
	指标 u_1	指标 u_2	...	指标 u_n	Σ
专家 1	a_{11}	a_{12}	...	a_{1n}	1
专家 2	a_{21}	a_{22}	...	a_{2n}	1
⋮	⋮	⋮	⋮	⋮	⋮
专家 M	a_{M1}	a_{M2}	...	a_{Mn}	1
$\frac{1}{M}\sum\limits_{i=1}^{M} a_{ij} = \frac{1}{M} a_j$	$\frac{1}{M} a_1$	$\frac{1}{M} a_2$	...	$\frac{1}{M} a_n$	1

显然，表 6-14 中各行之和等于 1，即 $\sum\limits_{j=1}^{n} a_{ij} = 1$ $(i=1,2,\cdots,M)$ 。根据表 6-14，可取各评价因素权数的平均值作为其权数，表中 $a_j (j=1,2,\cdots,n)$ 表示 $\sum\limits_{i=1}^{M} a_{ij}$ ，即各行之和，那么 a_j 对应于指标 u_i 的权重为：

$$t_j = \frac{1}{M}\sum_{i=1}^{M} a_{ij} = \frac{a_j}{M} \tag{6-11}$$

在实际确定权重过程中，为了使所得权重更加客观、合理，一般应剔除 $a_{kj} = \max\{a_{ij} \mid i = 1, 2, \cdots, M\}$ 及 $a_{kj} = \min\{a_{ij} \mid i = 1, 2, \cdots, M\}$ ，亦即除去一个最大值和一个最小值，然后将其余各值平均后得到权重 t_j 。

由于表 6-3 中所列评价性能指标的分配分是征集了专家意见后确定的，所以按分配分可得到各评价指标（评价因素）的权重，17 项评价指标的权重为：

$$\underset{\sim}{A} = (0.15, 0.10, 0.05, 0.05, 0.05, 0.05, 0.05, 0.05, 0.05, 0.05, 0.05, 0.05,$$
$$0.05, 0.05, 0.05, 0.05, 0.05)$$

5．计算模糊决策集

在确定评价矩阵 $\underset{\sim}{R}$ 和权数分配集 $\underset{\sim}{A}$ 以后，可以按下式求模糊决策集 $\underset{\sim}{B}$ 。

一般地，可令：

$$\underset{\sim}{B} = \underset{\sim}{A} \circ \underset{\sim}{R}（"\circ"为算子符号） \tag{6-12}$$

$\underset{\sim}{B}$ 的算法主要有如下两种。

1）取小取大法

$$\underset{\sim}{B} = \underset{\sim}{A} \circ \underset{\sim}{R} = (b_1, b_2, b_3, \cdots, b_m)$$

$$b_j = \overset{n}{\underset{i=1}{\vee}}(a_i \wedge r_{ij}) \qquad (j = 1, 2, \cdots, m)$$

即 "。" 取 "∧"、"∨" 运算（即取小运算和取大运算）。

现以简单例子说明运算过程，设 $\underset{\sim}{A} = (0.25, 0.20, 0.20, 0.20, 0.15)$，可求得方案评价矩阵 $\underset{\sim}{R}$
为：

$$\underset{\sim}{R} = \begin{bmatrix} 0.4 & 0.3 & 0.2 & 0.1 & 0 \\ 0.4 & 0.3 & 0.2 & 0 & 0.1 \\ 0.3 & 0.2 & 0.2 & 0.2 & 0.1 \\ 0.3 & 0.3 & 0.1 & 0.2 & 0.1 \\ 0.2 & 0.2 & 0.3 & 0.1 & 0.2 \end{bmatrix}$$

那么模糊决策集：

$$\underset{\sim}{B} = \underset{\sim}{A} \circ \underset{\sim}{R} = (0.25, 0.2, 0.2, 0.2, 0.15) \begin{bmatrix} 0.4 & 0.3 & 0.2 & 0.1 & 0 \\ 0.4 & 0.3 & 0.2 & 0 & 0.1 \\ 0.3 & 0.2 & 0.2 & 0.2 & 0.1 \\ 0.3 & 0.3 & 0.1 & 0.2 & 0.1 \\ 0.2 & 0.2 & 0.3 & 0.1 & 0.2 \end{bmatrix}$$

$$= ((0.25 \wedge 0.4) \vee (0.2 \wedge 0.4) \vee (0.2 \wedge 0.3) \vee (0.2 \wedge 0.3) \vee (0.15 \wedge 0.2),$$
$$(0.25 \wedge 0.3) \vee (0.2 \wedge 0.3) \vee (0.2 \wedge 0.2) \vee (0.2 \wedge 0.3) \vee (0.15 \wedge 0.2),$$
$$(0.25 \wedge 0.2) \vee (0.2 \wedge 0.2) \vee (0.2 \wedge 0.2) \vee (0.2 \wedge 0.1) \vee (0.15 \wedge 0.3),$$
$$(0.2 \wedge 0.1) \vee (0.2 \wedge 0) \vee (0.2 \wedge 0.2) \vee (0.2 \wedge 0.2) \vee (0.15 \wedge 0.1),$$
$$(0.25 \wedge 0) \vee (0.2 \wedge 0.1) \vee (0.2 \wedge 0.1) \vee (0.2 \wedge 0.1) \vee (0.15 \wedge 0.2))$$

$$= (0.25 \vee 0.2 \vee 0.2 \vee 0.2 \vee 0.15, \quad 0.25 \vee 0.2 \vee 0.2 \vee 0.2 \vee 0.15,$$
$$0.2 \vee 0.2 \vee 0.2 \vee 0.1 \vee 0.15, \quad 0.1 \vee 0 \vee 0.2 \vee 0.2 \vee 0.1, \quad 0 \vee 0.1 \vee 0.1 \vee 0.1 \vee 0.15)$$
$$= (0.25, 0.25, 0.2, 0.2, 0.15)$$

评价结果表明，该方案 "很好" 的程度为 0.25；"好" 的程度为 0.25；"较好" 的程度为 0.2；
"不太好" 的程度为 0.2；"不好" 的程度为 0.15。

假如对 $\underset{\sim}{B} = (0.25, 0.25, 0.2, 0.2, 0.15)$ 进行归一化处理，即：

$$\underset{\sim}{B}^* = (\frac{0.25}{1.05}, \frac{0.25}{1.05}, \frac{0.2}{1.05}, \frac{0.2}{1.05}, \frac{0.15}{1.05}) = (0.238, 0.238, 0.190, 0.190, 0.143)$$

也就是说，认为该方案 "很好" 的占 23.8%；"好" 的占 23.8%；"较好" 的占 19.1%；"不
太好" 的占 19.1%；"不好" 的占 14.3%。

这种方法因为采用了 "∧"、"∨" 运算，对于某些问题，可能丢失了太多的信息，使结果
显得粗糙。特别是评价因素较多、权重分配又较均衡时，由于 $\sum_{j=1}^{n} a_j = 1$，所以使每一个因素所
分得的权重 a_j 必然很小，于是利用 "∧"、"∨" 运算时，使综合评价中得到的 b_j 注定很小
$(b_j \leqslant \vee a_j)$。这时较小的权重通过 "∨" 运算而被剔除了，那么实际得到的结果往往会掩盖了
所有评价因素的评价，而变得不够真实。因此需要采用以下改进的乘加法。

2）乘加法

$$\underset{\sim}{B} = \underset{\sim}{A} \circ \underset{\sim}{R} = (b_1, b_2, b_3, \cdots, b_m)$$

$$b_j = \sum_{i=1}^{n}(a_i, r_{ij}) = (a_1 r_{1j}) \oplus (a_2 r_{2j}) \oplus \cdots \oplus (a_n r_{nj}) \quad (j = 1, 2, \cdots, m)$$

即算子符号"。"取"·"、"$\oplus$"算子：$a \cdot b = a \cdot b$ 乘积算子；$a \oplus b = (a+b) \wedge 1$ 闭合加法算子。这种算法简记为 $M(\cdot, \oplus)$。

对取小取大法所举例子中用乘加法来计算模糊决策集。

$$\underset{\sim}{B} = \underset{\sim}{A} \circ \underset{\sim}{R} = (0.25, 0.2, 0.2, 0.2, 0.15) \begin{bmatrix} 0.4 & 0.3 & 0.2 & 0.1 & 0 \\ 0.4 & 0.3 & 0.2 & 0 & 0.1 \\ 0.3 & 0.2 & 0.2 & 0.2 & 0.1 \\ 0.3 & 0.3 & 0.1 & 0.2 & 0.1 \\ 0.2 & 0.2 & 0.3 & 0.1 & 0.2 \end{bmatrix}$$

采用 $M(\cdot, \oplus)$，有：

$$\begin{aligned}
\underset{\sim}{B} = &((0.25 \times 0.4) \oplus (0.2 \times 0.4) \oplus (0.2 \times 0.3) \oplus (0.2 \times 0.3) \oplus (0.15 \times 0.2), \\
&(0.25 \times 0.3) \oplus (0.2 \times 0.3) \oplus (0.2 \times 0.2) \oplus (0.2 \times 0.3) \oplus (0.15 \times 0.2), \\
&(0.25 \times 0.2) \oplus (0.2 \times 0.2) \oplus (0.2 \times 0.2) \oplus (0.2 \times 0.1) \oplus (0.15 \times 0.3), \\
&(0.25 \times 0.1) \oplus (0.2 \times 0) \oplus (0.2 \times 0.2) \oplus (0.2 \times 0.2) \oplus (0.15 \times 0.1), \\
&(0.25 \times 0) \oplus (0.2 \times 0.1) \oplus (0.2 \times 0.1) \oplus (0.2 \times 0.1) \oplus (0.15 \times 0.2)) \\
= &(0.33, 0.265, 0.195, 0.12, 0.09)
\end{aligned}$$

归一化处理后有：

$$\underset{\sim}{B}^* = (0.33, 0.265, 0.195, 0.12, 0.09)$$

上述计算结果表明，认为方案"很好"的占 33%，"好"的占 26.5%，"较好"的占 19.5%，"不太好"的占 12%，"不好"的占 9%。如果把认为方案"很好"、"好"和"较好"这三者相加就占了 79%。

采用 $M(\wedge, \vee)$ 与 $M(\cdot, \oplus)$ 的计算结果不同，这是由于运算算子不同的缘故。实际计算结果表明，当 $\underset{\sim}{A}$ 中元素较均衡时，利用 $M(\wedge, \vee)$ 运算结果是失真的，但取 $M(\cdot, \oplus)$ 则弥补了 $M(\wedge, \vee)$ 算法的不足，所以实际工作中要根据不同情况注意选择运算算子。

6. 模糊综合评价

对于单一机构的选型评价，只要对所选用的若干机构分别按上述步骤算出各机构的模糊决策集 $\underset{\sim}{B}_{\mathrm{I}}^*$、$\underset{\sim}{B}_{\mathrm{II}}^*$、$\cdots$、$\underset{\sim}{B}_N^*$，然后综合评价它们的优劣，来选择最佳机构。

对于由若干个机构组成的执行机构系统方案，亦可根据以上方法，先求出此机械运动系统方案中各机构的模糊决策集 $\underset{\sim}{B}_1$、$\underset{\sim}{B}_2$、$\cdots$、$\underset{\sim}{B}_n$；然后确定各机构的综合权数分配集 $\underset{\sim}{A}_z$；最后计算此执行机构系统方案的模糊综合决策集 $\underset{\sim}{B}_z$：

$$\underset{\sim}{B}_z = \underset{\sim}{A}_z \circ \underset{\sim}{R}_z = \underset{\sim}{A}_z \begin{bmatrix} \underset{\sim}{B}_1 \\ \underset{\sim}{B}_2 \\ \vdots \\ \underset{\sim}{B}_n \end{bmatrix}$$

式中，$\underset{\sim}{R_z}$ 可用各机构的模糊决策集叠加而成，其运算方法取 $M(\cdot, \oplus)$。

为了对多个执行机构系统方案进行模糊综合评价，可以分别求出各方案的模糊综合决策集 $\underset{\sim}{B_z^{\mathrm{I}}}$、$\underset{\sim}{B_z^{\mathrm{II}}}$、…、$\underset{\sim}{B_z^{\mathrm{N}}}$。根据模糊综合决策集的评价结果，在各方案中选择最佳方案。

例如，某种执行机构系统方案由三个执行机构组成，它有两套方案，已知：

$$\underset{\sim}{A_z^{\mathrm{I}}} = (0.4, 0.3, 0.3)$$

$$\underset{\sim}{R_z^{\mathrm{I}}} = \begin{bmatrix} 0.4 & 0.3 & 0.1 & 0.1 & 0.1 \\ 0.35 & 0.25 & 0.2 & 0.1 & 0.1 \\ 0.4 & 0.2 & 0.2 & 0.2 & 0.1 \end{bmatrix}$$

$$\underset{\sim}{A_z^{\mathrm{II}}} = (0.35, 0.35, 0.3)$$

$$\underset{\sim}{R_z^{\mathrm{II}}} = \begin{bmatrix} 0.35 & 0.3 & 0.2 & 0.15 & 0 \\ 0.4 & 0.4 & 0.1 & 0.1 & 0 \\ 0.3 & 0.3 & 0.2 & 0.1 & 0.1 \end{bmatrix}$$

由此可求出模糊综合决策集 $\underset{\sim}{B_z^{\mathrm{I}}}$、$\underset{\sim}{B_z^{\mathrm{II}}}$：

$$\underset{\sim}{B_z^{\mathrm{I}}} = (0.4, 0.3, 0.3) \begin{bmatrix} 0.4 & 0.3 & 0.1 & 0.1 & 0.1 \\ 0.35 & 0.25 & 0.2 & 0.1 & 0.1 \\ 0.4 & 0.2 & 0.2 & 0.2 & 0.1 \end{bmatrix}$$

$$= (0.385, 0.255, 0.16, 0.13, 0.10)$$

归一化后得：

$$\underset{\sim}{B_z^{*\mathrm{I}}} = (0.374, 0.248, 0.155, 0.126, 0.097)$$

$$\underset{\sim}{B_z^{\mathrm{II}}} = (0.35, 0.35, 0.3) \begin{bmatrix} 0.35 & 0.3 & 0.2 & 0.15 & 0 \\ 0.4 & 0.4 & 0.1 & 0.1 & 0 \\ 0.3 & 0.3 & 0.2 & 0.1 & 0.1 \end{bmatrix}$$

$$= (0.3525, 0.335, 0.165, 0.1175, 0.03)$$

由 $\underset{\sim}{B_z^{*\mathrm{I}}}$、$\underset{\sim}{B_z^{*\mathrm{II}}}$ 的评价结果来看，方案 I 的"很好"、"好"、"较好"占 77.7%，方案 II 的"很好"、"好"、"较好"占 85.25%。因此，应选择方案 II。

如果执行机构系统方案由更多的执行机构所组成，提出的执行机构系统方案数更多，那么可以按上法求出 $\underset{\sim}{B_z^{*\mathrm{I}}}$、$\underset{\sim}{B_z^{*\mathrm{II}}}$、…、$\underset{\sim}{B_z^{*\mathrm{N}}}$ 后，最终选定某一方案。

6.4.4 实例分析

冲压式蜂窝煤成型机的运动方案主要由冲头和脱模机构、扫屑刷机构和模筒转盘间歇运动机构三大执行机构组成。为了简化分析比较，将表 6-15 中的两个机构系统方案用模糊综合评价法来加以评估，如果有更多方案，亦可照此办理。

表 6-15 蜂窝煤成型机评价的机械运动系统方案

蜂窝煤成型机的三大机构	机械运动方案 I	机械运动方案 II
冲头和脱模机构	对心曲柄滑块机构	六连杆冲压机构
扫屑刷机构	附加滑块摇杆机构	移动从动件固定凸轮机构
模筒转盘间歇运动机构	槽轮机构	凸轮式间歇运动机构

下面列出该两方案的模糊综合的评价计算步骤。评价方法中采用 $M(\cdot, \oplus)$ 算子计算。

1. 计算方案 I 中各机构的模糊决策集

1）对心曲柄滑块机构

权数分配集为：
$$A_1^I = (0.25, 0.2, 0.2, 0.2, 0.15)$$

评价矩阵为：
$$R_1^I = \begin{bmatrix} 0.5 & 0.2 & 0.2 & 0.1 & 0 \\ 0.5 & 0.2 & 0.1 & 0.2 & 0 \\ 0.4 & 0.2 & 0.2 & 0.1 & 0.1 \\ 0.4 & 0.2 & 0.2 & 0.2 & 0 \\ 0.4 & 0.3 & 0.2 & 0.1 & 0 \end{bmatrix}$$

模糊决策集为：
$$B_1^I = A_1^I \circ R_1^I = (0.25, 0.2, 0.2, 0.2, 0.15)\begin{bmatrix} 0.5 & 0.2 & 0.2 & 0.1 & 0 \\ 0.5 & 0.2 & 0.1 & 0.2 & 0 \\ 0.4 & 0.2 & 0.2 & 0.1 & 0.1 \\ 0.4 & 0.2 & 0.2 & 0.2 & 0 \\ 0.4 & 0.3 & 0.2 & 0.1 & 0 \end{bmatrix}$$
$$= (0.445, 0.215, 0.18, 0.14, 0.02)$$

归一化后为：
$$B_1^{*I} = (0.445, 0.215, 0.18, 0.14, 0.02)$$

2）附加滑块摇杆机构

权数分配集为：
$$A_2^I = (0.25, 0.2, 0.2, 0.2, 0.15)$$

评价矩阵为：
$$R_2^I = \begin{bmatrix} 0.3 & 0.3 & 0.2 & 0.1 & 0.1 \\ 0.3 & 0.3 & 0.2 & 0.2 & 0 \\ 0.3 & 0.3 & 0.2 & 0.1 & 0.1 \\ 0.4 & 0.3 & 0.2 & 0.1 & 0 \\ 0.5 & 0.3 & 0.1 & 0.1 & 0 \end{bmatrix}$$

模糊决策集为：
$$B_2^I = A_2^I \circ R_2^I = (0.25, 0.2, 0.2, 0.2, 0.15)\begin{bmatrix} 0.3 & 0.3 & 0.2 & 0.1 & 0.1 \\ 0.3 & 0.3 & 0.2 & 0.2 & 0 \\ 0.3 & 0.3 & 0.2 & 0.1 & 0.1 \\ 0.4 & 0.3 & 0.2 & 0.1 & 0 \\ 0.5 & 0.3 & 0.1 & 0.1 & 0 \end{bmatrix}$$
$$= (0.35, 0.3, 0.185, 0.12, 0.045)$$

归一化后为：
$$B_2^{*I} = (0.35, 0.3, 0.185, 0.12, 0.045)$$

3）槽轮机构

权数分配集为：
$$A_3^I = (0.25, 0.2, 0.2, 0.2, 0.15)$$

评价矩阵为：
$$\underset{\sim}{R}_3^{\mathrm{I}} = \begin{bmatrix} 0.4 & 0.2 & 0.2 & 0.1 & 0.1 \\ 0.4 & 0.3 & 0.1 & 0.1 & 0.1 \\ 0.3 & 0.2 & 0.2 & 0.2 & 0.1 \\ 0.4 & 0.3 & 0.1 & 0.1 & 0.1 \\ 0.3 & 0.3 & 0.3 & 0.1 & 0 \end{bmatrix}$$

模糊决策集为：
$$\underset{\sim}{B}_3^{\mathrm{I}} = \underset{\sim}{A}_3^{\mathrm{I}} \circ \underset{\sim}{R}_3^{\mathrm{I}} = (0.25, 0.2, 0.2, 0.2, 0.15) \begin{bmatrix} 0.4 & 0.2 & 0.2 & 0.1 & 0.1 \\ 0.4 & 0.3 & 0.1 & 0.1 & 0.1 \\ 0.3 & 0.2 & 0.2 & 0.2 & 0.1 \\ 0.4 & 0.3 & 0.1 & 0.1 & 0.1 \\ 0.3 & 0.3 & 0.3 & 0.1 & 0 \end{bmatrix}$$
$$= (0.365, 0.255, 0.175, 0.12, 0.085)$$

归一化后为：
$$\underset{\sim}{B}_3^{*\mathrm{I}} = (0.365, 0.255, 0.175, 0.12, 0.085)$$

2．计算方案Ⅱ中各机构的模糊决策集

1）六连杆冲压机构

权数分配集为：
$$\underset{\sim}{A}_1^{\mathrm{II}} = (0.25, 0.2, 0.2, 0.2, 0.15)$$

评价矩阵为：
$$\underset{\sim}{R}_1^{\mathrm{II}} = \begin{bmatrix} 0.4 & 0.3 & 0.2 & 0.1 & 0 \\ 0.4 & 0.2 & 0.2 & 0.1 & 0.1 \\ 0.4 & 0.2 & 0.2 & 0.1 & 0.1 \\ 0.3 & 0.2 & 0.2 & 0.2 & 0.1 \\ 0.3 & 0.2 & 0.2 & 0.3 & 0 \end{bmatrix}$$

模糊决策集为：
$$\underset{\sim}{B}_1^{\mathrm{II}} = \underset{\sim}{A}_1^{\mathrm{II}} \circ \underset{\sim}{R}_1^{\mathrm{II}} = (0.25, 0.2, 0.2, 0.2, 0.15) \begin{bmatrix} 0.4 & 0.3 & 0.2 & 0.1 & 0 \\ 0.4 & 0.2 & 0.2 & 0.1 & 0.1 \\ 0.4 & 0.2 & 0.2 & 0.1 & 0.1 \\ 0.3 & 0.2 & 0.2 & 0.2 & 0.1 \\ 0.3 & 0.2 & 0.2 & 0.3 & 0 \end{bmatrix}$$
$$= (0.365, 0.225, 0.2, 0.15, 0.06)$$

归一化后为：
$$\underset{\sim}{B}_1^{*\mathrm{II}} = (0.365, 0.225, 0.2, 0.15, 0.06)$$

2）移动从动件固定凸轮机构

权数分配集为：
$$\underset{\sim}{A}_2^{\mathrm{II}} = (0.25, 0.2, 0.2, 0.2, 0.15)$$

评价矩阵为：

$$\mathbf{R}_2^{II} = \begin{bmatrix} 0.4 & 0.3 & 0.2 & 0.1 & 0 \\ 0.2 & 0.2 & 0.3 & 0.2 & 0.1 \\ 0.2 & 0.2 & 0.3 & 0.2 & 0.1 \\ 0.3 & 0.2 & 0.3 & 0.1 & 0.1 \\ 0.4 & 0.3 & 0.1 & 0.1 & 0.1 \end{bmatrix}$$

模糊决策集为：

$$\mathbf{B}_2^{II} = \mathbf{A}_2^{II} \circ \mathbf{R}_2^{II} = (0.25, 0.2, 0.2, 0.2, 0.15)\begin{bmatrix} 0.4 & 0.3 & 0.2 & 0.1 & 0 \\ 0.2 & 0.2 & 0.3 & 0.2 & 0.1 \\ 0.2 & 0.2 & 0.3 & 0.2 & 0.1 \\ 0.3 & 0.2 & 0.3 & 0.1 & 0.1 \\ 0.4 & 0.3 & 0.1 & 0.1 & 0.1 \end{bmatrix}$$

$$= (0.3, 0.24, 0.245, 0.14, 0.075)$$

归一化后为：

$$\mathbf{B}_2^{*II} = (0.3, 0.24, 0.245, 0.14, 0.075)$$

3）凸轮式间歇运动机构

权数分配集为：
$$\mathbf{A}_3^{II} = (0.25, 0.2, 0.2, 0.2, 0.15)$$

评价矩阵为：
$$\mathbf{R}_3^{II} = \begin{bmatrix} 0.4 & 0.2 & 0.2 & 0.1 & 0.1 \\ 0.3 & 0.2 & 0.2 & 0.2 & 0.1 \\ 0.4 & 0.3 & 0.2 & 0.1 & 0 \\ 0.3 & 0.2 & 0.1 & 0.2 & 0.2 \\ 0.2 & 0.3 & 0.2 & 0.2 & 0.1 \end{bmatrix}$$

模糊决策集为：

$$\mathbf{B}_3^{II} = \mathbf{A}_3^{II} \circ \mathbf{R}_3^{II} = (0.25, 0.2, 0.2, 0.2, 0.15)\begin{bmatrix} 0.4 & 0.2 & 0.2 & 0.1 & 0.1 \\ 0.3 & 0.2 & 0.2 & 0.2 & 0.1 \\ 0.4 & 0.3 & 0.2 & 0.1 & 0 \\ 0.3 & 0.2 & 0.1 & 0.2 & 0.2 \\ 0.2 & 0.3 & 0.2 & 0.2 & 0.1 \end{bmatrix}$$

$$= (0.33, 0.235, 0.18, 0.155, 0.1)$$

归一化后为：

$$\mathbf{B}_3^{*II} = (0.33, 0.235, 0.18, 0.155, 0.1)$$

3．两种执行机构系统方案的模糊综合评价

1）方案 I

方案 I 三个执行机构的权重分配集取：

$$\mathbf{A}_z^{I} = (0.4, 0.25, 0.35)$$

方案 I 的综合评价矩阵，由前可得：

$$\underset{\sim}{R_z^I} = \begin{bmatrix} \underset{\sim}{B_1^I} \\ \underset{\sim}{B_2^I} \\ \underset{\sim}{B_3^I} \end{bmatrix} = \begin{bmatrix} 0.445 & 0.215 & 0.18 & 0.14 & 0.02 \\ 0.35 & 0.3 & 0.185 & 0.12 & 0.045 \\ 0.365 & 0.255 & 0.175 & 0.12 & 0.085 \end{bmatrix}$$

它的模糊综合决策集为：

$$\underset{\sim}{B_z^I} = \underset{\sim}{A_z^I} \circ \underset{\sim}{R_z^I} = (0.4, 0.25, 0.35) \begin{bmatrix} 0.445 & 0.215 & 0.18 & 0.14 & 0.02 \\ 0.35 & 0.3 & 0.185 & 0.12 & 0.045 \\ 0.365 & 0.255 & 0.175 & 0.12 & 0.085 \end{bmatrix}$$

$$= (0.3933, 0.2503, 0.1795, 0.128, 0.049)$$

归一化后为：

$$\underset{\sim}{B_z^{*I}} = (0.3933, 0.2503, 0.1795, 0.128, 0.049)$$

2）方案 II

方案 II 三个执行机构的权重分配集取：

$$\underset{\sim}{A_z^{II}} = (0.4, 0.25, 0.35)$$

方案 II 的综合评价矩阵，由前可得：

$$\underset{\sim}{R_z^{II}} = \begin{bmatrix} \underset{\sim}{B_1^{II}} \\ \underset{\sim}{B_2^{II}} \\ \underset{\sim}{B_3^{II}} \end{bmatrix} = \begin{bmatrix} 0.365 & 0.225 & 0.2 & 0.15 & 0.06 \\ 0.3 & 0.24 & 0.245 & 0.14 & 0.075 \\ 0.33 & 0.235 & 0.18 & 0.155 & 0.1 \end{bmatrix}$$

它的模糊综合决策集为：

$$\underset{\sim}{B_z^{II}} = \underset{\sim}{A_z^{II}} \circ \underset{\sim}{R_z^{II}} = (0.4, 0.25, 0.35) \begin{bmatrix} 0.365 & 0.225 & 0.2 & 0.15 & 0.06 \\ 0.3 & 0.24 & 0.245 & 0.14 & 0.075 \\ 0.33 & 0.235 & 0.18 & 0.155 & 0.1 \end{bmatrix}$$

$$= (0.3365, 0.2323, 0.2043, 0.1493, 0.0778)$$

归一化后为：

$$\underset{\sim}{B_z^{*II}} = (0.3365, 0.2323, 0.2043, 0.1493, 0.0778)$$

4．执行机构系统方案的评估与选择

从上述计算所得 $\underset{\sim}{B_z^{*I}}$、$\underset{\sim}{B_z^{*II}}$ 来看，方案 I 的"很好"、"好"、"较好"占 82.31%，方案 II 的"很好"、"好"、"较好"占 77.31%。因此，一般情况下应选择方案 I。

6.5　评价结果的处理

评价结果为设计者的决策提供了依据，但究竟选择哪种方案，还取决于设计者的决策思想。在通常情况下，评价值最高的方案为整体最优方案，但最终是否选择这一方案，还需根据设计问题的具体情况由设计者做出决策。例如，在实际工作中，有时为了满足某些特殊的要求，并不一定选择总评价值最高的方案，而是选择总评价值稍低但某些评价项目评价值较高的方案。

若以理想的评价值为 1，则相对评价值低于 0.6 的方案，一般认为较差，应予以剔除；对于相对评价值高于 0.8 的方案，只要其各项评价指标都较为均衡，则认为可以采用。对于相对评价值在 0.6～0.8 之间的方案，则须做具体分析：有的方案缺点严重且难以改进，则应放弃；

有的方案可以找出薄弱环节加以改进，从而使其成为较好的方案。

每次评价结束，获得的入选方案数目不仅与待评方案本身的质量有关，也与所建立的评价体系是否适当有关。对于入选方案，应根据入选方案数目的多少和评价体系是否合理等，做出如表 6-16 所示的处理。

表 6-16　评价结果处理

入选方案数	设 计 阶 段	评 价 准 则	结 果 处 理
1	最后阶段	合理	已得到最佳方案，设计结束
	中间阶段	可改进	重新决定评价准则，再做评价
		合理	评价结束，转入下一设计阶段
多于 1	最后阶段	合理	增加评价项目或提高评价要求再做评价
	中间阶段	需改进	若入选方案数太多，按上述方法改进评价准则再做评价
		合理	将入选方案排序，转入下一设计阶段
0	任何阶段	可改进	放宽评价要求，再做评价
		合理	待评设计方案质量不高须重新再设计

对于质量不高的待评方案的处理将是再设计。再设计使设计过程产生循环。传统的设计是在每个设计阶段找到一个可行设计方案后，即转入下一阶段做进一步的设计，直至得到最终方案，这种设计称为直线链式的设计。现代设计则在每个设计阶段都将得到一组待选方案群，它们均为可选方案，经过评价后，淘汰不符合设计准则的方案。若有入选方案，则可转入下一设计阶段，否则将回到上一设计阶段，甚至更前面的设计阶段进行再设计，这样就形成了设计过程的动态循环设计链，这是现代设计的特点。

在进行再设计前，需对失败的设计进行分析，以决定从哪个阶段开始再设计。在图 6-1 中，在执行机构的形式设计阶段，在方案评价后，经过对原待选方案的分析，再设计时可能只需从机构的形式设计阶段开始，但也可能需要重新进行运动规律的设计，甚至重新进行功能原理的方案设计。

同时还存在这种可能性：当执行机构系统方案评价顺利通过后，在进行传动系统方案设计和原动机选择的过程中，甚至在执行系统、传动系统、原动机、控制系统综合成机械系统的总体方案的过程中，由于种种原因，还有可能返回到执行机构系统方案设计阶段，修改方案或重构方案进行再设计。设计→评价→再设计→再评价……直至得到最终的最佳总体方案，这就是整个机械系统方案设计过程。

第2篇

机械原理课程设计资料

在机构学中，机构的类型千变万化，实现的功能千差万别。同一功能可以由不同类型的机构来实现，某一类型的机构由于尺寸的不同又可能实现不同的功能。正因为如此，机构的创新设计变得魅力无穷。但在众多的机构中要找到适合所需功能的方案，对于初学者来说，似乎又是纷繁无绪的。本篇按照机构能实现的基本运动功能，介绍一些常见的经典机构，也介绍一些平面机构设计的基本知识，以起到开阔眼界、丰富知识、提高创新设计能力的作用。

第 7 章

连续转动机构

连续转动机构分为匀速转动机构和非匀速转动机构两大类。匀速转动机构是指原动件做匀速转动时，其从动件也做匀速转动的机构，反之则为非匀速转动机构。匀速转动机构根据其从动件运动情况的不同可分为定传动比匀速转动机构和变传动比匀速转动机构。

7.1 定传动比匀速转动机构

定传动比匀速转动机构主要包括连杆机构（指具有特殊尺寸和结构的连杆机构如平行四边形机构、特殊尺寸转动导杆机构等）、齿轮机构及轮系、摩擦传动机构、带传动机构、链传动机构等。

7.1.1 连杆机构

1．平行四边形机构

在图 7-1 所示的机构中，各构件间的长度关系为 $AB=DC$，$BC=AD$。构件 2 为一个圆弧形滑块，它可以沿着圆形导槽 $a—a$ 运动，$a—a$ 的圆心为 D 点。该机构相当于一平行四边形机构 $ABCD$，其中 AB 和 CD 是曲柄，它们的角速度始终相等，而 BC 是连杆。在 AB 与 BC 共线位置处，运动将变得不确定，有可能变为反平行四边形机构，如 $ABC'D$。

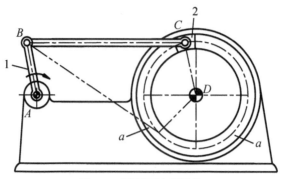

图 7-1　平行四边形机构

2．带圆弧形导槽及两移动副的四杆导杆机构

在图 7-2 所示四杆导杆机构中，构件 1 绕 A 轴转动，与该构件组成移动副 C 的构件 2，又和导杆 3 组成移动副 D，从而带动导杆 3 上圆心为 B 的弧形槽 a 沿固定弧形导块 b 运动，相当于该导杆绕 B 点转动。构件 1、2 和 3 的角速度始终相等。

3．特殊尺寸的转动导杆机构

在图 7-3 所示的双导杆机构中，曲柄 1 的 A、B 两端分别铰接在位于盘 2 相互垂直导槽中的滑动滑块 3 和滑块 4 上。曲柄 1 和盘 2 与机架分别固连的铰链中心 O_1、O_2 间的距离 $\overline{O_1O_2} = \overline{O_1A} = \overline{O_1B}$。因为特殊尺寸的关系，当主动曲柄 1 整周匀速转动时，通过滑块带动导杆 2（盘 2）做整周同向匀速转动，传动比 $i_{12} = n_1 / n_2 = 2$。此机构可传递平行轴间的匀速转动，作为传动比为 2 的减速机构。

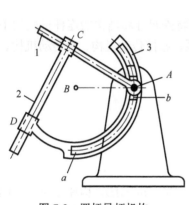

图 7-2　四杆导杆机构

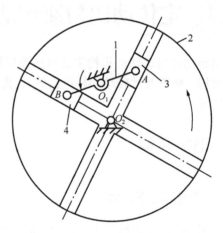

图 7-3　特殊尺寸的转动导杆机构

4．双转块机构

双转块机构可看成由双曲柄机构演化而来的双移动副导杆机构，如图 7-4（a）所示。导杆 2 同时与转块 1、3 组成移动副。主动转块 1 绕 A 点整周匀速转动时，通过导杆 2 使从动转块 3 同向整周转动。由于 3 个构件间均以移动副连接，故角速度均相等，$i_{13} = \dfrac{\omega_1}{\omega_3} = 1$。

即使机架长 l_{AC} 发生变化，i_{13} 仍为 1。

　　如图 7-4（b）所示的十字沟槽联轴节是双转块机构的典型应用实例，它的中间盘（导杆）2 左侧凸肩与右侧凸肩垂直，右侧凸肩嵌入主动盘（转块）1 的凹槽，左侧凸肩嵌入从动盘（转块）3 的凹槽。此联轴节可实现有偏距的两平行轴间的传动，$i_{13}=1$。在 K-H-V 轮系的输出机构和某些轴距经常变化的装置上常采用此联轴节。偏距 e 越大，相对滑动越大，引起磨损也越严重，因此 e 应有所限制。这种机构笨重、效率较低，适用于小功率传动。

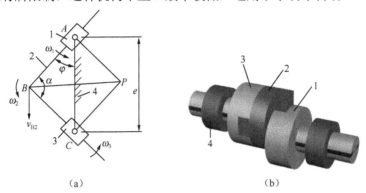

图 7-4　双转块机构

5．双万向联轴节

　　如图 7-5 所示的双万向联轴节为空间六杆机构，它由两个单万向联轴节通过中间轴 2 连接而成。中间轴 2 做成两部分，用滑键连接以调节长度。主、从动轴 1 和 3 的安装如图 7-5（a）或图 7-5（b）所示，但必须满足以下两个条件：

　　（1）主动轴 1 与中间轴 2 的夹角 α_{12} 等于从动轴 3 与中间轴 2 的夹角 α_{23}；

　　（2）中间轴 2 的两端叉面必须位于同一平面。

　　双万向联轴节可用来实现两平行轴或相交轴之间的等角速比传动。主、从动轴间允许有一定的相对位移。随着 α 角的增大，铰链磨损增大，传动效率降低。双万向联轴节轴向尺寸大，有些场合使用受到限制。双万向联轴节在机床、汽车、飞机及其他各类机械设备中得到了广泛应用，图 7-5（c）所示为其在多轴钻床上的应用。

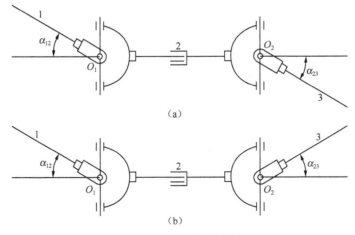

图 7-5　双万向联轴节

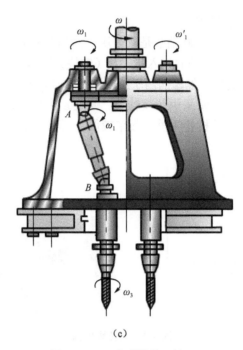

(c)

图 7-5　双万向联轴节（续）

7.1.2　齿轮机构及轮系

　　齿轮机构与摩擦轮机构、带传动机构相比较，具有传递动力大、效率高、寿命长、传动平稳、可靠等优点，但要求具有较高的制造精度和安装精度，成本也较高。

　　圆形齿轮机构因其结构不同而有很多类型，如平面齿轮机构包括直齿圆柱齿轮机构、平行轴斜齿圆柱齿轮机构、人字齿轮机构、圆弧齿轮机构、摆线齿轮机构等；空间齿轮机构包括圆锥齿轮机构、螺旋齿轮机构、蜗杆蜗轮机构等。圆形齿轮机构为定传动比齿轮机构，即两轮间的传动比为某一固定传动比，属于定传动比匀速转动机构。

　　在工程实际中往往将各种齿轮机构组合使用，组合成的齿轮传动系统称为齿轮系，简称轮系。轮系工作可靠、效率高、适应性强，在各个工业部门都得到了广泛应用。它作为传动装置可获得大传动比、大功率的传动，并可实现变速、换向和分路传动，可用于运动的合成和分解，可实现复杂的轨迹，完成复杂的动作。

　　根据轮系在运转过程中各轮几何轴线在空间的相对位置关系是否变动，轮系可分为定轴轮系、周转轮系、由几个基本周转轮系或周转轮系与定轴轮系组成的复合轮系。其中周转轮系根据组成的基本构件不同又分为 2K-H 型、3K 型、K-H-V 型。

1．定轴轮系

　　利用定轴轮系，可以通过主动轴上的若干齿轮分别把运动传递给多个工作部位，从而实现分路传动。图 7-6 所示是滚齿机工作台中的传动机构，电动机带动主动轴转动，通过该轴上的齿轮 1 和齿轮 3，分两路把运动传给滚刀 A 和轮坯 B，从而使刀具和轮坯之间具有确定的对滚运动。

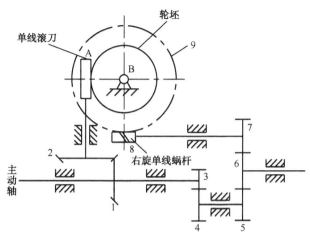

图 7-6　滚齿机工作台中的传动机构

2. 行星轮系——2K-H 型正号机构

在如图 7-7 所示的轮系中，中心轮 1 固定，2、3 为双联行星轮，运动由行星架 H 输入，并由中心轮 4 输出。该轮系属于 2K-H 型正号机构，即基本构件为两个中心轮（2K）和一个行星架（H），且转化机构传动比为正。行星轮系传动比为 $i_{H4} = \dfrac{1}{1 - \dfrac{z_1 z_3}{z_2 z_4}}$。

当 H 输入时可获得大传动比，可达几千甚至上万。但随着传动比的增加，效率急剧下降，不宜用于动力传动，适于短期工作，只能用于行星架 H 主动、减速传动。若轮 4 主动，行星架从动，则该机构会产生自锁。

该机构主要用于传递运动的装置（如轧钢机及冲床的指示器、机床的进给机构等）中或用于仪器仪表中。图 7-7 所示为万能刀具磨床工作台横向微动进给装置，齿轮 4 的轴连接丝杠，传动至工作台。行星架 H 上装手柄，摇动手柄，通过轮系、丝杠使工作台做微量进给。

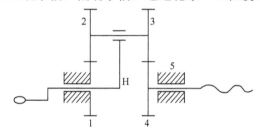

图 7-7　万能刀具磨床工作台横向微动进给装置

3. 行星轮系—2K-H 型负号机构

在如图 7-8（a）所示的行星轮系中，中心轮 1 为主动件，2 为行星轮，中心轮 3 固定不动，行星架 4 为输出构件，该轮系属于 2K-H 型负号机构，转化机构的传动比小于零。轮系传动比为 $i_{14} = 1 + \dfrac{z_3}{z_1}$。

这种轮系的效率在 97% 以上，可用于任何功率的动力传动中，并能长时间运转，制造简单，安装方便。因为传动比不是很大，常与其他轮系组合使用或几级相同的行星轮系串联使用。图 7-8（b）所示是三级行星减速器，将第三级行星架 4″固定，前两级的行星架 4 和 4′各与下一级的输入件 1′、1″固结，三个行星轮系串联，轮 1 为主动件，三个内啮合中心轮 3、3′、3″与卷筒 B 固结，可作为电动葫芦的传动机构。

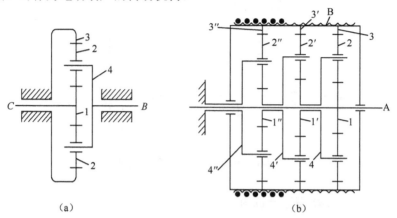

图 7-8 行星轮系—2K-H 型负号机构

4. 利用行星轮运动特性的齿轮机构

如图 7-9 所示为封罐机卷封机构，它借助滚轮 5 将双点画线所示的罐身和罐盖卷封起来，滚轮 5 与行星轮 4 固连做匀速转动，它不仅自转而且公转。

如图 7-10 所示为隧道掘进机构，其中齿轮 1 为原动件，行星轮 6 为输出件，与行星轮 6 固连的刀盘在行星轮 6 的带动下做匀速转动，其一方面自转，另一方面又公转，进而实现掘进功能。

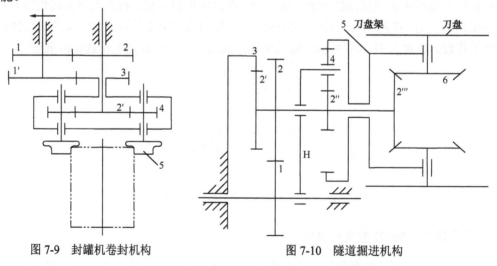

图 7-9 封罐机卷封机构   图 7-10 隧道掘进机构

5. 复合轮系机构

如图 7-11 所示为控制天线旋转的机构，它由差动轮系（圆锥齿轮 1、2、3 和行星架 H 组成一个差动轮系）和定轴轮系（齿轮 6 和 7，蜗杆 4 和蜗轮 5）组成。蜗杆 4（左旋）和齿轮 6 分别与电动机相连，当电动机驱动蜗杆 4 和齿轮 6 后，行星架 H 将带动天线匀速转动。

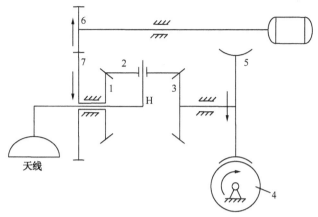

图 7-11 天线旋转机构

6. 组合机构

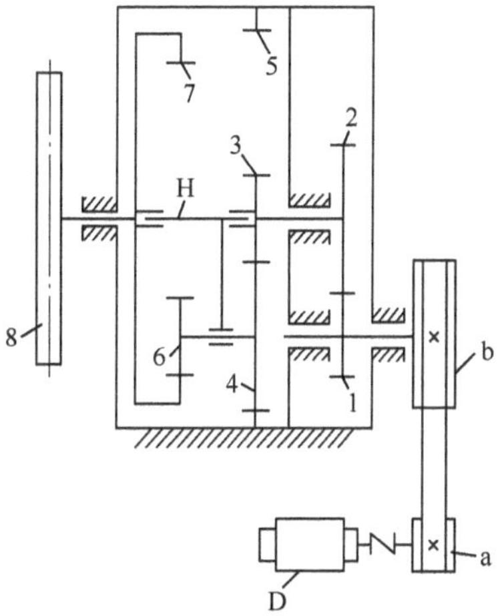

如图 7-12 所示的机构是由 3K 型行星轮系和带轮 a、b 及定轴轮系 1、2 串联组成的。行星轮系的中心轮 3 为主动件，行星轮 4、6 分别与中心轮 5、7 内啮合，轮 7 为输出件，轮 5 固定，H 为行星架。该行星轮系为 3K 型，基本构件为 3 个中心轮，行星架不承受外力矩，可以看出它是由

两个 2K-H 型行星轮系组成的。传动比 $i_{37} = \dfrac{1+\dfrac{z_5}{z_3}}{1-\dfrac{z_5 z_6}{z_7 z_4}}$ ，传动

比较大。随着传动比增加，效率会降低，适用于短时期工作。若以轮 7 为输入件，该机构有可能自锁。3K 型轮系结构紧凑、制造安装比较复杂。

图 7-12 悬链式运输机上的减速装置

该机构通过带轮和定轴轮系两级减速，再带动 3K 型减速器，由于在输出构件轮 7 上固结有链轮 8，故称为悬链式运输机上的减速装置。悬链式运输机可用于汽车、拖拉机制造厂等大量、成批生产的工厂企业车间内部和车间之间的机械化运输设备。

7.1.3 摩擦传动机构

摩擦传动机构主要由主动轮、从动轮、压紧装置等组成，是利用主、从动轮接触处的摩擦力来实现传动的，摩擦力的大小与传动轮间的相互压紧力的大小成正比。

摩擦传动机构的优点是：结构简单、制造容易，超载时轮间自动打滑，防止零件损坏，工作平稳、噪声小。缺点是：要求具有相当大的压紧力，磨损严重，可能产生相对滑动，使传动比得不到严格保证，承载能力低，效率较低。

摩擦传动机构一般用于低速、轻载的场合，广泛用于轻工、包装机械、电子工业中，如电子仪器中的手动微调摩擦轮就是一种摩擦传动机构。

1．圆柱平摩擦传动机构

圆柱平摩擦传动机构分为外切与内切两种类型，如图 7-13 所示，轮 1 和轮 2 的传动比为 $i_{12} = \dfrac{n_1}{n_2} = \mp\dfrac{R_2}{R_1(1-\varepsilon)}$，其中 ε 为滑动率，通常取 $\varepsilon = 0.01 \sim 0.02$；"$-$"、"$+$" 分别用于外切和内切，表示两轮转向相反或相同；$R_1$、$R_2$ 分别为轮 1 和轮 2 的半径。这种机构结构简单，制造容易，但压紧力大，适用于小功率传动。

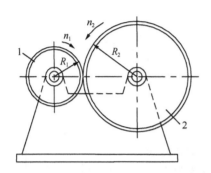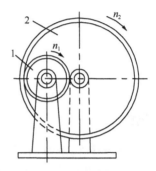

图 7-13　圆柱平摩擦传动机构

2．圆柱槽摩擦传动机构

圆柱槽摩擦传动机构如图 7-14 所示，其压紧力比圆柱平摩擦传动机构的小，当 $\beta=15°$ 时，其压紧力约为平摩擦传动机构的 30%。但这种机构易发热与磨损，故效率较低，对加工和安装要求较高。该机构常用于铰车驱动装置等机械中。

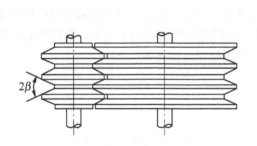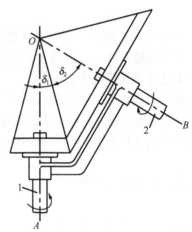

图 7-14　圆柱槽摩擦传动机构　　　　图 7-15　圆锥摩擦传动机构

3．圆锥摩擦传动机构

圆锥摩擦传动机构如图 7-15 所示，它可传递两相交轴之间的运动，两轮锥面相切。当两轮圆锥角 $\delta_1 + \delta_2 \neq 90°$ 时，其传动比为 $i_{12} = \dfrac{n_1}{n_2} = \dfrac{\sin\delta_2}{\sin\delta_1(1-\varepsilon)}$；当 $\delta_1 + \delta_2 = 90°$ 时，其传动比为

$i_{12} = \dfrac{n_1}{n_2} = \dfrac{\tan \delta_2}{1 - \varepsilon}$。这种机构结构简单，易于制造，但安装精度要求较高，常用于摩擦压力机中。

4. 带内滚轮的摩擦传动机构

在如图 7-16 所示的带内滚轮的摩擦传动机构中，双臂曲柄 1 两端铰接两个滚轮 3，带动从动摩擦轮 2 做同向匀速转动。传动比 $i_{12} = \dfrac{n_1}{n_2} = \dfrac{3}{2}$。滚轮中心 A、B 相对轮 2 的轨迹 γ 为摆线，圆盘 2 的内侧曲线 β 是 γ 的等距线，两线相距滚轮半径为 r，该机构中主、从动轴中心距应符合 $O_1O_2 \leqslant AO_1/2$ 要求，否则 γ 曲线将出现交叉。

5. 带中间滚轮的摩擦传动机构

在图 7-17 中，主动轮 1 通过中间滚轮传动，带动从动轮 2 运动。传动比 $i_{12} = \dfrac{n_1}{n_2} = +\dfrac{r_2}{r_1}$，其中 r_1、r_2 分别为轮 1、轮 2 的半径。两个滚轮改变了从动轮的转向，同时又起着压辊的作用，它们与各自的滑块 5 铰接于 C、D 点，两滑块在固定导槽 a—a 内，由弹簧 4 连接，使轮 3 在与轮 1、轮 2 接触处产生压紧力。

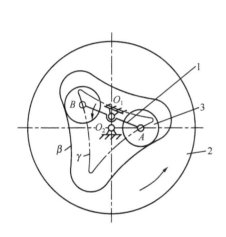

图 7-16　带内滚轮的摩擦传动机构

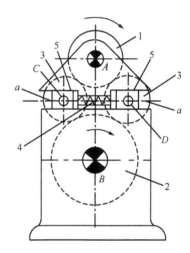

图 7-17　带中间滚轮的摩擦传动机构

7.1.4　带传动机构和链传动机构

1. 摩擦型带传动机构

如图 7-18（a）所示的机构为摩擦型带传动机构，一般由主动带轮 1、从动带轮 2 和以一定预紧力紧套在两轮上的挠性件 3（带或绳）组成，有的还有控制预紧力的装置。主动带轮 1 匀速转动，靠摩擦力带动挠性件 3，挠性件 3 又通过摩擦力带动从动带轮 2 匀速转动。传动比 $i_{12} = n_1 / n_2 = \dfrac{r_2}{r_1(1 - \varepsilon)}$，其中 r_1 和 r_2 分别为两带轮半径，ε 为滑动率，它不适用于对传动比有精确要求的场合。当所需传递载荷超过挠性件 3 与带轮接触面间的极限摩擦力时将发生打滑。带传动可实现中心距较大的两轴间的传动。图 7-18（b）所示为摩擦型带传动机构在手扶拖拉机上的应用。

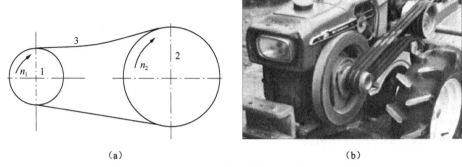

（a）   （b）

图 7-18　摩擦型带传动机构

2．啮合型带传动机构

如图 7-19（a）所示的机构为啮合型带传动机构，当主动带轮转动时，由于带和带轮间轮齿的啮合，便拖动从动带轮一起转动，并传递动力。由于工作时是靠带齿和带轮轮齿的啮合来进行传动的，带与带轮间无相对滑动，能保持两带轮的圆周速度同步，故又称为同步带传动。

啮合型带传动机构具有传动比恒定、结构紧凑、噪声小、效率较高、寿命长等优点。缺点是带及带轮价格较高，制造和安装精度要求较高，中心距要求较严格。啮合型带传动机构广泛应用于要求传动比准确的中、小功率传动中，如计算机、仪器及机床、化工、石油等机械。图 7-19（b）所示为啮合型带传动机构在机器人中的应用。

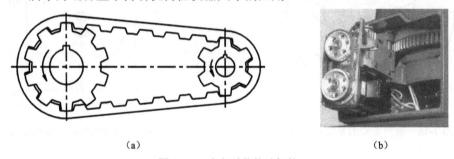

（a）   （b）

图 7-19　啮合型带传动机构

3．链传动机构

如图 7-20（a）所示的链传动机构由主动链轮 1、从动链轮 2 和链条 3 组成。链条是由刚性链节组成的，应用最广泛的是套筒滚子链。链传动通过具有特定齿形的链轮齿和链的链节啮合来传递运动和动力，平均传动比为定值 $i_{12} = n_1 / n_2 = z_2 / z_1$。链传动承载能力大，可以实现中心距较大的两轴间的传动，但传动不平稳，有冲击、振动和噪声，适用于低速、重载条件，可用于恶劣的工作环境。图 7-20（b）所示为链传动机构在自行车中的应用。

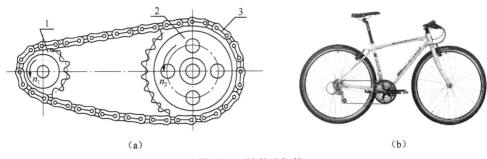

（a）　　　　　　　　　　　　　　　　（b）

图 7-20　链传动机构

7.2　变传动比匀速转动机构

变传动比匀速转动机构主要包括有级变速机构和无级变速机构。

7.2.1　有级变速机构

1. 滑移齿轮变速机构

在输入轴的转速不变的条件下，常常需要输出轴得到几种转速，即变速传动。在如图 7-21 所示的汽车齿轮变速箱中，牙嵌离合器的一半 x 与轮 1 固连在输入轴 I 上，其另一半 y 则和双联齿轮 4、6 用滑键与输出轴III相连。齿轮 2、3、5、7 固连在中间轴 II 上，而齿轮 8 则固连在另一中间轴IV上。齿轮 1 和齿轮 2 及齿轮 8 和齿轮 7 分别互相啮合。图 7-21 中括弧内的数字为各轮的齿数，且设输入轴 I 的转速 $n_1 = 1000\,\text{r/min}$。这样，当拨动双联齿轮到不同的位置时，便可得到 4 种不同的输出轴转速 n_{III}。

（1）当向右移动双联齿轮使 x 与 y 接合时，则 $n_{\text{III}} = n_1 = 1000\,\text{r/min}$，这时汽车以高速前进。

（2）当向左移动双联齿轮使齿轮 4 与齿轮 3 啮合时，运动经齿轮 1、2、3、4 传给III，故有：

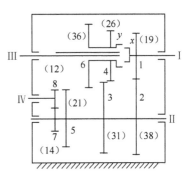

图 7-21　汽车齿轮变速箱

$$n_{\text{III}} = n_1 \frac{z_1 z_3}{z_2 z_4} = 1000 \times \frac{19 \times 31}{38 \times 26} = 596\,\text{r/min}$$

这时，汽车以中速前进。

（3）当向左移动双联齿轮使齿轮 6 和齿轮 5 啮合时，有：

$$n_{\text{III}} = n_1 \frac{z_1 z_5}{z_2 z_6} = 1000 \times \frac{19 \times 21}{38 \times 36} = 292\,\text{r/min}$$

这时，汽车以低速前进。

（4）当再向左移动双联齿轮使齿轮 6 与齿轮 8 啮合时，有：

$$n_{\text{III}} = n_1 \left(-\frac{z_1 z_7}{z_2 z_6} \right) = 1000 \times \left(-\frac{19 \times 14}{38 \times 36} \right) = -194\,\text{r/min}$$

这时，汽车以最低速倒车。

2. 复合轮系变速机构

图 7-22 所示为国产红旗高级轿车中的自动变速器原理图，它是由 4 个简单的 2K-H 型行星轮系经过复杂的连接组合而成的。轴 I 为输入轴，轴 II 为输出轴，C 为锥面离合器，B_1、B_2、B_3 是由液力变扭器控制的带式制动器，B_r 是由司机控制的倒车制动器。

当锥面离合器 C、倒车制动器 B_r 和带式制动器 B_1、B_2、B_3 分别起作用时，输出轴 II 可得到 5 种不同的速度——4 个前进挡和 1 个倒车挡。这样，在不需要改变各轮啮合状态的情况下，就实现了变速和换向传动。各挡传动比见表 7-1。

这种方式可避免上述汽车齿轮变速箱在运动中换挡时，突然退出和进入啮合带来的冲击，不易打牙。

表 7-1 变速器各挡传动比

挡 位	制 动	传动比 $i_{I\,II}$
第 1 挡	B_1 制动 [图 7-24 (b)]	4.286
第 2 挡	B_2 制动 [图 7-24 (c)]	2.752
第 3 挡	B_3 制动 [图 7-24 (d)]	1.67
第 4 挡	C 合上 [图 7-24 (a)]	1
第 5 挡	B_r 制动 [图 7-24 (e)]	−6.453

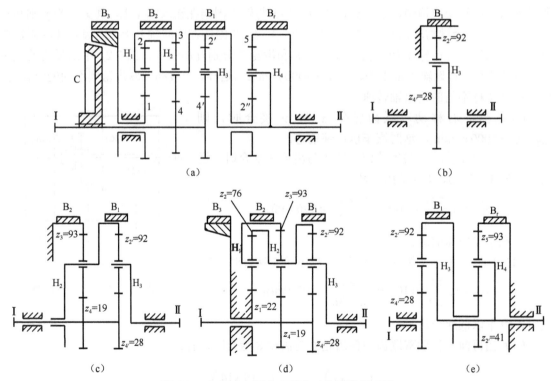

图 7-22 红旗高级轿车中的自动变速器原理图

3．带齿式离合器的两段变速齿轮机构

如图 7-23 所示，齿轮 2 固结在主动轴 1 上，随轴 1 一起转动；齿轮 4 活套在轴 5 上，轴 5 左侧带有花键槽，并通过花键连接离合器 3，离合器 3 两端的内齿 e、f 可分别与轴 1、齿轮 4 的外齿 c、d 衔接。齿轮 2、4 始终与轴 6 上的齿轮 7、8 相啮合。

离合器 3 向左移动时，其内齿 e 与轴 1 上外齿 c 衔接，轴 1 的转动直接传到轴 5 上，其传动比 $i_{15}=1$；离合器 3 向右移动时，其内齿 f 与齿轮 4 上外齿 d 衔接，轴 1 的转动经齿轮 2、7、8、4 传递到轴 5，其传动比 $i_{15}=\dfrac{z_7}{z_2}\cdot\dfrac{z_4}{z_8}$。其中，$z_2$、$z_4$、$z_7$、$z_8$ 分别为齿轮 2、4、7 和 8 的齿数。

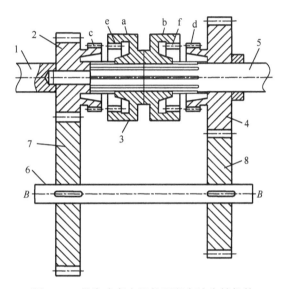

图 7-23　带齿式离合器的两段变速齿轮机构

4．双电机行星差动变速机构

如图 7-24 所示，齿轮 4、5、6、行星架 H 组成一差动轮系，A、B 为两台电动机，11、12 为制动器。输出轴上齿轮 10 可获得四种不同的转速：大功率电动机 A 停，11 制动；小功率电动机 B 停，12 制动；两电动机 A、B 同向转动；两电动机 A、B 反向转动。若在输出轴阻力矩不变的情况下设计机构时，应保证小功率电动机 B 单独驱动时有足够的功率，这时 B 单独驱动得到较低转速，A 单独驱动得到较高转速。

由于采用两个电动机，所以机构兼有防止因一个电动机发生故障而造成停车事故的优点。

5．带传动变速机构

如图 7-25 所示，圆柱形的三联带轮（塔轮）3、2 分别绕固定轴线 A—A、B—B 转动，三联带轮 2 和 3 之间用平带 1 传动。根据三联带轮 2 和 3 的不同直径，该机构可获得三种不同的传动比。

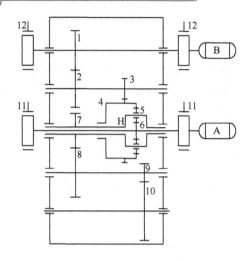

图 7-24　双电机行星差动变速机构

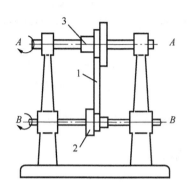

图 7-25　带传动变速机构

设计时，各级带轮半径应按保证带的长度 L 不变的原则选定。传动比 $i_{23} = \dfrac{n_2}{n_3} = \dfrac{r_3}{r_2(1-\varepsilon)}$。其中，$r_2$、$r_3$ 分别为带轮 2、3 的半径，n_2、n_3 分别为其转速，ε 为滑动率。

7.2.2　无级变速机构

1. 摩擦轮无级变速机构

改变摩擦轮机构中滚轮的位置或改变两个摩擦轮的相对位置，就改变了接触点的位置，使接触点回转半径发生变化进而改变传动比。摩擦传动很容易实现无级变速，且简便迅速。为保证工作可靠、不打滑，需要有一定的压紧力，故零件磨损较严重，尤其是在调速时这种现象非常明显。摩擦传动在过载时会出现打滑，能起保护作用，但易造成传动比的误差并产生严重的磨损。

这类摩擦轮传动常用于各种无级变速器，用于各行业的机械中。

摩擦轮无级变速机构种类很多，结构各异，下面举例说明。

（1）滚轮单圆盘式无级变速机构。在图 7-26 所示的机构中，主动轴 I 上装有固定半径 r_1 的滚轮匀速转动，转速为 n_1。滚轮以摩擦力带动从动轮 2 的圆盘匀速转动，转速为 n_2。随着滚轮沿轴 I 移动，两轮接触点发生变化，引起 r_{2x} 的变化，轴 II 的转速为 $n_2 = \dfrac{r_1}{r_{2x}} n_1$，实现无级变速。这种机构用于实现两垂直相交轴间的无级变速传动。

（2）滚轮双圆盘式无级变速机构。在图 7-27 所示的机构中，中间轴 3 上装有固定半径的滚轮 6，主动轴 1 和从动轴 2 上分别装着盘形摩擦轮 4、5，两轮通过滚轮 6 间接接触。从动轴转速 $n_2 = \dfrac{r_{1x}}{a - r_{1x}} n_1$。其中，$a$ 为主、从动轴间距离，r_{1x} 为滚轮至轴 1 的距离。随着滚轮沿轴 3 移动，与两摩擦轮的接触点发生变化，即 r_{1x} 逐渐发生变化，从而使 n_2 改变，实现无级变速。

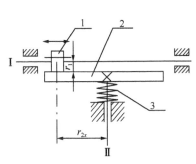

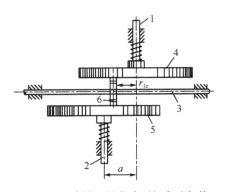

图 7-26　滚轮单圆盘式无级变速机构　　　　　图 7-27　滚轮双圆盘式无级变速机构

（3）滚轮单圆锥式无级变速机构。在图 7-28 所示的机构中，主动轴 1 上装有固定半径为 r_1 的滚轮 3，转动螺杆 4 的手柄，通过螺母使滚轮架 5 带动滚轮沿轴 1 移动，改变滚轮与圆锥面的接触点即改变接触点到圆锥轴线的距离 r_{2x}，进而使圆锥体 2 的转速 n_2 实现无级变速，$n_2 = \dfrac{r_1}{r_{2x}} n_1$。

（4）滚轮双圆锥式无级变速机构。在图 7-29 所示的机构中，主动轴 1 上的摩擦圆锥 3 与从动轴 2 上的摩擦圆锥 4 通过中间轴 6 上的摩擦滚轮 5 间接接触。转动螺杆 6 改变滚轮 5 与摩擦圆锥 4、3 的接触点，使接触点到两圆锥轴线的距离 r_{1x}、r_{2x} 发生变化，实现无级变速。从动轴 2 的转速 $n_2 = \dfrac{r_{1x}}{r_{2x}} n_1$。

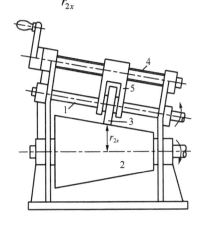

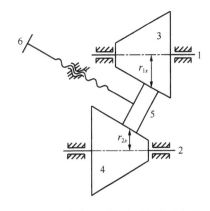

图 7-28　滚轮单圆锥式无级变速机构　　　　　图 7-29　滚轮双圆锥式无级变速机构

（5）双钢珠辊子圆盘式无级变速机构。在图 7-30 所示的机构中，中间轴 3 上装有两个钢珠代替滚轮，以减少移动轴 3 调速所克服的摩擦力，随着轴 3 的左、右移动，钢珠与从动辊子 2、主动摩擦圆盘 1 的接触点发生变化，改变从动轴转速来达到无级调速的目的，从动轴转速 $n_2 = \dfrac{r_{1x}}{r_2} n_1$。其中，$r_2$ 为辊子 2 的半径，r_{1x} 为钢珠与主动摩擦圆盘 1 的接触点到轴 1 的距离。

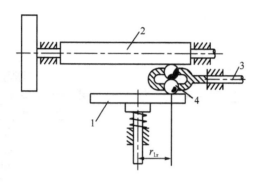

图 7-30　双钢珠辊子圆盘式无级变速机构

2．挠性件无级变速机构

（1）平型带圆锥轮无级变速机构。在图 7-31 所示的机构中，主动带轮 1 和从动带轮 2 为两个尺寸相同的圆锥轮，分别绕两个平行的固定轴 A 和 B 匀速转动，两轮间用平带 3 传动。利用平带 3 的轴向移动，使主、从动带轮的圆锥工作半径 r_{1x} 和 r_{2x} 发生变化，进而使从动轮的转速 n_2 实现无级变速，$n_2 = \dfrac{r_{1x}}{r_{2x}} n_1$，传动比 i_{12} 一般为 0.5～1.2，效率约为 0.9。

（2）宽 V 型带无级变速机构。在图 7-32 所示的机构中，主动带轮 1 和从动带轮 2 均由两片相同的圆锥形盘组成，它们分别绕固定轴线转动，并可通过调速螺杆 4 和杠杆 5 带动沿轴线移动。带轮 1、2 间用宽 V 型带 3 传动。

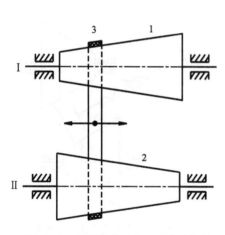

图 7-31　平型带圆锥轮无级变速机构

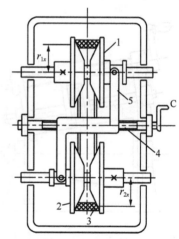

图 7-32　宽 V 型带无级变速机构

机构的传动比大小取决于带轮 1、2 与宽 V 型带 3 接触处的 r_{1x} 和 r_{2x} 的大小，$i_{12} = \dfrac{n_1}{n_2} = \dfrac{r_{2x}}{r_{1x}}$。

该机构用单杠杆平移式调速，转动手柄 C 使螺杆 4 转动，带动杠杆 5 平移，使带轮 1 的右侧圆锥盘和带轮 2 的左侧圆锥盘轴向移动相同距离，另外两个圆锥盘不动，于是改变了宽 V 型带与主、从动带轮的接触半径 r_{1x}、r_{2x}，从而达到无级调速的目的。

7.3　非匀速转动机构

非匀速转动机构是指原动件匀速转动时，其从动件做非匀速转动的机构。常见的非匀速转动机构有连杆机构（指具有特殊尺寸和结构的连杆机构如双曲柄机构、转动导杆机构、单万向联轴节等）、非圆齿轮机构和一些组合机构等。

7.3.1　连杆机构

1. 双曲柄机构

图 7-33 所示为由双曲柄机构 ABCD 和偏置曲柄滑块机构 DCE 组成的双曲柄惯性筛机构。当主动曲柄 AB 等速转动时，从动曲柄 CD 变速转动。双曲柄机构和偏置曲柄滑块机构均具有急回特性，使筛子具有较大的加速度，能更加有效地分离被筛的材料颗粒。

图 7-34 所示为具有双曲柄的转动导杆机构，当曲柄 2 为原动件且做等速转动时，曲柄 4（转动导杆）做变速转动。

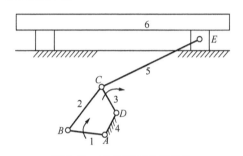

图 7-33　双曲柄惯性筛机构

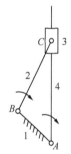

图 7-34　转动导杆机构

2. 反平行四边形机构

在如图 7-35 所示的反平行四边形机构中，满足杆长关系：$\overline{AB}=\overline{CD}=a$，$\overline{BC}=\overline{DA}=b$，$a<b$。当主动曲柄 AB 以 ω_1 匀角速度转动时，从动曲柄 CD 以 ω_3 做反向非匀速转动。两个曲柄的运动相当于和它们固连的一对椭圆轮的纯滚动。

当曲柄 AB 与机架 AD 重合时（即 $\varphi=0°$ 或 180° 时），机构出现运动不确定的状态，从动曲柄 CD 可能正转，也可能反转，此时可将曲柄沿椭圆长轴的一端装上圆销 A'，另一端制成圆弧凹槽 B' 做为死点引出器，以保证从动曲柄转向不变。

机构的瞬时传动比为：

$$i_{13}=-\frac{DP}{AP}=-\frac{b^2+a^2+2ab\cos\varphi}{b^2-a^2} \tag{7-1}$$

式中，P 点为两曲柄的速度瞬心。当 $\varphi=0°$ 时，$i_{13}=-\dfrac{b+a}{b-a}$ 为最大值；当 $\varphi=180°$ 时，$i_{13}=-\dfrac{b-a}{b+a}$ 为最小值。

反平行四边形机构常用做联动机构、拖车的转向机构及车门启闭机构等。

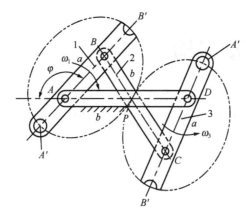

图 7-35　反平行四边形机构

3. 单万向联轴节

如图 7-36 所示单万向联轴节，端部制成叉形的主动轴 I 和从动轴III分别都与机架 4 和十字头连杆 2 组成 3 组轴线互相垂直的转动副，且轴线均相交于十字头的中心 O。当主动轴匀速转动 1 周时，从动轴非匀速转动 1 周。

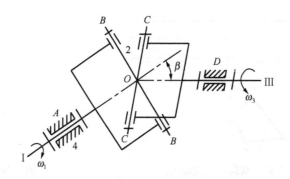

图 7-36　单万向联轴节

4. 空间连轴机构

如图 7-37 所示，杆 1 和杆 2 组成球面副，并在其上分别装有杠杆 a 和 b，它们分别在点 C 和 D 组成球面副。由于杠杆 a 和 b 对称配置，所以杆 1 和杆 2 有可能绕轴线 $q—q$ 做相对转动。当杆 1 为主动件做匀速转动时，从动杆 2 做非匀速转动。

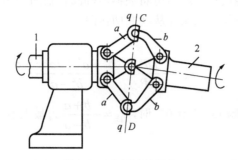

图 7-37　空间连轴机构

7.3.2 非圆齿轮机构

非圆齿轮机构是以非圆曲线为节线做无滑动的纯滚动，其节点在中心连线上以一定规律变动，实现变角速度的非匀速转动。节线一般有椭圆、卵形曲线、偏心圆及其共轭曲线等。

与连杆机构相比，非圆齿轮机构结构紧凑、容易平衡。数控机床的发展，使非圆齿轮的加工成本大大降低，现已广泛应用于印刷机、自动化设备、仪器及解算装置中作为自动进给机构或用于实现函数关系，或改善运动和动力性能。

1. 椭圆齿轮机构

椭圆齿轮机构的节线为两个相同的椭圆，其长轴为 $2c$，短轴为 $2b$，焦距为 $2e$，偏心率 $\lambda = e/c$，如图 7-38 所示。两个椭圆齿轮机构均以焦点为回转中心，中心距 $a = 2c$。椭圆齿轮机构传动时以椭圆节线做纯滚动。节线方程式为：

$$
\begin{cases}
r_1 = \dfrac{c(1-\lambda^2)}{1-\lambda\cos\theta_1} \\
r_2 = \dfrac{c(1-2\lambda\cos\theta_1+\lambda^2)}{1-\lambda\cos\theta_1}
\end{cases}
\tag{7-2}
$$

式中，r_1、r_2 为向径；θ_1 为极角。传动比为：

$$
i_{21} = \frac{\omega_2}{\omega_1} = \frac{r_1}{r_2} = \frac{1-\lambda^2}{1-2\lambda\cos\theta_1+\lambda^2}
\tag{7-3}
$$

从动轮 2 做非匀速转动，转速的不均匀系数为：

$$
\delta = \frac{\omega_{2\max}-\omega_{2\min}}{\omega_m} = \frac{4\lambda}{1-\lambda^2}
\tag{7-4}
$$

式中，ω_m 为平均角速度。

椭圆齿轮机构的传动比按一定规律周期性变化，偏心率 λ 越大，不均匀系数也越大，传动比的变化也越剧烈。

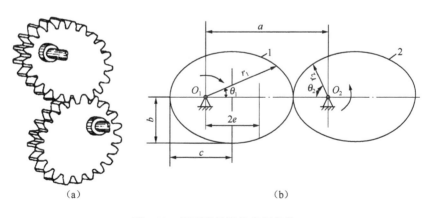

(a)　　　　　　　　　　　　　　　(b)

图 7-38　椭圆齿轮机构几何参数

椭圆齿轮机构常与其他机构组合，用于改变传动的运动特性、改善动力条件或用于要求从动件按一定规律变化的场合。例如在一台卧式压力机的主机构中，一椭圆齿轮机构和一对心曲柄滑块机构串联使用，不仅实现了急回特性，节省了空回行程的时间，而且使工作行程的传动比更为均匀，改善了机构的受力状况，如图 7-39 所示。

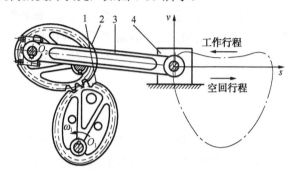

1、2—椭圆齿轮；3—连杆；4—滑块

图 7-39　椭圆齿轮机构

图 7-40 所示是现代单张纸胶印机的变速输纸机构。椭圆齿轮 1 匀速逆时针转动，带动尺寸相同的椭圆齿轮 2 做顺时针变速转动，由于椭圆齿轮 2 和传动齿轮 3 同轴，所以传动齿轮 3 做变速转动，又通过传动齿轮 3 和齿轮 4 的啮合，带动输送带辊（线带辊）5 做变速转动，从而带动输送带 6 实现变速输纸。

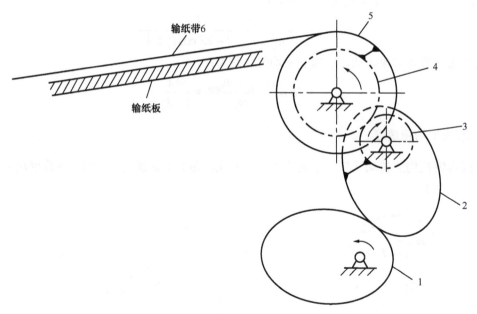

1、2—椭圆齿轮；3、4—传动齿轮；5—输送带辊（线带辊）；6—输送带

图 7-40　单张纸胶印机的变速输纸机构

2. 卵形齿轮机构

如果保持椭圆的向径长度不变，而将其夹角缩小整数倍时，椭圆曲线就变成卵形曲线。如图 7-41（a）所示的卵形齿轮机构的节线为两个相同的卵形曲线，其长轴为 $2c$，短轴为 $2b$。以

其几何中心为回转中心，中心距 $a = b + c$。

卵形齿轮机构传动时以卵形曲线做纯滚动，向径 r_1 与夹角 θ_1 的关系为 $r_1 = 2bc/[(c+b)+(c-b)\cos 2\theta_1]$。主动齿轮 1 转动 1 周，传动比 i_{21} 周期性地变化两次。卵形齿轮机构因以几何中心为回转中心，机构有较好的平衡性。

卵形齿轮机构常用于仪器仪表中。图 7-41（b）所示为卵形齿轮机构和正弦机构的组合，它可以实现往复近似等速直线运动，即以等速转动为输入通过卵形齿轮改变速度，在正弦机构上输出近似等速的直线运动。

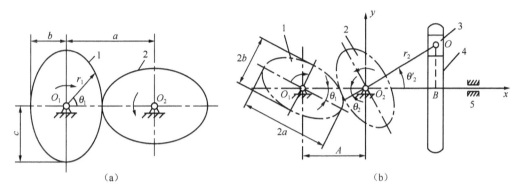

图 7-41　卵形齿轮机构

3．偏心圆形齿轮机构

偏心圆形齿轮机构是用两个全等的偏心圆齿轮组成的非匀速转动机构，如图 7-42 所示。节圆半径 $r = \dfrac{1}{2}mz$，偏心距为 e，标准中心距 $a_0 = mz$。周期性变化的传动比为：

$$i_{12} = \frac{\omega_1}{\omega_2} = \frac{a^2 + 4ae\cos\theta_1 + 4e^2}{a^2 - 4e^2} \qquad (7\text{-}5)$$

式中，a 为安装中心距，$a = \sqrt{a_0^2 + 4e^2}$；θ_1 为主动轮转角。

这种机构的优点是制造简单，但传动中几何中心距 a_0 是变动的，两齿轮分度圆不相切，存在变动的齿侧间隙，且也可能因重合度不够而影响连续传动，所以偏心率 $\lambda = e/r$ 和角速度变化范围受到很大限制。

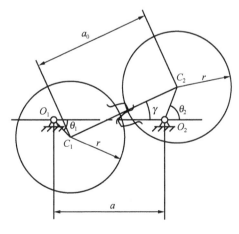

图 7-42　偏心圆形齿轮机构

7.3.3 组合机构

1. 齿轮-连杆组合机构（1）

在如图 7-43 所示的四杆机构 $ABCD$ 上装有一对齿轮，行星齿轮 5 与连杆 2 固连，齿轮 4 的轴线与主动构件 1 的轴线在 A 处重合。当主动构件 1 以 ω_1 匀速转动时，通过连杆 BC 带动行星齿轮 5，使从动齿轮 4 以 ω_4 做非匀速转动，即：

$$\omega_4 = \omega_1 \left(1 + \frac{z_2}{z_4} \right) - \omega_2 \frac{z_2}{z_4} \tag{7-6}$$

式中，ω_2 为连杆的角速度。

合理选择机构的尺寸后，从动齿轮 4 可为单方向的非匀速转动，也可为有瞬时停歇的转动或带逆转的转动。此机构可用于需要实现复杂运动规律的自动机中。

2. 齿轮-连杆组合机构（2）

在图 7-44 所示的机构中，主动件 1 以 ω_1 等角速度匀速转动，通过连杆 BC、齿轮 5 带动从动轮 4 以 ω_4 做非匀速转动，ω_4 由 3 个运动复合而成。

$$\omega_4 = \left(1 + \frac{z_5}{z_4} \right)\omega_3 - \frac{z_5}{z_4}\left(1 + \frac{z_1}{z_5} \right)\omega_2 + \frac{z_1}{z_4}\omega_1 \tag{7-7}$$

合理选择各构件尺寸，可使从动件 4 的输出实现复杂的运动规律，可做非匀速正向转动、瞬时逆转或停歇等。若将机架 AD 的长度做成可调式的，则在齿轮齿数比和各构件长度确定后，仍可改变齿轮 4 的输出。

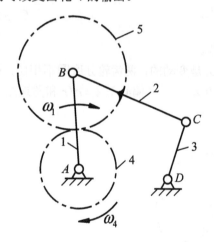

图 7-43　齿轮连杆组合机构（1）

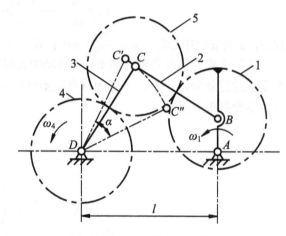

图 7-44　齿轮连杆组合机构（2）

3. 齿轮-连杆组合机构（3）

在图 7-45 所示变速输纸机构中，动力由 B 轴输入，当主动导杆 1 等速回转时，从动曲柄 3 做变速转动，与从动曲柄 3 固连的齿轮 3′ 也会做变速转动，再通过齿轮 4、5、6 将动力传到线带辊 6′，最终带动线带辊 6′ 变速转动，从而实现输送带上纸张的变速运动。

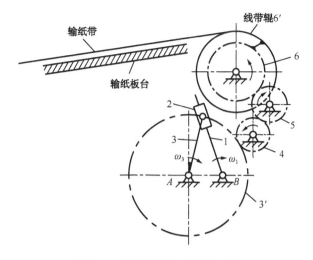

图 7-45　齿轮连杆组合机构（3）

4. 凸轮-连杆组合机构

在图 7-46 所示的机构中，凸轮是机架，当构件 1 做匀速转动时，由于 B、C 间的长度由凸轮控制，即连杆 BC 长度是变化的，所以使输出构件 4 做非匀速转动。此机构实际上是一种变连杆长度的双曲柄连杆机构。

5. 凸轮-齿轮组合机构

图 7-47 所示机构是由齿轮 1、扇形齿轮 2（行星轮）、行星架 H 组成的周转轮系和固定凸轮 3 组合而成。运动由行星架 H 输入，它一方面带动扇形齿轮 2 做周转运动，另一方面又通过嵌入固定凸轮凹槽内的滚子使扇形齿轮 2 相对行星架 H 做附加摆动，进而带动输出齿轮 1 做变速转动。

只要正确设计凸轮廓线，输出齿轮 1 就能产生任意复杂的转动运动规律。因此，该凸轮-齿轮组合机构常用于机械传动装置中的变速传动机构或补偿机构。

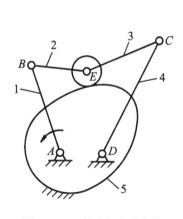

图 7-46　凸轮连杆组合机构

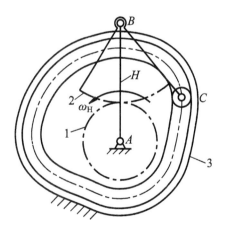

图 7-47　凸轮齿轮组合机构

第 8 章

往复运动机构

往复运动机构是机器中非常重要的一种机构，它可分为往复移动机构和往复摆动机构两种类型，用来变换运动形式或传递运动，或作为执行机构完成生产工艺所要求的功能动作，有时还要求这些机构同时满足速度、加速度等方面的要求。

8.1　往复移动机构

往复移动机构是指原动件运动时，其从动件做往复移动的机构。常见的往复移动机构有曲柄滑块机构、移动导杆机构、正弦机构、正切机构、移动从动件凸轮机构、齿轮齿条机构、楔块机构及组合机构等。

8.1.1　一般往复移动机构

1．六杆曲柄滑块机构

图 8-1 所示为六杆曲柄滑块机构，其特点是曲柄 CD 较短，而滑块的行程较长，滑块行程的大小主要取决于曲柄 CD 的长度及 CE 与 BC 的比值。该机构常应用于汽车用空气泵的机构和牛头刨床中。

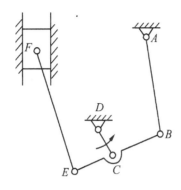

图 8-1　六杆曲柄滑块机构

在图 8-2 所示的牛头刨床中。安装于机架 1 的主动齿轮 2 将回转运动传递给与之相啮合的齿轮 3，齿轮 3 带动滑块 4 而使导杆 5 绕 E 点摆动，并通过连杆 6 带动滑枕 7 使刨刀作往复直线运动。

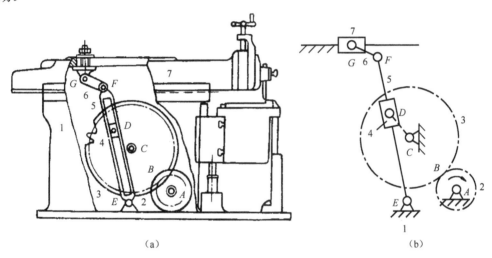

（a）　　　　　　　　　　　　　　　（b）

图 8-2　牛头刨床

2．移动导杆机构

在图 8-3 所示的机构中，构件 4 为移动导杆，构件 2 为摇杆，构件 1 为主动件，带动构件 4 相对固定滑块 3 做上下往复移动。该机构用于抽水机中，当上下压动手柄时，活塞杆 4 的上下移动将水从井下抽上来。

3．正弦机构

在图 8-4（a）中，构件 1 为曲柄，长度为 r，导杆 3 上的夹角 α 常为 90°。当曲柄 1 以等角速度 ω_1 转动时，通过滑块 2 使导杆 3 上下移动，其位移 s 为：

$$s = r\sin\varphi$$

当 φ=90° 和 φ=270° 时，导杆 3 处于两极限位置，

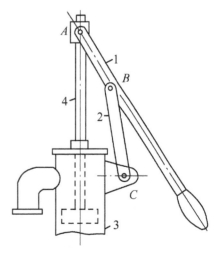

图 8-3　手摇抽水机

行程 $s = 2r$。该机构适用于往复式水泵、缝纫机、振动台、数字解算装置及操纵机构中。图 8-4（b）所示为缝纫机机针的刺布机构。

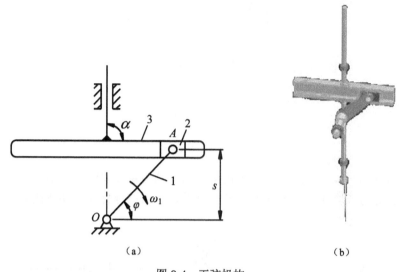

（a）　　　　　　　　　　（b）

图 8-4　正弦机构

4．正切机构

在图 8-5（a）中，当摆动导杆 1 为主动件时，通过滑块 2 使杆 3 往复移动，其位移 y 与摆动导杆摆角 φ 的关系为 $y = l \tan \varphi$。

正切机构常用于解算装置和操纵机构中。如图 8-5（b）所示的自动钻孔机是由正切机构与摆动从动件盘形凸轮机构组合而成的。工件 1 由料斗（图上未画出）自动送入，用两个 V 形槽 2 夹紧。凸轮 10 驱动导杆 9 绕 A 轴摆动，通过置于导杆 9 滑槽内的滚子 4 使滑枕 5 连同钻头 3 向右移动，做快速趋近而后慢速进给钻削。主轴 6 由 V 带传动，8 为复位弹簧。

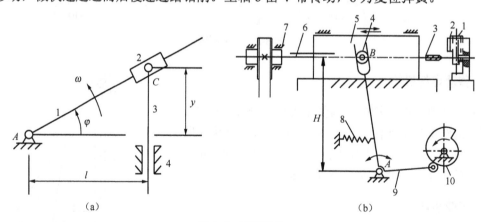

（a）　　　　　　　　　　　（b）

图 8-5　正切机构

5．楔块压榨机构

如图 8-6 所示的楔块压榨机构是由楔块 2、3 和机架组成的，各构件之间均用移动副连接。当在楔块 2 上施加力 F 时，楔块 2 向左移动，并通过斜面推动楔块 3 向上移动，从而对工件产

生一压榨力 Q。当 $\alpha \leqslant \varphi$ 时，该机构反行程（Q 为驱动力时）自锁。其中，α 为斜面倾斜角；φ 为摩擦角。

6. 行星齿轮简谐运动机构

图 8-7 所示为行星齿轮简谐运动机构，其功能是将旋转运动转换为具有简谐运动规律的往复移动。固定内齿轮 4 和行星齿轮 2 的节圆半径分别为 r_4 和 r_2，且 $r_4 = 2r_2$，杆 3 和轮 2 在轮 2 节圆上的 A 点铰接。当系杆 1 作为主动件转动时，通过齿轮 2、4 的啮合传动带动杆 3 沿 O_1x 方向做往复移动，其运动规律为简谐运动，位移 $s = 2r_2 \cos\varphi$。这种机构常用于快速印刷机中。

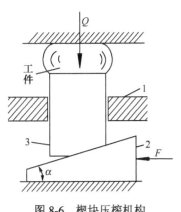

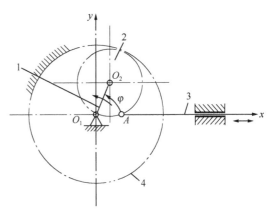

图 8-6　楔块压榨机构　　　　　　图 8-7　行星齿轮简谐运动机构

7. 复杂运动机构

如图 8-8 所示的机构为使滑块 3 实现复杂往复移动的凸轮-连杆组合机构，其基础机构是自由度为 2 的五杆机构 1、2、3、5、4，其附加机构是槽凸轮机构（其中槽凸轮 4 固定不动）。以槽凸轮 4 为机架，转块 5 为主动件，只要适当地设计凸轮的轮廓曲线，就能使从动滑块 3 按照预定的复杂规律运动。

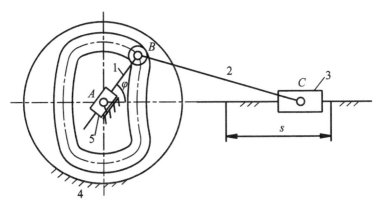

图 8-8　复杂运动机构

8.1.2 有急回特性的往复移动机构

1．双曲柄六杆机构

在如图 8-9（a）所示的双曲柄机构 *ABCD* 中，曲柄 *AB* 和 *CD* 不等长。主动曲柄 *AB* 等速转动时，从动曲柄 *CD* 做变速转动，并有急回特性。

在双曲柄机构 *ABCD* 上串联偏置式曲柄滑块机构 *DCE*，并在滑块上固结筛子，作为惯性筛，如图 8-9（b）所示。两个连杆机构串联，使急回作用更加显著。同时回程有较大的加速度，使被筛材料颗粒因惯性作用而被筛分离了，提高了筛选效率。

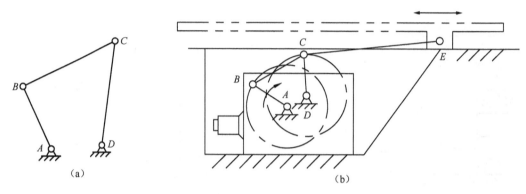

图 8-9　双曲柄六杆机构

2．偏置曲柄滑块机构

在图 8-10 中，曲柄 *OA* 匀速转动时，滑块 *B* 做变速往复移动。滑块的行程速度变化系数为：

$$K = \frac{180° + \theta}{180° - \theta}$$

式中，极位夹角 θ 的值为：

$$\theta = \left| \arcsin \frac{e}{b-a} - \arcsin \frac{e}{b+a} \right|$$

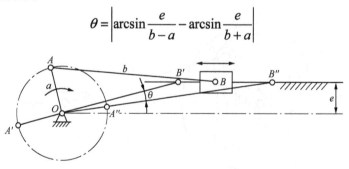

图 8-10　偏置曲柄滑块机构

3．六杆曲柄滑块机构

如图 8-11 所示的六杆曲柄滑块机构是由曲柄摇杆机构 *ABCD*、Ⅱ级杆组 5 杆和滑块 6 组成的六杆机构。曲柄 *CB* 固结于大齿轮，滑块 *E* 只起调整作用。

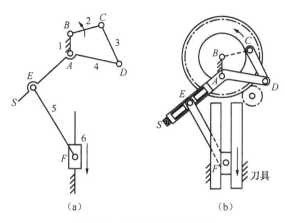

（a）　　　　　　　　　（b）

图 8-11　六杆曲柄滑块机构

在曲柄摇杆机构 $ABCD$ 中，主动曲柄 CB 等速转动，摇杆 AD 有急回特性。合理确定 $\angle DAS$，且调整滑块 E 的位置，改变 AE 长度，使滑块 F 与摇杆 AD 有相同的往返行程，则滑块 F 也具有急回特性。在滑块 F 上固定插刀，此机构可作为插床的插头机构。

4．六杆急回机构

如图 8-12 所示的六杆急回机构由曲柄摇杆机构 $OABC$ 的连杆 AB 延长线上 D 点接上 II 级杆组 DE 杆和滑块 E 组成，且 $\overline{AB} = \overline{BC} = \overline{BD}$ 。

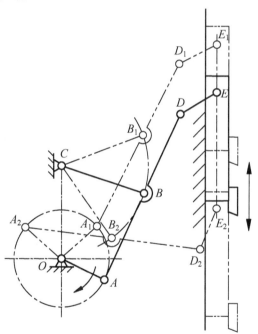

图 8-12　六杆急回机构

曲柄摇杆机构本身具有急回特性。当曲柄 OA 匀速转动时，摇杆 CB 往复摆动，并带动滑块 E 上下往复移动，偏置摇杆滑块机构使急回特性进一步扩大，同时也使行程得到扩大。此机构的杆长设计使滑块 E 在做自上而下的工作行程中有一段近似匀速的运动。插刀安装在滑块 E 上，切削过程中速度均匀，回程快速，效率高。此机构可应用于重型插床。

8.1.3 有增力特性的往复移动机构

1. 四杆增力机构

在如图 8-13 所示的铰链四杆机构中，若在 A 点加一力 P，则经该机构传到 A' 点时，产生一较大的力 P'，即：

$$P' = P\frac{ab'}{ba'} = nP$$

由于 $a>b$，$b'>a'$，所以 $n>1$，即 P' 为 P 的 n 倍。

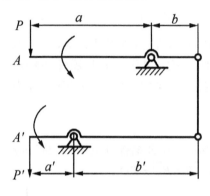

图 8-13　四杆增力机构

2. 六杆曲柄肘杆机构

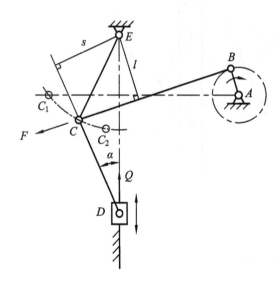

图 8-14　六杆曲柄肘杆机构

六杆曲柄肘杆机构是利用机构接近死点位置时所具有的传力特性来实现增力的，如图 8-14 所示。该六杆机构是由曲柄摇杆机构 $ABCE$ 和由 CD 杆、滑块 D 组成的 II 级杆组串联而成。在图示工作位置，DCE 的构型如同人的肘关节一样，该机构即由此而得名。

设 BC 杆受力为 F，则滑块产生的压力 $Q=(Fl\cos\alpha)/s$。减小 α、s 或增大 l，均能增大增力倍数。设计时可根据需要的增力倍数决定 α、s、l，即决定滑块的加力位置，再根据加力位置决定 A 点的位置和有关构件的长度。

四杆机构 $ABCE$ 中，如杆 EC 的两极限位置在 ED 线的两边，则曲柄 AB 转一周，滑块 D 可上下两次（如铆钉机、精压机等）；如杆 EC 的两极限位置取在 ED 线的一边，则滑块 D 上下一次（如冲床等），如图 8-14 所示。

3. 凸轮连杆送料机构

如图 8-15 所示的凸轮连杆送料机构用于移动钢制圆薄片，操作速度达到 175 次/min。凸轮 1 通过摆杆 2 和连杆 3 带动滑块 4 上下移动，同时又通过摆杆 5 和连杆 6 带动滑块 7 做横向运动，从而使真空吸头完成取料、送料、放料和返回这一过程。

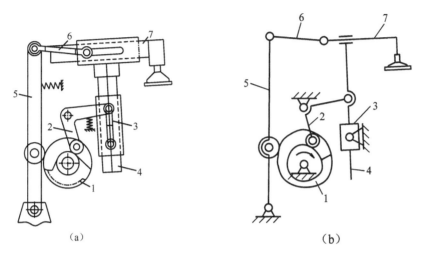

（a）　　　　　　　（b）

图 8-15　凸轮连杆送料机构

4. 压铸机合模机构

如图 8-16 所示机构的功能是将一构件的往复移动转换为另一构件的往复移动，并利用死点位置工作。

在图 8-16 中，高压油进入液压缸 7 内产生驱动力 P，推动活塞杆 6 运动，并通过连杆 5 迫使杆 1 绕 A 点摆动，从而驱动两套对称安装的摆杆滑块机构。连杆 2 使活动压模 3 向固定压模 4 靠近，当活塞移到右端极限位置时，两压模 3 和 4 正好合拢，而摆杆 1 上的 AB 线正好与连杆 2 上的 BC 线共线。这时，金属液进入两模空腔，由于上、下两套摆杆滑块机构同时处于死点位置，虽然注入的金属液产生几百吨的压力，活动压膜 3 也不会移动。

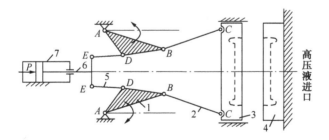

图 8-16　压铸机合模机构

8.2　往复摆动机构

往复摆动机构是指原动件运动时，其从动件作往复摆动的机构。常见的往复摆动机构有曲柄摇杆机构、双摇杆机构、曲柄摇块机构、摆动导杆机构、多杆机构、空间连杆机构、摆动从动件凸轮机构、组合机构等。

8.2.1 一般往复摆动机构

1. 飞机起落架机构

图 8-17（a）、（b）所示分别为飞机起落架收起和放下机轮的位置。在图 8-17（b）中放下机轮的位置时，连杆 BC 与从动件 CD 位于同一直线上。因机构处于死点位置，故机轮着地时产生的巨大冲击力不会使从动件反转，从而保持着支撑飞机的状态。

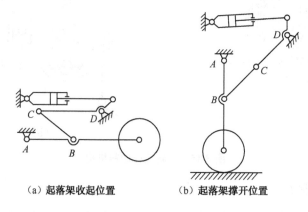

（a）起落架收起位置　　　　（b）起落架撑开位置

图 8-17　飞机起落架机构

2. 齐纸机构

如图 8-18 所示的机构为胶印机中的齐纸机构，凸轮 1 为主动件，从动件 5 为齐纸块。当递纸吸嘴（图中未画出）开始向前递纸时，摆杆 3 上的滚子与凸轮小面接触，在拉簧 2 的作用下，摆杆 3 逆时针摆动，通过连杆 4 带动摆杆 6 和齐纸块 5 绕 O_1 点逆时针摆动让纸。当递纸吸嘴放下纸张、压纸吹嘴离开纸堆、固定吹嘴吹风时，凸轮 1 大面与滚子接触，摆杆 3 顺时针摆动，推动连杆 4 使摆杆 6 和齐纸块 5 顺时针摆动靠向纸堆，把纸张理齐。

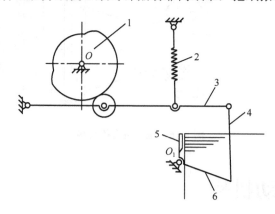

图 8-18　齐纸机构

3. 摇头电扇机构

图 8-19（a）所示为摇头电扇机构，其中的铰链四杆机构为含有两个整转副的双摇杆机构。电动机安装在摇杆 1 上，转动副 A 处装有一与连杆 2 固结成一体的蜗轮，蜗轮与电动机轴上的蜗杆 5 相啮合。电动机转动时，通过蜗杆和蜗轮使连杆 2 与摇杆 1 做整周相对转动，从而使连架杆 1、3 做往复摆动，达到风扇摇头的目的，图 8-19（b）所示为摇头电扇的实物图。

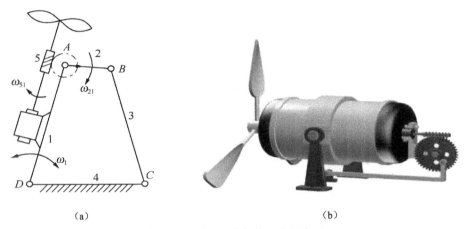

（a）　　　　　　　　　　　　　　　　　（b）

图 8-19　摇头电扇机构及应用实例

4. 可逆座席机构

如图 8-20 所示的可逆座席机构 ABCD 是一双摇杆机构，座席底座 AD 为机架，靠背 BC 固连在连杆上，根据需要可改变靠背的方向。

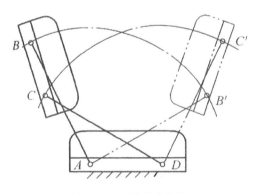

图 8-20　可逆座席机构

5. 曲柄摇块机构

在如图 8-21（a）所示的曲柄摇块机构中，构件 3 绕 C 点往复摆动，称为摇块。曲柄 1 绕 A 点整周转动，导杆 2 相对摇块 3 往复移动且绕 C 点摆动，其最大摆角 ψ 与极位夹角 θ 相等，机构具有急回运动特性。令曲柄 1 长度为 a，机架 AC 的长度为 d，则：

$$\psi = \theta = 2\arcsin\frac{a}{d}$$

图 8-21（b）所示是挖土机中的摆缸机构，是曲柄摇块机构的一个应用实例。当液压油缸中的活塞上升或下降时，驱动铲斗上下运动。此机构广泛用于以气动、液动为原动机的机械中。

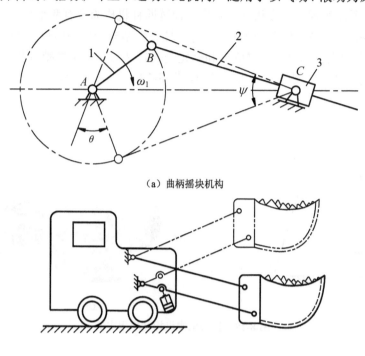

（a）曲柄摇块机构

（b）挖土机中的摆缸机构

图 8-21　曲柄摇块机构及应用实例

6. 带固定槽的凸轮连杆机构

在图 8-22 中，导杆 1 绕固定铰链 A 转动，导杆 1 的径向槽内安置导块 3，导块 3 上的滚子 b 嵌于固定凸轮的沟槽 a—a 内，再通过连杆 4 带动摇杆 2 绕 B 轴往复摆动，该机构可看做变曲柄长度的铰链四杆机构。

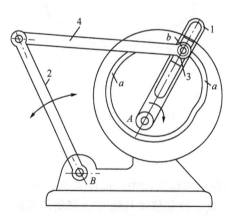

图 8-22　带固定槽的凸轮连杆机构

7. 带沟槽凸轮的齿轮连杆机构

在图 8-23 中，相互啮合的齿轮 1、2 分别绕固定轴线 A、B 转动，两轮齿数相同。在齿轮 1 和齿轮 2 上分别固接曲柄 7 和沟槽凸轮 6，连杆 3 上的滚子 8 嵌于凸轮 6 的沟槽 a 内，并与曲柄 7 铰接于 C 点；在连杆 3 和机架之间铰接由构件 4、5 组成的 II 级杆组 DEF。当齿轮 1 转动时，摇杆 5 绕 F 轴摆动。凸轮 6 的沟槽 a 的廓线应按摇杆 5 所需的运动规律设计。

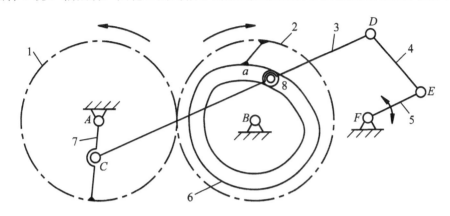

图 8-23　带沟槽凸轮的齿轮连杆机构

8.2.2　有急回特性的往复摆动机构

1. 摆动导杆机构

图 8-24 所示为摆动导杆机构，曲柄 AB 匀速转动，导杆 BC 往复摆动，摆角为 $\psi = \theta = 2\arcsin\dfrac{a}{b}$，$\theta$ 为极位夹角，其行程速度变化系数 $K = \dfrac{180° + \theta}{180° - \theta}$，摆动导杆机构具有急回特性。增大 $\dfrac{a}{b}$ 的值，可使摆角增大，K 值增大，急回特性更显著，但空回程速度变化剧烈，一般建议 $\dfrac{a}{b} < 0.5$，即 $\psi < 60°$。

在如图 8-25 所示的机构中，在摆动导杆机构 ABC 的摆杆 BC 的反向延长线的 D 点上加一个 II 级杆组（连杆 4 和滑块 5），成为六杆机构。主动曲柄 AB 匀速转动，滑块 5 在垂直 AC 的导路上往复移动，具有较大急回特性。改变连杆 ED 的长度，滑块 5 可获得不同的运动规律。若在滑块 5 上安装插刀，则此机构可作为插床实现插削运动的机构。

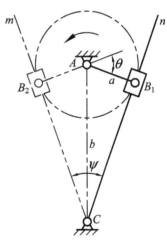

图 8-24　摆动导杆机构

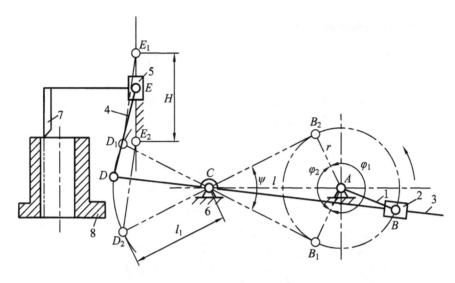

图 8-25　插床的插削运动机构

2．大摆角急回机构

如图 8-26 所示的摆动导杆机构的导杆 3 与节圆半径 r_3 的扇形齿轮固连。齿轮 3 与节圆半径为 r_2 的齿轮 2 啮合。当曲柄 1 匀速转动时，通过导杆 3 使扇形齿轮变速往复摆动并有与导杆 3 相同的急回特性。在扇形齿轮带动下，齿轮 2 也做具有急回特性的往复摆动，其摆角为：

$$\psi_2 = \frac{r_3\theta}{r_2} = 2\frac{r_3}{r_2}\arcsin\frac{a}{b}$$

式中，a 为曲柄 1 的长度；b 为机架 AC 的长度。

此机构可用于既要求急回又要求大摆角的场合。

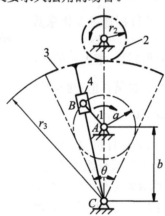

图 8-26　大摆角急回机构

3．双导杆机构

在如图 8-27 所示转动导杆机构 ABC 的基础上，串联第二级摆动导杆机构 $A'B'C'$，以转动导杆 $B'C$ 作为第二级导杆机构的曲柄 $A'B'$，并在摆动导杆 $C'B'$ 的延长线上的 D 点串联一个 II 级杆组，即连杆 DE 和滑块 E，则滑块 E 可获得更显著的急回特性。

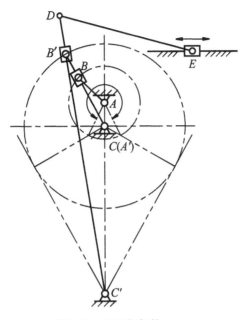

图 8-27　双导杆机构

4. 弹力急回机构

在图 8-28 中，主动件 1 是带圆弧槽 $\overset{\frown}{AB}$ 的圆盘，执行构件是推杆 5，滚子 2 在 $\overset{\frown}{AB}$ 槽内运动，杆 4、6 受弹簧 3、3′ 的作用。在图示位置，主动盘 1 匀速转动，圆弧槽 A 端带动滚子 2，通过杆 4、6、滑块 7 使推杆 5 慢速向左移动，此时为工作行程。当主动盘转到某一位置时，逐渐被拉伸的弹簧把滚子 2 迅速从圆弧槽的 A 端拉向 B 端，并使推杆 5 快速退回右极限位置（急回）。当 A 端再一次转至与滚子 2 接触前，推杆 5 处于停歇状态。此机构由弹力产生急回特性，

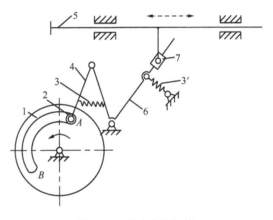

图 8-28　弹力急回机构

且有间歇运动特点。由于急回时有冲击，不宜用于高速场合。

5. 凸轮连杆机构

如图 8-29 所示的机构由凸轮机构 6、7、8、连杆机构 6、5、11 和连杆机构 1、4、3 组成。主动凸轮 7 转动时，通过 7 上的曲柄销 2 在导杆 1 的导槽中运动，带动导杆 1、连杆 4 使摇杆 3 往复摆动。当曲柄销 2 转动 $3\pi/2$ 角度（如图 8-29（a）所示位置）时，因凸轮向径不变，摆杆 6 处于远停程，杆 5、11 和导杆轴 10 均静止不动，杆 3 向右慢速摆动到右极限位置；当凸轮 7 及曲柄销 2 在另 $\pi/2$ 角度的运动过程（如图 8-29（b）所示位置）时，摆杆 6 摆动，并通过杆 5、11 带动导杆轴 10，从而使杆 3 又叠加一个运动而向左快速返回，且运动速度比较均匀。

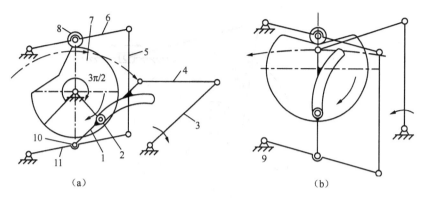

（a）   （b）

图 8-29 　开、关炉门的加料阀门

6．利用连杆轨迹设计的急回机构

在图 8-30 中，$OABC$ 为曲柄摇块机构，e 为连杆 AC 上 C 点所走的轨迹。若选定轨迹上的 C' 点和 C 点为摆杆 DE 处于两个极限位置时的对应点，则当曲柄转过角度 φ_0 时，摇杆 DE 快速摆回角度 ψ_0。适当选择 D、E 两点的位置，即可得到所需的 ψ_0 值。按照同样的道理，也可用铰链四杆机构的连杆轨迹，设计出所需的急回机构。

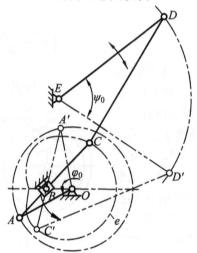

图 8-30 　利用连杆轨迹设计的急回机构

第9章

间歇运动机构和换向机构

间歇运动机构是指主动件连续运动（连续转动或连续往复移动）时，从动件产生周期性的运动和停歇的机构。换向机构是指通过手柄、操纵杆、挡块等改变从动件的运动方向或同时也改变传动比的机构。

这些机构常应用于机床、电子机械、轻工机械等各种设备中，尤其是广泛应用于自动生产线的转位机构、步进机构、计数装置和许多复杂的自动机械中，用于实现送进、转位、分度、工件传送等运动，并能完成夹持、装配、包装等功能。随着机械自动化程度、精确程度及生产率的提高，这类机构的应用将日益广泛，对其性能的要求也越来越高。

间歇运动机构的分类方法很多，按照从动件运动形式的不同，可分为间歇转动机构、间歇摆动机构和间歇移动机构，本章将重点介绍这 3 类间歇运动机构及换向机构。

9.1　间歇转动机构

间歇转动机构是指主动件连续运动时，从动件做周期性间歇转动的机构。除机械原理教材中已介绍过的槽轮机构、棘轮机构、凸轮式间歇转动机构、不完全齿轮机构等间歇转动机构外，更多情况下的间歇转动机构是为改善传动性能，与其他机构组合起来，构成组合机构来实现间歇转动的。下面介绍几种组合式的间歇转动机构。

9.1.1 凸轮控制的间歇转动机构

1．凸轮控制离合器实现间歇转动的机构

在图 9-1 中，主动轴 I 匀速转动，通过离合器 4 带动从动轴 II 转动，同时又经过蜗杆 1 带动蜗轮 2 转动。当固接于蜗轮上的凸块 A 推动杆 3 使离合器 X 脱离时，轴 II 停止转动。因而，通过凸轮机构控制离合器的离合将主动轴 I 的匀速转动转换为从动轴 II 的间歇转动。轴 II 的动、停时间比可以通过更换凸块 A 来调整。

该机构可用于同轴线间传递间歇转动的场合，以机械方式周期性地控制离合器的离合。

2．凸轮控制定时脱啮的齿轮-连杆机构

在图 9-2 中，带齿条的连杆 5 可在摇块 4 的槽中滑动，摇块 4 又与 3 铰接，齿轮 6 的转轴上装有滚子，并嵌在 3 的导槽中，当凸轮 1 通过杠杆 2 使 3 下部的齿条和齿轮 6 啮合，并使连杆 5 上的齿条和齿轮 6 脱离时，齿轮 6 被锁住。当凸轮 1 通过杠杆 2 使 3 下部的齿条和齿轮 6 脱离啮合，并使连杆 5 上的齿条和齿轮 6 啮合时，齿轮 6 开始运动。所以齿轮 6 的停动时间均受凸轮的控制。该机构可用于平行轴线间传递间歇转动的场合，以机械方式周期性地控制从动件的停动时间。

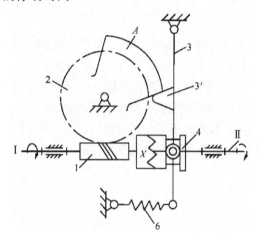
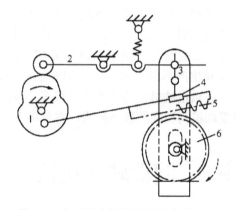

图 9-1　凸轮控制的间歇转动机构　　　　图 9-2　定时脱啮的齿轮-连杆机构

9.1.2 槽轮组合机构与棘轮组合机构

1．凸轮-槽轮机构

图 9-3 所示为凸轮机构与槽轮机构的组合。主动构件 1 上装有圆销 A，它可在有弹簧 4 支撑的滑槽中移动，当构件 1 等速转动进入固定凸轮 3 的曲线导槽时，圆销 A 即沿曲线导槽运动，由曲线槽控制销 A 的回转半径，可使槽轮 2 做近似等速转动。

该机构可按要求的运动规律合理设计凸轮曲线导槽，以改善槽轮的动力特性，但由于曲线

和圆销之间存在间隙，槽轮运动欠平稳，所以只用于要求不高的场合。

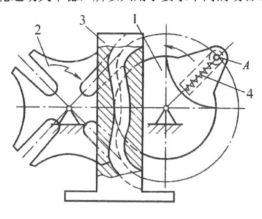

图 9-3   凸轮–槽轮机构

2. 连杆–槽轮机构

图 9-4 所示为曲柄摆动导块–槽轮组合机构。驱动槽轮 2 的圆销 A 安装在曲柄摆动导块机构 O_3BO_1 中导杆 1 的外伸端上，当曲柄 3 转动时，导块摆动，导杆末端圆销中心 A 点的轨迹 γ 不再是一个圆，从而可改善槽轮 2 的动力学特性。

3. 椭圆齿轮–槽轮机构

图 9-5 所示的椭圆齿轮–槽轮机构的功能是将主动轴的匀速转动转换为平行从动轴的间歇转动。采用两个尺寸相同的椭圆齿轮 1、2 作为槽轮机构的前置传动机构，齿轮 1、2 分别绕各自的焦点 A、B 转动，焦点 A、B 的距离等于椭圆长轴长。当主动椭圆齿轮 1 匀速转动时，带动与从动椭圆齿轮 2 固连的槽轮拨杆 $2'$ 转动，从而带动从动槽轮 3 做间歇转动。

椭圆齿轮机构的重要传动特征是当主动轮 1 做等速转动时，从动轮 2 会随之做特定规律的变速转动，从而带动与之固连的槽轮拨杆 $2'$ 做变速转动。若 $2'$ 在角速度大的情况下带动槽轮 3 转动，则可缩短槽轮的运动时间。如机床转位机构可用此方法缩短辅助时间，增加工作时间。若 $2'$ 在角速度较低的时候带动槽轮运动，则可以降低槽轮的最大角加速度，降低槽轮进入和退出时的振动冲击，使槽轮的运动更加平稳可靠。

该机构的特点是采用椭圆齿轮作为槽轮机构的前置机构，通过改变椭圆齿轮的离心率，可以设计出任意运动系数的槽轮机构。该机构可用于平行轴线间传递间歇转动的场合，如自动生产线中的传送和转位机构。

4. 连杆–齿轮–棘轮机构

在图 9-6 中，曲柄 1 绕 F 点转动，经连杆 2、5 驱动滑块（齿条）7 往复移动，并推动与滑块 7 啮合的齿轮 8 往复摆动。由于杆 10 与齿轮 8 固结，棘轮 9 又空套在 A 轴上，齿轮 8 往复摆动时，棘爪 11 推动棘轮 9 间歇转动。通过销子 4 将滑块 6 固定在不同位置，可改变固定铰链 D 的位置，以调节棘轮 9 的转角。

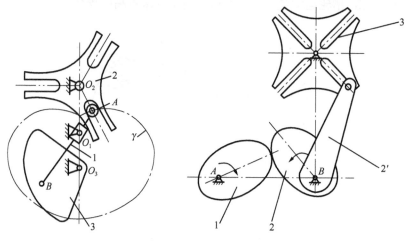

图 9-4　曲柄摆动导块-槽轮机构　　　　图 9-5　椭圆齿轮-槽轮机构

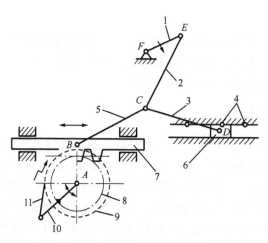

图 9-6　连杆-齿轮-棘轮机构

5. 连杆-棘轮机构

如图 9-7 所示的机构由八杆机构和棘轮机构组成。曲柄摇杆机构 O_1ABO_3 中，摇杆 BO_3 上的 C 点分别铰接两个 II 级杆组 CDO_8、CEO_8 组成八杆机构。D、E 铰链上铰接的棘爪 9、10 与棘轮 8 组成双棘爪机构。当主动曲柄 1 转动时，通过摇杆 3 和连杆 4、6 带动摆杆 5、7 做相反方向的摆动。当摆杆 5 顺时针摆动时，棘爪 9 推动棘轮 8 顺时针摆动，而摆杆 7 逆时针摆动带动棘爪 10 在棘轮齿背上滑过。同理，摆杆 5 逆时针摆动时，由棘爪 10 推动棘轮转动，而棘爪 9 在棘轮齿背上滑过，实现了从动棘轮的间歇转动。该机构应用于纺织行业中棉毛机的卷布装置。

6. 凸轮-棘轮机构

图 9-8 所示为棘爪由凸轮驱动的棘轮机构，棘爪 2 装在摇杆 3 上，由凸轮 4 通过滚子 5 驱动。f 是与摇杆 3 连成一体的锁住钩。图 9-8（a）处于满推位置，棘轮 1 已被棘爪 2 和锁住钩 f 锁住。待凸轮 4 继续沿图示箭头方向旋转，凸轮大圆弧廓线部分转过以后，其廓线使摇杆 3

顺时针方向转动，如图 9-8（b）所示，棘爪 2 与锁住钩 f 均与棘轮 1 脱开，棘爪落入另一棘齿内。凸轮 4 继续旋转，又开始推动棘爪 2 做逆时针旋转。待凸轮的大圆弧廓线部分与滚子接触时，棘爪 2 与锁住钩 f 又锁住棘轮。

凸轮驱动的棘轮机构只要设计出适当的凸轮廓线，就容易满足生产商所需要的动停比要求。

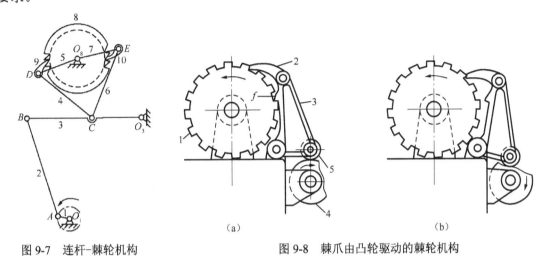

图 9-7　连杆-棘轮机构　　　　图 9-8　棘爪由凸轮驱动的棘轮机构

9.2　间歇摆动机构

间歇摆动机构是指主动件连续运动时，从动件做周期性间歇摆动的机构。常见的间歇摆动机构包括连杆机构、齿轮机构、凸轮机构、槽轮机构以及它们的组合机构等。

根据从动件停歇位置的不同，分为单侧停歇、双侧停歇和中途停歇 3 种间歇摆动机构。单侧停歇摆动机构是指从动件在摆动的某一侧极限位置有停歇的机构。双侧停歇摆动机构是指从动件在摆动的两侧极限位置均有停歇的机构。中途停歇摆动机构是指从动件在摆动过程中有停歇的机构。下面分别予以介绍。

9.2.1　单侧停歇的摆动机构

1. 连杆曲线直线段单侧停歇摆动机构

在图 9-9 中，主动曲柄 AB 通过四杆机构 $ABCD$ 的连杆 BC 上的 M 点带动 II 级杆组 MEF，使从动件 EF 绕 F 点做间歇摆动。连杆上 M 点的轨迹 m 中 M_1M_2 段近似直线，在此位置上连杆带动滑块 1 在从动件 2 上移动，使从动导杆 2 近似停歇。

该机构主要利用连杆曲线的直线段实现从动件的单侧停歇摆动，可用于轻工机械、自动生产线和包装机械中运送工件或满足某种特殊的加工工艺要求。

2. 锁止弧锁止单侧停歇摆动机构

在图 9-10 中，主动曲柄 1 通过连杆 2 使摇杆 3 摆动，摇杆 3 上滚子 A 在 $\overgroup{A_1A_2}$ 圆弧范围内摆动，从而带动从动摆杆 4 做间歇摆动，即当滚子 A 由摆杆 4 的沟槽中脱离时，在 $\overparen{AA_1}$ 圆弧范围内，摇杆 3 上的锁止弧 B 锁住摆杆 4，使摆杆 4 停歇不动；当滚子 A 进入摆杆 4 的沟槽时，在 $\overparen{AA_2}$ 圆弧范围内，则带动摆杆 4 摆动。

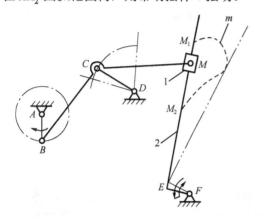

图 9-9　连杆曲线直线段单侧停歇摆动机构

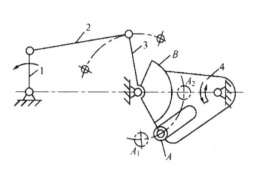

图 9-10　锁止弧锁止单侧停歇摆动机构

3. 实现单侧停歇摆动的连杆机构

如图 9-11 所示的机构由铰链四杆机构 OABC 与 Ⅱ 级杆组 MDF 串联组成，构件 MD 的长度等于 M 点轨迹上某一近似圆弧段的圆弧半径。

当主动曲柄 OA 连续转动时，连杆 AB 上的点 M 按图中轨迹 m 运动，通过 MD 杆带动摆杆 FD 往复摆动。铰链中心 D 应这样选择：使得构件 FD 在一侧极限位置时，D 点和 M 点轨迹上近似圆弧段的圆心重合，因此，构件 FD 在这段时间内是静止的。

该机构的特点是利用连杆曲线的圆弧段实现了从动件的单侧停歇摆动。该机构可用于轻工机械、自动生产线和包装机械中运送工件或满足某种特殊的工艺要求，实现某种加工。

该机构中各杆长度可参考下列比例：$\overline{AB} = \overline{BC} = \overline{BM} = 1$；$\varphi = 114°$；$\overline{OA} = 0.305$；$\overline{OC} = 0.76$；$\overline{MD} = 0.66$；$\overline{FD} = 0.8$；$\overline{CF} = 1.66$；$\overline{OF} = 2.36$。

4. 实现单侧停歇摆动的共轭凸轮机构

图 9-12 所示是实现单侧停歇摆动的形封闭共轭凸轮机构。主、副凸轮 1、1′ 固结，廓线分别与从动摆杆 3、3′ 上的滚子 2、2′ 相接触。摆杆 4 与摆杆 3、3′ 杆刚性连接。该机构的功能是将主动件的连续的匀速转动转换为从动件单侧停歇的摆动运动。

主动凸轮逆时针匀速转动，当主动凸轮 1 向径渐增的廓线与滚子 2 接触时，推动摆杆 3 带动摆杆 4 逆时针摆动，当副凸轮 1′ 向径渐增的廓线与滚子 2′ 接触时，推动摆杆 3′ 带动摆杆 4 顺时针摆动至右极限位置后，主、副凸轮的廓线在 a-a 和 a′-a′ 两段同心圆弧段，从而使从动摆杆 4 有一段静止时间，实现了单侧停歇。

该机构的特点是利用共轭凸轮实现从动件的往复摆动，利用主、副凸轮廓线的两段同心圆弧实现从动件的单侧停歇。该机构可用于纺织机械中作为织机的打纬机构。

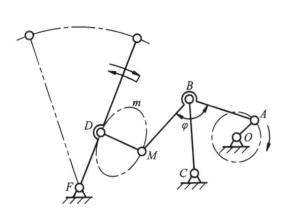

图 9-11　实现单侧停歇的连杆机构

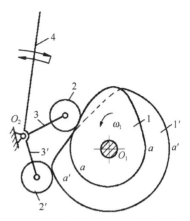

图 9-12　实现单侧停歇的共轭凸轮机构

5．实现单侧停歇的连杆齿轮机构

如图 9-13 所示的机构由五连杆机构和行星轮组成。主动曲柄 2 是行星架。行星轮 3 与固定中心轮 1 的节圆半径比为 1∶5，连杆 4 与轮 3 在节圆上的 A 点铰接。

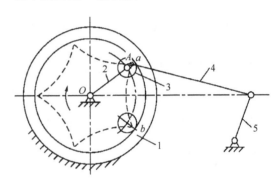

工作原理：内齿轮 1 固定，当行星架 2 转动时，行星齿轮 3 上 A 点的轨迹为内摆线，其每一支近似为圆弧。若取连杆 4 的长度等于该圆弧的半径 r，则当 A 点在 ab 段上运动时，摆杆 5 将做长时间的近似停歇。

该机构的特点是利用轨迹的近似圆弧实现单侧停歇的摆动运动。若以滑块代替摇杆，可实现单侧停歇的移动运动。这类机构可实现长时间的停歇，可用于自动机或自动生产线上工件运送至工位后等待加工或实现某些工艺要求。

图 9-13　实现单侧停歇的连杆齿轮机构

9.2.2　双侧停歇的摆动机构

1．连杆曲线圆弧段双侧停歇摆动机构

在图 9-14 中，主动曲柄 OA 通过四杆机构 $OABC$ 的连杆 AB 上的点 M 带动从动件 DF 往复摆动。但因为 M 点的轨迹有两段曲率近似相同的圆弧，而 DM 长度恰好等于两圆弧的曲率半径，且 D 和 D' 分别位于曲率中心，从而使摆动从动件 DF 做两极限位置有停歇的摆动运动。

2．齿轮连杆双侧停歇的摆动机构

如图 9-15 所示为齿轮连杆双侧停歇的摆动机构，该机构由曲柄摇杆机构和不完全齿轮机构组成。当主动曲柄 1 匀速连续转动，通过连杆 2 带动摇杆（扇形板 3）往复摆动，在扇形板 3 上装有可移动的齿圈 4。当 1 带动扇形板 3 顺时针转动时，扇形板 3 上的挡块 A 推动齿圈 4

与齿轮 5 啮合，使齿轮 5 逆时针转动。当扇形板 3 逆时针回摆时，齿圈 4 在扇形板 3 上滑动，这时齿圈 4 与齿轮 5 相对静止，齿轮 5 停歇不动，直至扇形板 3 上的挡块 B 推动齿圈 4，齿轮 5 才顺时针转动。扇形板 3 再次变向摆动时，齿轮 5 也同样有一段停歇时间。

如果改变挡块 B 与齿圈的间距 l 的弧长，可调整齿轮 5 的停歇时间。

该机构可用于自动线中，实现双工位加工。

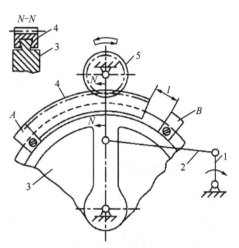

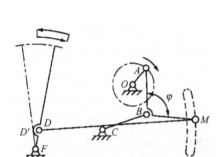

图 9-14 两极限位置停歇的摆动机构

图 9-15 双侧停歇的摆动机构

3．齿轮摆杆双侧停歇的摆动机构

如图 9-16 所示的机构包括锥齿轮 1、2、3 组成的定轴轮系和摆动导杆机构。柱销 A_2、A_3 分别安装在锥齿轮 2、3 的内侧，相差 180°。该机构的功能是将轴 1 的连续转动变换为导杆 4 两侧停歇的摆动。

主动轮 1 匀速转动，驱动大齿轮 2、3 同步反向转动。当锥齿轮 2 上的柱销 A_2 到达位置 6 时，开始进入摆动导杆 4 的直槽中，带动导杆顺时针摆动，至位置 5 时退出直槽，导杆 4 在一侧极限位置停歇。直至齿轮 3 上的柱销 A_3 到达位置 5，进入杆 4 的直槽内带动导杆逆时针摆回，至位置 6 退出直槽，导杆 4 在另一侧极限位置停歇。

该机构可用于双侧需等时停歇的摆动运动场合，如用做双筒机枪的交替驱动机构。

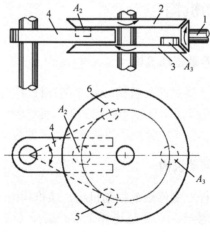

图 9-16 双侧停歇的齿轮摆杆机构

4．凸轮连杆双侧停歇摆动机构

如图 9-17 所示的机构为采用一个转动的等宽凸轮，实现从动摆杆双侧停歇的摆动机构。

凸轮 1 的轮廓有三段等圆弧，当其绕机架上的 A 点转动时，带动连杆 2 绕滑块 4 上的 B 点摆动，滑块 4 在导轨 3 的凹槽上滑动，使从动摆杆 5 绕机架上的 D 点摆动。当凸轮转到等圆弧段时，杆 5 在滑块 4 的两个极限位置处停歇。

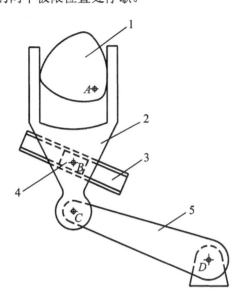

1—凸轮；2—连杆；3—导轨；4—滑块；5—从动杆

图 9-17 凸轮连杆双侧停歇摆动机构

9.2.3 中途停歇的摆动机构

1．利用直线段的连杆曲线实现中途停歇的摆动机构

在图 9-18 中，铰链四杆机构 $ABCD$ 中，连杆 2 上延伸点 E 的连杆曲线上有一直线段 E_1E_2，在 E 点从 E_1 移动到 E_2 的过程中，利用该连杆曲线的直线段可以实现具有中间停歇的输出导杆的摆动运动。

2．利用圆弧段的连杆曲线实现中途停歇的摆动机构

在如图 9-19 所示的机构中，铰链四杆机构 $OABC$ 中，主动曲柄 OA 转动时，连杆 AB 上的 M 点和连杆 DM 驱动摆杆 DF 做往复摆动。因为 M 点的轨迹 m 的一段曲线与以 DM 为半径、D 为圆心的圆弧近似，即 D 是该段曲线的曲率中心，则当 M 在这段曲线上运动时，从动件摇杆 DF 做近似停歇。该机构各杆长度可参考下列比例：$\overline{AB} = \overline{BC} = \overline{BM} = 1$，$\overline{MD} = 1.603$，$\overline{AO} = 0.54$，

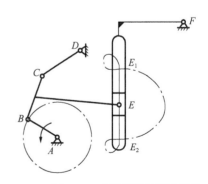

图 9-18 中途停歇的摆动机构

$\overline{FD}=0.695$，$\overline{CO}=1.3$，$\overline{CF}=1.8$，$\overline{OF}=2.78$，$\varphi=80°$。

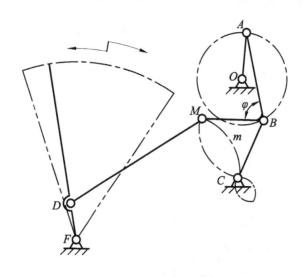

图 9-19　中途停歇的摆动机构

9.3　间歇移动机构

间歇移动机构是指主动件连续运动时，从动件做周期性间歇移动的机构。常见的间歇移动机构包括连杆机构、齿轮机构、凸轮机构、棘轮机构、摩擦轮机构以及它们的组合机构等。根据从动件停歇形式的不同，分为单侧停歇、双侧停歇、中途停歇和单向停歇（步进机构）4 种间歇移动机构。单侧停歇移动机构是指从动件在某一侧停歇的间歇移动机构；双侧停歇移动机构是指从动件在两个极限位置均有停歇的间歇移动机构；中途停歇移动机构指在中途有停歇的机构；单向停歇移动机构是指从动件作单方向时停时动的移动机构。下面分别予以介绍。

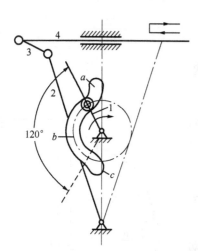

图 9-20　单侧停歇曲线槽导杆机构

9.3.1　单侧停歇的移动机构

1．单侧停歇曲线槽导杆机构

在图 9-20 中，导杆 2 上的曲线导槽由 3 段圆弧 a、b、c 组成。当曲柄 1 为主动件通过滚子带动导杆 2 摆动时，在图示 120° 范围内，滚子的运动轨迹与曲线槽 b 段的圆弧重合，使导杆做单侧停歇。再由导杆 2 通过连杆 3 带动滑杆 4 做单侧停歇的往复移动。该机构用于食品加工机械中作为物料的推送机构，其特点为结构紧凑、制造简单、运动性能好并有急回作用，但噪声大，不适用于高速。

2.行星轮旋轮线间歇移动机构

我们可以用行星轮系与 α 级杆组的串联组合机构实现各种停歇运动，如图 9-21 所示，主动系杆 AB 以铰链 B 带动行星轮 2 运动，行星轮 2 与固定中心轮 3 内啮合，两轮的齿数比 $z_3/z_2 = 3$，点 C 位于行星轮 2 的节圆圆周上，则点 C 的轨迹为 3 段圆内旋轮线 $C_1C_2C_3$。

旋轮线 C_3CC_1 近似于圆弧。连杆 4 的长度设计成与该圆弧的半径相等。输出滑块 5 的导路通过圆弧的中心 D。因此，当点 C 从位置 C_3 运动到位置 C_1 时（相应的主动行星架 AB 转过 $120°$），输出滑块 5 在右极限位置上近似停歇，停歇时间相当于一个运动周期的 1/3。

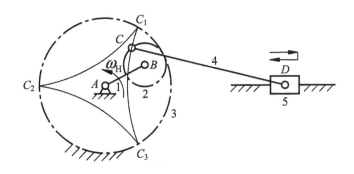

图 9-21　行星轮旋轮线间歇移动机构

3.滑块行程一端有停歇的移动机构

在图 9-22 中，主动导杆 3 通过滚子 2 驱动滑块 1 做往复移动。滚子 2 运动的同时受固定凸轮 4 上的沟槽限制，沟槽上有一段凹圆弧，曲率半径相当于连杆 5 的杆长 r，其曲率中心恰好在滑块 1 的铰链上，故使从动滑块 1 做往复运动时，在其行程一端有停歇。

4.移动导杆有单侧停歇的机构

在图 9-23 中，摆杆 1 驱动导杆 2 沿导轨 3 上的直槽往复运动。当导杆 2 上的导槽有一段圆弧与摆杆 1 的转动半径相等时，在左侧极限位置，导杆 2 产生停歇。

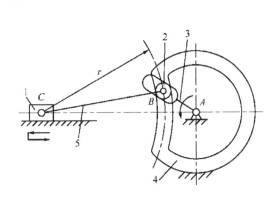

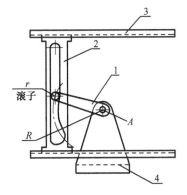

1—摆杆；2—导杆；3—导轨

图 9-22　滑块行程一端有停歇的移动机构　　　图 9-23　移动导杆有单侧停歇的机构

9.3.2 双侧停歇的移动机构

1. 滑块上下端停歇的移动机构

在图 9-24 中，曲柄摇杆机构中连杆 BC 上 E 点的轨迹在 $\overset{\frown}{mn}$、$\overset{\frown}{qp}$ 段均与以 $\overline{EF}$ 为半径的圆弧近似，圆弧中心分别为 F、F'。在 FF' 线段的垂直平分线上取 G 点，设置绕 G 点摆动的摆杆 2，并用摆杆 2 来带动滑块 1 作上、下端有停歇的往复移动。该机构用于纺织机械的喷气织机开口机构中，利用滑块在上、下位置上的停歇引入纬纱。

2. 从动件在上下端停歇的等宽凸轮机构

在图 9-25 中，当偏心的等宽凸轮旋转时，移动从动件在上下两个极限位置可获得较长停歇。偏心凸轮由 3 条大圆弧 R 和三条小圆弧 r 组成，且三条圆弧的中心 A、B、C 构成一个等边三角形。当凸轮绕偏心 A 点转动时，从动框架 2 沿着导轨 3 上下移动，在上下两极限位置有较长的停歇。框架的宽度要求等于 R 与 r 之和。

3. 不完全齿轮间歇移动导杆机构

在图 9-26 中，不完全齿轮 1 与外凸锁止弧固联，其中 1 上只有 9 个齿且为主动件，齿轮 6 上有 20 个齿并与内凹锁止弧 5 固联，5 又与滑块 3 铰接。不完全齿轮 1 以 9 个齿驱动齿轮 6 转动半周后，锁止弧 2 与 5 接触，使 5 与 4 均静止不动。齿轮 1 每等速转动两周，滑块 4 完成一次往复移动，并在行程的两端各有一段停歇时间。

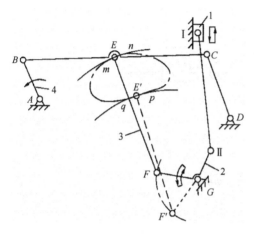

图 9-24　滑块上下端停歇的移动机构

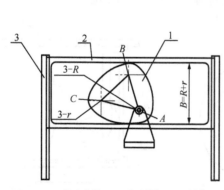

1—偏心凸轮；2—从动框架；3—导轨

图 9-25　从动件在上下端停歇的等宽凸轮机构

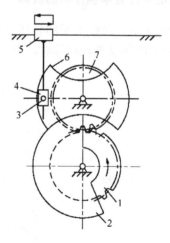

图 9-26　不完全齿轮间歇移动导杆机构

9.3.3　中途停歇的移动机构

如图 9-27 所示为滑块行程中间停歇的移动机构，主动件 1 的内部滑槽中装有弹簧 2，以支撑可移动的插销 3。插销 3 由两部分组成，左端为滚子，右端为销块。当插销 3 的销块嵌在圆盘 5 的缺口 K_1 中时，杆 1 带动圆盘一同转动。当经过固定挡块 4 前端的斜面时，A 将插销 3 上的滚子向左推移，使插销 3 上的销块从圆盘 5 的缺口 K_1 中拔出，圆盘 5 即停止转动。由圆盘 5 驱动的滑块 6 不动，并在弹簧定位销 7 的作用下可靠地定位在 a_1 处。当杆 1 转至缺口 K_2 处时，在弹簧 2 的作用下插销 3 嵌入 K_2 中，继续带动圆盘 5 一同转动，直至主动件 1 再次经过挡块 4 重复第 2 次停歇。主动件每转两周，圆盘 5 转 1 周，滑块 6 在 a_1、a_2 两处停歇。

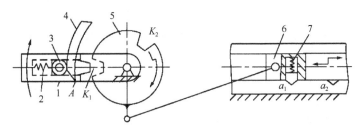

图 9-27　滑块行程中途停歇的移动机构

9.3.4　单向停歇的移动机构

单向停歇的移动机构指从动件作单方向的时停时动的移动（即步进运动）的机构，通常用做工件的间歇送进机构。

1．槽条机构

在图 9-28 中，驱动构件 1 连续均匀转动，槽条 2 单向间歇移动。

2．棘齿条机构

在图 9-29 中，构件 1 为带棘爪的棱柱止动块，2 为棘齿条，3 为弹簧。

止动块 1 上的棘爪在弹簧的作用下恒压紧在棘齿条的齿槽中，当棘齿条 2 沿固定导轨 a 上移时，止动块 1 上的棘爪在齿背上滑过；若棘齿条 2 有下移趋势，止动块 1 上的棘爪压紧在棘齿条 2 的齿槽中，阻止其向下移动，实现棘齿条 2 的单向移动。这种带止动棘爪的棘齿条机构可作为反向止动机构，起制动作用。

3．摩擦轮机构

在图 9-30 中，2、3 为一对摩擦轮，2 为不完全摩擦轮，a 为工作圆弧段。工件 1 放置在固定导路 b 上。

主动轮 2 连续顺时针转动，当主动轮 2 上的 a 段圆弧廓线与工件 1 接触时，2、3 轮对滚，轮间的摩擦力使工件 1 左移送进。当主动轮 2 的廓线与工件脱离后，工件静止。主动轮 2 转 1 周，工件完成一个周期的送进和停歇动作。

摩擦轮机构结构简单，但为了可靠地送进，还需要加轴向压紧力。

摩擦轮机构是步进式的单向送进机构，可用于冲压机床等机械，作为板条形状工件的间歇送进机构。

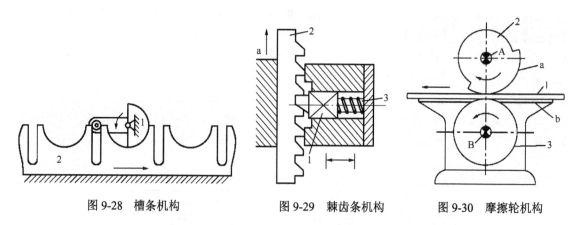

图 9-28　槽条机构　　　　图 9-29　棘齿条机构　　　　图 9-30　摩擦轮机构

9.4　换向机构

常见的换向机构是以棘轮机构、齿轮机构、连杆机构（杠杆）、摩擦轮机构、带轮机构及它们的组合机构等，加上手柄、操纵杆、挡块等完成换向功能。换向机构分周期性换向机构和非周期性换向机构两类。

9.4.1　周期性换向机构

1. 挡块式自动换向机构

如图 9-31 所示的机构是利用挡块进行换向的机构。由带轮 1、带 4、夹头 2、工作台 3、销子 5、弹簧 6 组成。B、C 为两端挡块，它们的位置决定了工作台的左右移动行程。

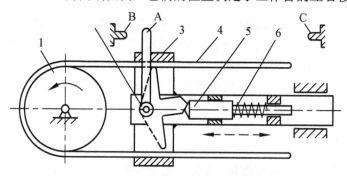

图 9-31　挡块式自动换向机构

主动带轮 1 带动带 4 逆时针转动，在图示位置中弹簧 6 通过销子 5 的斜面推动夹头 2 和工作台 3 的上部靠近并夹紧带 4，工作台 3 就由带 4 牵引左移。当夹头 2 的 A 端接触挡块 B 后，夹头 2 顺时针转动，当夹头 2 越过销子 5 的顶点后，又被销子 5 的另一侧斜面推动，使夹头 2

和工作台 3 的下部夹紧带 4，工作台 3 又被带牵引换向右移。当 A 碰到挡块 C 后再换向左移。

这种挡块式带牵引换向机构是周期性的自动换向机构，可用于自动机械或自动生产线中需要定时换向，两个方向均为等时、匀速的加工或传送的场合。

2．齿轮杠杆式换向机构

在图 9-32 中，齿轮杠杆式换向机构包括：由齿轮 1、2、4、5、6 组成的定轴轮系，由蜗杆 8、蜗轮 9 组成的蜗杆机构，杠杆 10，离合器 7。齿轮 2、6 空套于蜗杆轴 3 上，蜗杆轴 3 为从动轴。

齿轮 1 转动，带动齿轮 2 同时通过齿轮 4、5 使齿轮 6 与齿轮 2 做反向转动。处于第一种工作状态（图示位置）时，杠杆 10 使离合器 7 与蜗轮 2 上的牙轮嵌合，蜗杆轴 3 与齿轮 2 同速同向转动，并使蜗杆 8 带动蜗轮 9 转动，蜗轮 9 上有两个弧形凸台 a 和 d，此时杠杆 10 上的凸起 b' 正沿蜗轮 9 上的凸台 a 运动。当 b' 脱离 a 时进入第二种工作状态，弹簧 11 使杠杆逆时针转动，控制离合器 7 脱离蜗杆轴 3，与齿轮 6 的牙轮嵌合，蜗杆轴 3 与齿轮 6 同速同向转动，换向动作完成。此时杠杆 10 的凸起 b 正沿蜗轮 9 上的凸起 d 运动，当其脱离时，再换向进入第一种工作状态。这是周期性控制离合器做自动换向

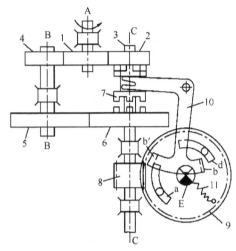

图 9-32　齿轮杠杆式换向机构

的机构，改变蜗轮 9 上凸台的位置，可改变两种状态的换向时间。此机构可用于工作轴变换转向和转速的场合。

周期性换向机构适用于自动化机械设备中。

9.4.2　非周期性换向机构

1．可换向的棘轮机构

如图 9-33 所示的棘轮机构为棘轮可变换转动方向的双向式棘轮机构。在如图 9-33（a）所示的机构中，棘爪 2 制成可翻转的。若棘爪 2 处在实线位置 AB，当摆杆摆动时，棘轮 3 按逆时针方向间歇转动；但把棘爪 2 翻转到虚线位置 AB' 时，棘轮 3 按顺时针方向间歇转动。

在如图 9-33（b）所示的机构中，棘轮 3 的棘齿是对称的，棘爪 2 下端的左侧（工作面）是垂直平面，右侧是倾斜面。在图示位置时，当摆杆 1 往复摆动时，棘爪的工作面与棘轮轮齿的右侧齿廓相接触，棘轮 3 逆时针方向间歇转动；若把棘爪 2 提起并绕其本身轴线转 180° 后再放下，则棘轮 3 顺时针方向间歇转动。若把棘爪 2 提起仅转动 90° 放下，棘爪 2 上的 a 面搁在摆杆 1 的 b 面上，棘爪 2 与棘轮 3 脱开，棘轮 3 静止不动。

2．三星轮换向机构

如图 9-34 所示的机构为定轴轮系，包括主、从动齿轮 1、2，装有惰轮 3、4 的三角板 H，三角板 H 固结于换向杆 h。当换向杆 h 在 Ⅰ 位置（H 在实线位置）时，齿轮的啮合路线为 1、

4、3、2，主、从动轮 1、2 的转向相反；h 在 II 位置时，惰轮 3、4 与主、从动轮均脱开，从动轮 2 静止；h 在 III 位置（H 在虚线位置）时，啮合路线为 1、3、2，4 轮脱开，主、从动轮转向相同。

这是一类靠手柄或换向杆控制啮合路线，达到换向目的的机构。

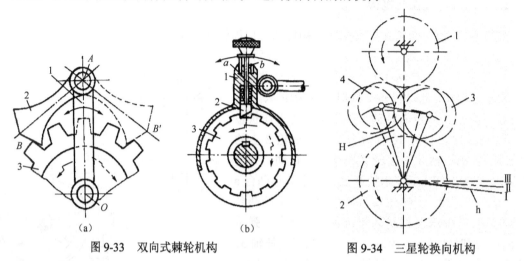

图 9-33　双向式棘轮机构

图 9-34　三星轮换向机构

3．圆锥齿轮换向机构

如图 9-35 所示是由圆锥齿轮组成的定轴轮系，I 为输入轴，II 为输出轴。齿轮 1、3 松套在轴 I 上，其侧面和半个连轴器固连，离合器块 4 用滑键连在轴 I 上，依靠杠杆 5 拨动该块左右移动，使轴 I 与齿轮 1 或齿轮 3 连接，从而实现从动轴 II 正、反两个方向的转动。

4．滑移齿轮换向机构

如图 9-36 所示的定轴轮系由滑移齿轮 4 和非滑移齿轮 1、2、3 组成，其中非滑移齿轮 1、2 为双连齿轮。齿轮 4 在换向杆的控制下可左右滑移，左移至实线位置时，啮合路线为 1、3、4，主、从动轴 I、II 同向转动；齿轮 4 右移至虚线位置时，齿轮 2、4 直接啮合，I、II 轴转向相反。

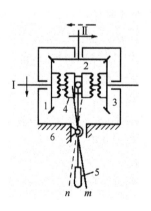

图 9-35　圆锥齿轮换向机构

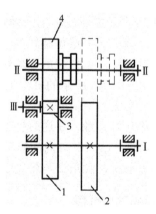

图 9-36　滑移齿轮换向机构

第 10 章

行程增大机构和可调机构

10.1 行程增大机构

行程增大机构一般由两个以上的各类基本机构组成，如连杆机构、齿轮机构、凸轮机构等机构不同的组合，以达到增大从动件的行程、紧凑结构的目的。

10.1.1 利用齿轮的行程增大机构

1. 曲柄齿轮齿条机构

在图 10-1 中，曲柄 1 的半径为 R，连杆一端与曲柄铰接，另一端与齿轮 3 铰接，齿轮 3 则与上、下齿条相啮合。

当主动曲柄 1 转动时，通过连杆 2 推动齿轮 3 与上、下齿条啮合传动。上齿条 4（或下齿条）固定，下齿条 5（或上齿条）往复移动，齿条移动行程 $H = 4R$。若将齿轮 3 改用双联齿轮 3、3′，其节圆半径分别为 r_3、r_3'，齿轮 3 与固定齿条啮合，齿轮 3′ 与移动齿条啮合，其行程为：

$$H = 2\left(1 + \frac{r_3'}{r_3}\right)R$$

由上式可知，当 $r_3' > r_3$ 时，$H > 4R$，故采用该机构可实现行程增大。

2. 大摆角的行星齿轮连杆机构

在图 10-2 中，$ABCD$ 为双摇杆机构，摇杆 3、4 分别绕固定轴 A、D 摆动，作为连杆的齿轮 2 分别与摇杆 3、4 铰接于 B、C 点，齿轮 2 与齿轮 1 啮合，而齿轮 1 铰接于摇杆 3 上的 E 点。当齿轮 1 整周转动时，摇杆 3、4 各做相应的摆动，其传动比分别为：

$$i_{13} = \frac{\omega_1}{\omega_3} = \frac{z_2}{z_1}\left(\frac{\overline{AB}}{\overline{BO}} + 1\right) + 1$$

$$i_{14} = \frac{\omega_1}{\omega_4} = \frac{z_2}{z_1}\left(\frac{\overline{CD}}{\overline{CO}} + \frac{\overline{PD}}{\overline{PA}}\right) + \frac{\overline{PD}}{\overline{PA}}$$

式中，$\omega_i = (i = 1, 2, 3, 4)$ 为构件 i 的角速度；$\overline{AB}$、$\overline{DC}$ 分别为摇杆 3、4 的长度；$\overline{BO}$、$\overline{CO}$ 分为 O 点至 B 点、C 点的距离，O 点为齿轮 2 的绝对速度瞬心；P 为 $\overline{BC}$ 与 $\overline{AD}$ 的交点，即摇杆 3、4 的相对瞬心（图中未画出）；z_1、z_2 分别为齿轮 1、2 的齿数。

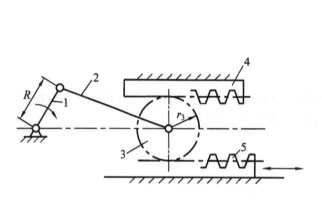 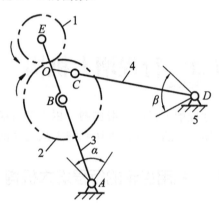

图 10-1　曲柄齿轮齿条机构　　　　图 10-2　大摆角的行星齿轮连杆机构

3. 行星轮系行程增大机构

如图 10-3 所示的机构是由齿轮 1（即机架）、2、3 和系杆 H 及连杆 5、滑块 4 组合而成的。齿轮 2、3 为行星轮，从动杆 CD 与行星轮 3 铰接于 C 点，机构中杆长 $AC = CD = R$，且 $z_1 = 2z_3$。

该机构的系杆 H 为主动件，绕 A 轴回转，通过行星轮 2、3 的啮合传动，使杆 CD 随之运动，D 点的直线轨迹距离为 $4R$。该机构相对于曲柄滑块机构的行程可增加两倍。

4. 周转轮系行程增大机构

如图 10-4 所示的机构是由双摇杆机构 4、2、5、8，周转轮系 1、2、3、4 和曲柄滑块机构 3、6、7、8 组成的，用于增大滑块 7 的行程。齿轮 1、2、3 的节圆半径分别为 r_1、r_2、r_3，均与摇杆 4（系杆）铰接，齿轮 3 还与连杆 6 铰接于 F，齿轮 2 与摇杆 5 铰接于 C。

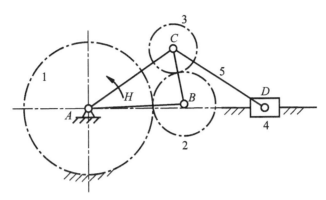

图 10-3　行星轮系行程增大机构

当齿轮 1 为主动件顺时针转动时，通过周转轮系及连杆 6 驱动滑块 7 做往复移动，行程 H 为：

$$H = \frac{a + r_2 + r_3}{d} \sqrt{2(b^2 + c^2) + 2(b^2 - c^2)\cos\theta} + 2l$$

$$\theta = \arccos\frac{a^2 + (c-b)^2 - d^2}{2a(c-b)} - \arccos\frac{a^2 + (b+c)^2 - d^2}{2a(b+c)}$$

式中，$a = \overline{AB} = r_1 + r_2$，$b = \overline{BC}$，$c = \overline{CD}$，$d = \overline{AD}$，$l = \overline{EF}$。

为保证 E 点由 E_1 到 E_2 时，F 点由 F_1 到 F_2，必须满足下列条件：

$$r_3 = r_2\frac{\pi + \theta}{\pi - \alpha} = r_2\frac{\pi + \theta}{\varphi_1 + \varphi_3 + \varphi_4}$$

式中，$\varphi_1 = \arccos\dfrac{a^2 + (b+c)^2 - d^2}{2a(b+c)}$，$\varphi_3 = \arccos\dfrac{d^2 + (b+c)^2 - a^2}{2d(b+c)}$，$\varphi_4 = \arccos\dfrac{d^2 + c^2 - (c-b)^2}{2bc}$

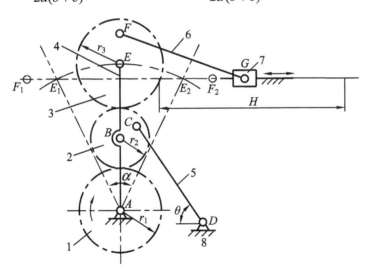

图 10-4　周转轮系行程增大机构

5. 齿轮摆杆行程增大机构

在如图 10-5 所示的机构中，带齿条的连杆 2 和扇形齿轮 3 啮合，同时连杆 2 又与摇块 4 构成移动副，以保证齿条与齿轮的正常啮合，齿轮 3 又与摇杆 ED 固连。曲柄 1 的长度为 r，当曲柄作为主动件转动时，通过齿条推动齿轮和摇杆 ED，带动滑块 6 往复移动，其往复移动的行程为：

$$H = 2\overline{ED}\sin(r/R)$$

式中，R 为扇形齿轮 3 的节圆半径，若 ED 较长，r/R 较小，则 $H \approx 2\overline{ED}(r/R)$。

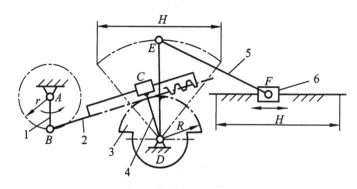

图 10-5 齿轮摆杆行程增大机构

6．凸轮齿轮连杆机构（1）

在图 10-6 中，凸轮 1 为主动件，从动摆杆 2 上设置有扇形齿弧，与齿轮 3 啮合。当凸轮 1 转动时，通过扇形齿弧 2、齿轮 3 及摆杆 4 等构件的运动使推板 5 按一定的运动规律往复移动。其中齿轮、连杆机构主要是用于放大推板行程，所需的放大比例根据实际需要确定。该机构可用做横包式香烟包装机推烟机构，也可用于其他载荷不大的推料或送进机构中。

7．凸轮齿轮连杆机构（2）

在图 10-7 中，盘形凸轮 2 绕固定轴 1 转动，通过滚子推动从动件 3 做往复移动，移动的行程为 H_1。在从动件 3 的滚子轴上装有扇形齿轮 4，齿轮 4 与固定在机架上的齿条 5 啮合，从而使扇形齿轮 4 的摆杆随从动件 3 做往复移动的同时兼做往复摆动，其外端点 A 运动行程的直线距离 $AA' = H$，显然，$H > H_1$，达到了增大行程的目的。

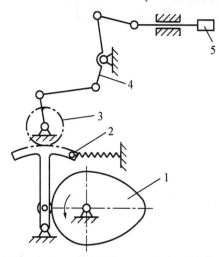

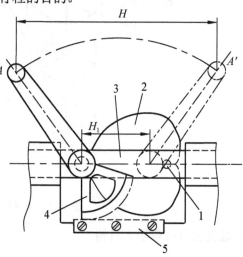

图 10-6 凸轮齿轮连杆机构（1）　　　　图 10-7 凸轮齿轮连杆机构（2）

10.1.2　利用连杆的行程增大机构

1. 梳毛机中的平面六杆机构

如图 10-8 所示的机构由曲柄摇杆机构 1、2、3、7 与导杆滑块机构 4、5、6、7 组成。导杆 4 与摇杆 3 固接，曲柄 1 为主动件，从动件 6 往复移动。

主动件 1 的回转运动转换为从动件 6 的往复移动。如果这个过程采用曲柄滑块机构来实现，则滑块的行程受到曲柄长度的限制；而该机构在同样曲柄长度的条件下能实现滑块的大行程。该机构可应用于梳毛机堆毛板传动机构中。

2. 自动手套机中的平面六杆机构

如图 10-9 所示的平面六杆机构是自动手套机中实现大行程往复运动的机构。机构由曲柄 1，构件 2、3、4、5 和机架组成，当曲柄 1 绕轴 O_1 回转时，通过该机构使滑块 5 实现预定的往复移动。该机构结构比较紧凑，可实现滑块 5 的大行程，且移动副位于机器的下方，便于润滑而不会污染工件。

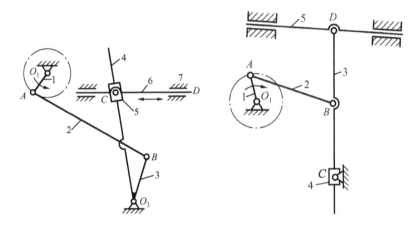

图 10-8　梳毛机中的平面六杆机构　　图 10-9　自动手套机中的平面六杆机构

3. 缝纫机中的六杆行程增大机构

如图 10-10 所示的机构由曲柄摇杆机构 1、2、3、6 与摆动导杆机构 3、4、5、6 组成。曲柄 1 为主动件，摆杆 5 为从动件。该机构的工作特点是：当曲柄 1 连续转动时，通过连杆 2 使摆杆 3 做一定角度的摆动，再通过导杆机构使从动摆杆 5 的摆角增大，从动摆杆 5 的摆角可增大到 200° 左右。该机构可用于缝纫机摆梭机构中。

4. 平行四边形行程增大机构

在图 10-11 中，构件 1 上端铰接于固定铰链 A，杆 2 下端与滑块 3 铰接，滑块 3 可在铅垂的导槽中滑动。构件 1、2 通过转动副 E 铰接，通过若干平行四边形铰接组成剪式伸缩架。该机构的右上端 C 与托叉 4 铰接，而右下端铰接滚子 D 且紧贴托叉 4 的铅垂面，并可沿该面上下滑动。

该机构在主动件 1 摆动时，通过多个平行四边形伸缩架可获得较大的伸缩行程，可应用于伸缩式叉车、铅垂升降机、伸缩式大门等。

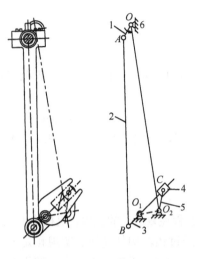

图 10-10　六杆行程增大机构

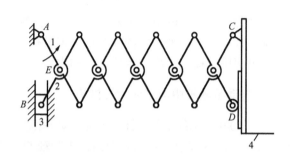

图 10-11　平行四边形行程增大机构

5. 双摆杆摆角增大机构

在图 10-12 中，主动摆杆 1 与从动摆杆 3 的中心距 a 应小于摆杆 1 的长度 r。当主动摆杆 1 摆动 α 角时，从动摆杆 3 的摆角 β 大于 α，实现了摆角增大，各参数之间的关系为：

$$\beta = 2\arctan\dfrac{\dfrac{r}{a}\tan\dfrac{\alpha}{2}}{\dfrac{r}{a}-\sec\dfrac{\alpha}{2}}$$

式中，a 为中心距，$\overline{O_1O_2}=a$；r 为摆杆 1 的长度。

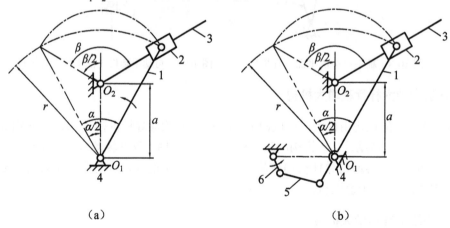

（a）　　　　　　　　　　　　　　　　　　　（b）

图 10-12　双摆杆摆角增大机构

由于是双摆杆，所以不能用电动机带动，只能用手动方式观察其运动。若要使用电动机带动，可按如图 10-12（b）所示的方式拼接。

10.1.3　利用凸轮的行程增大机构

1. 圆柱凸轮行程增大机构

凸轮机构的行程增加会引起压力角上升，导致凸轮运转不畅。如何有效增大凸轮机构的行程一直是一个难题。若改变凸轮做定轴固定转动的性质，使凸轮相对于机架既转动又移动，从动件实现凸轮的运动和自身相对于凸轮的运动两项运动的合成，从而放大凸轮行程，它是一种压力角和凸轮形状均无变化，而从动件行程增大的凸轮机构，如图 10-13 所示。

图 10-13（a）所示是在凸轮轴上装设一个可在轴线垂直方向上滑动的成 180°对称布置的二重盘状凸轮。主动凸轮 A 的滚子推杆固定在机架上。这样，主动凸轮 A 在凸轮轴驱动下，一边旋转，一边向上移动，其行程 S_A 由凸轮 A 的廓线所确定。与此同时，凸轮轴驱动主动凸轮 B 转动，凸轮廓线推动其滚子从动件沿垂直方向移动，其行程 S_B 由凸轮 B 的廓线所确定。因此，从动滚子推杆的总行程 S 就是两个凸轮机构行程之和，即：

$$S = S_A + S_B$$

采用这种凸轮机构 180°对称并联的方法，可以在不增加凸轮机构压力角的条件下，增加凸轮机构的行程。

图 10-13（b）所示为实现大行程的对称并联圆柱端面结构图。在凸轮轴上套着一个可沿轴向滑动的双端面圆柱凸轮，借助键连接传递回转运动。圆柱凸轮的上端面推动滚子摆杆摆动，下端面与固定滚轮相接触。凸轮轴驱动圆柱双端面凸轮转动时，滚子摆杆的滚子上升行程为两项之和，一项是由凸轮上端面曲面确定的行程 S_s，另一项是由凸轮下端面曲面确定的行程 S_x，摆杆滚子的总行程为：

$$S = S_s + S_x$$

采用这种将压力角分解在圆柱凸轮两端面的方法，可通过减小压力角来提高机构的工作效率。同时，采用凸轮机构 180°对称并联的方法又可以大幅度提高凸轮机构的行程。

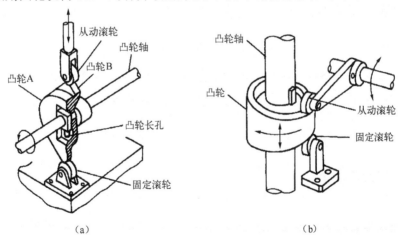

（a）　　　　　　　　　　　　　（b）

图 10-13　圆柱凸轮行程增大机构

该机构可用于自动装配机、二次加工机床等机械中。

2. 转动导杆与凸轮行程增大机构

实现凸轮机构增大行程的方法是采用"角度倍增传动"。图 10-14 所示是一种由转动导杆组成的角度倍增传动，其传动原理是当主动曲柄 1 顺时针转过 β 角时，从动导杆 2 顺时针转过 2β 角。其特点是主、从动件转向相同。

图 10-15 所示为增大行程角的转动导杆凸轮机构，它由对心盘状凸轮机构 CDE、转动导杆角度倍增传动 ABC 通过导杆 2 与凸轮 3 固连而成。要求凸轮连杆组合机构的从动件 4 具有较大的水平移动行程 S。

曲柄 1 为原动件，当曲柄 1 绕 A 轴从图示位置以顺时针方向转动 90° 时，导杆 2 与凸轮 3 一起绕 C 轴转过 180°。

如果去掉角度倍增传动 ABC，将凸轮 3 直接装在输入轴 A 上，就形成了偏心盘状推杆凸轮机构 ACD。这时如果输入轴 A 同样转 90°，则凸轮仅随之转 90°。那么在从动件升程 S 相同、许用压力角 $[\alpha]$ 值相同的情况下，偏心凸轮机构的凸轮尺寸要增大 1 倍左右。凸轮连杆组合机构常用于凸轮机构升程较大及升程角受到某些因素的限制而不能太大的情况下。

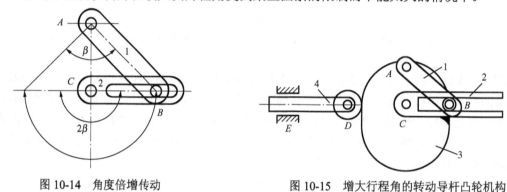

图 10-14　角度倍增传动　　　　　图 10-15　增大行程角的转动导杆凸轮机构

10.2　可调机构

可调机构主要指在连杆机构中，调节各杆长的相对尺寸及各铰链间的相对位置，以满足一定的运动学方面的要求。由于多数可调机构是在机构运动停歇的过程中进行人工手动有级调节或自动调节，其可控性程度较低。故有时也称可调机构为半可控机构。

可调机构常见的调节方法有螺旋调节、偏心调节、齿轮调节、导槽调节、牙板调节、定位销调节等。

10.2.1　可调连杆机构

1. 利用螺旋调节导杆长度

如图 10-16 所示为由曲柄 1、滑块 7 和导杆 2 组成一转动导杆机构，在导杆 2 上的滑槽中设有滑块 3，连杆 4 分别与滑块 3、6 构成转动副 D、C，滑块 6 可在固定槽 a 中移动；通过螺旋 8 可调节滑块 3 在导槽中的位置，即调节导杆长度 AD，从而改变从动滑块 6 的行程和运动规律。

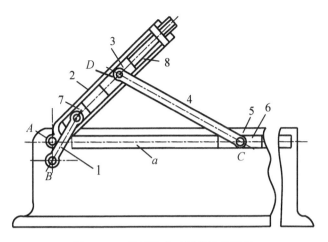

图 10-16　导杆长度可调的导杆机构

2．利用螺旋调节摇杆长度

在如图 10-17 所示的机构中，*EDCA* 为铰链四杆机构，连杆 2 上的圆柱孔与绕 *E* 点转动的偏心轮 1 相配组成转动副，绕 *A* 点摆动的摇杆 3 分别与连杆 2 和连杆 5 铰接于 *C* 点和 *B* 点，而与连杆 5 铰接在 *F* 点的滑块 4 位于固定导槽 *p* 内。这样，当偏心轮 1 回转时，可使滑块 4 沿导槽 *p* 往复运动。摇杆 3 上设置有螺旋，与 *B* 点处的螺母相配合。该机构可通过摇杆上的螺旋与螺母调节摇杆 3 的长度 *AB*，从而可调节滑块 4 的行程。

3．行程可调的凸轮连杆棘轮机构

如图 10-18 所示是行程可调的曲柄滑块棘轮机构。带曲线凹槽 *a* 的凸轮 1 绕定轴 *A* 转动，通过嵌入凹槽 *a* 的滚子推动摆杆 2 绕定轴 *B* 转动，经连杆 3 和棘爪 4 驱动棘轮 6 单向间歇转动。转动螺杆 7 可以调整螺母 8 的位置，即调整摇杆 *BC* 的长度，以改变摇杆 5 的摆角，从而达到调整从动棘轮 6 的摆动角度的目的。

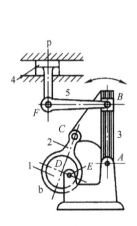

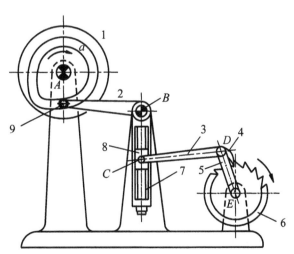

图 10-17　摇杆长度可调的连杆机构　　　图 10-18　行程可调的凸轮连杆棘轮机构

4．利用偏心轮调节摇杆长度

在如图 10-19 所示的机构中，$ABCD$ 为铰链四杆机构，其中摇杆 4 的圆柱孔与固定偏心盘 3 相配，两者相对位置可以调节，连杆 5 与摇杆 4 铰接在 E 点，连杆 5 又和活塞 2 铰接在 F 点，该活塞与固定汽缸组成移动副，当曲柄 1 回转时，可使活塞 2 沿固定导路 p—p 往复移动，当绕点 A 旋转偏心盘 3 时，可改变摇杆 4 的长度 AB 和 AE，调节好后，将该偏心盘紧固，这样可改变滑块 2 的行程及运动规律。

5．利用齿轮机构调节构件长度

如图 10-20 所示是利用蜗杆蜗轮机构调节机构中杆件的长度，从而改变摇杆的摆动角度。

双摇杆机构 A_0ABB_0，当主动链轮 1 转动时，通过链条使从动链轮 2 和连杆 AB 相对两摇杆做整周转动，从而使两摇杆分别作往复摆动。当转动蜗杆 4 使蜗轮 3 绕点 V_0 转动时，即可改变 B_0 点的位置以及双摇杆机构的机架长 A_0B_0，从而改变两摇杆具有一定相位差的摆角值。

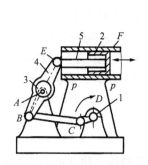

图 10-19 利用偏心轮调节摇杆长度

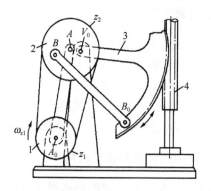

图 10-20 蜗轮蜗杆调节双摇杆机构

6．调节导槽位置

在如图 10-21 所示的机构中，滑块 3 的导槽 1 可绕 A 轴转动，从而改变该导槽与水平线的倾角 α，调节好后，将导槽 1 紧固，这样就可以改变滑块 2 和滑块 3 的往复运动规律。

还可以用调节曲柄长度、改变中心距等方法调节该机构的行程及运动规律。

7．调节支点位置

在如图 10-22 所示的六杆机构中，圆弧形导杆 4 与滑块 2 上圆弧形导槽 m 相配组成转动副，当曲柄 1 回转时，滑块 2 沿固定导路 n—n 往复移动。调节构件 3 上铰接点 F 的位置，调节好后，再将该构件紧固在机架上（紧固装置在图中未画出），这样可改变滑块 2 的行程及运动规律。

8．牙板调节机构

如图 10-23 所示，扇形牙板 a 及扳手杠杆 4 调节固定铰链 D 的位置。

曲柄 5 为主动件，扳手杠杆 4 的摆角范围为 2α，滑杆 3 的行程取决于扳手杠杆 4 啮入牙板 a 中的不同位置。

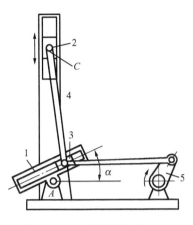

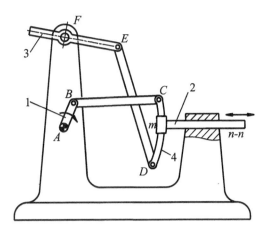

图 10-21　调节导槽位置　　　　　　图 10-22　调节支点位置

9．利用定位销调节棘轮的转角

如图 10-24 所示机构由连杆机构、齿轮机构及棘轮机构组成。曲柄 1 为主动件，通过连杆 2、5 和摇杆 3，使齿条 7 往复移动推动齿轮 8 绕 A 点转动。构件 10 与齿轮 8 固接并与棘爪 11 铰接，棘轮 9 空套在 A 轴上，由棘爪带动绕 A 轴间歇转动。为调节棘轮 9 的转角，将摇杆 3 的 D 端与定滑块 6 铰接，定滑块 6 由定位销 4 固定在所需位置。通过改变定滑块的位置，使摇杆 3 的运动发生变化，以调节棘轮 9 的转角。

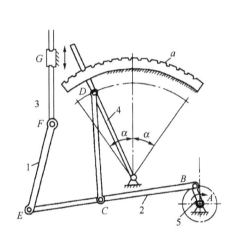

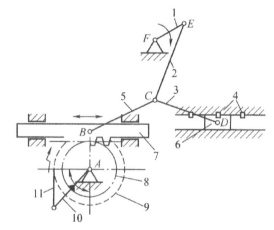

图 10-23　牙板调节机构　　　　　　图 10-24　利用定位销调节行程的机构

10.2.2　可调凸轮机构

传统凸轮机构结构简单，可实现任意运动规律，但凸轮轮廓一旦确定，从动件的运动规律不能柔性改变。为了能够改变从动件的运动规律，除了更换凸轮外，还可采用柔性改变凸轮形状法或增加辅助结构的方法来解决。

1. 廓线可调柔性凸轮机构

在如图 10-25 所示的机构中，凸轮 1 绕固定轴 O 转动，带动从动件在导路 B 中实现一定运动规律的往复移动。为改变凸轮形状和改变从动件的运动规律，可在凸轮 1 上装 4 片凸轮片，凸轮片（可调）上开有圆弧槽，它由销钉 A 与基圆盘 1 相连，把凸轮片旋转到合适的位置，然后用螺钉 C 紧固，也可以根据位置需要，只设置一片、几片或一组各种形状的凸轮片来达到柔性调节廓线的目的，该机构尤其适用于需要经常变换控制位置、运动规律的场合。

2. 廓线可变柔性凸轮机构

廓线可变柔性凸轮机构的特点是在基圆盘槽凸轮中装有凸轮片，它将图 10-25 中的 4 片凸轮片改成一片（或两片）凸轮片，如图 10-26 所示。除了在凸轮片（可调）上开有圆弧槽，凸轮片由销钉 A 与基圆盘槽凸轮相连外，该凸轮片的旋转中心 A 还可沿凸轮基圆盘上的环形槽移动，A、C 都可调，这样调整范围更大。

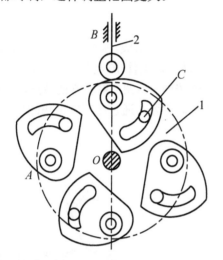 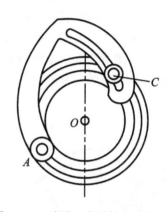

图 10-25　廓线可变的可调凸轮机构　　　图 10-26　廓线可变柔性凸轮机构

3. 可动凸轮机构

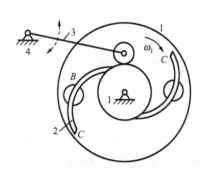

图 10-27　可动凸轮机构

如图 10-27 所示的凸轮机构要求凸轮 1 在第 1 转中，从动件 3 实现两次往复运动，而在第 2 转中，从动件停歇不动。实施的办法是将实现从动件两次往复运动的两段廓线做成两个单独的构件 2，它与凸轮盘 1 组成转动副 B，凸轮盘 1 呈台阶状，其中间的圆柱状凸起与廓线 2、从动件 3 在同一运动平面内。当凸轮盘 1 顺时针方向转动时，在第 1 转中，廓线推动从动杆 3 运动，当滚子越过 B 的中心点后，将廓线构件 2 推至其 C 端和凸轮盘 1 的中间凸起接触，故凸轮盘 1 在第 2 转中，从动件 3 的滚子始终与凸轮 1 中间凸起的圆柱面接触，即从动件 3 不动，而在滚子进入廓线 2 和凸轮 1 中间凸起的楔形空隙中时，将廓线构件 2 推回原位，以进入第 2 个循环状态。

第 11 章

差动机构和液、气动机构

11.1　差动机构

差动机构一般是指具有两个或两个以上自由度的机构，它需要给定两个或两个以上输入运动，才能有确定的输出运动。差动机构应用于各类机械、仪表中，作为微动机构、增力机构、误差补偿机构等，实现运动的合成、分解，力的均衡，差速、变速及任意轨迹等。差动机构通常为连杆机构、齿轮机构、螺旋机构、凸轮机构、滑轮机构及其组合机构。

11.1.1　差动连杆机构

1. 七杆机构和变形七杆机构

如图 11-1（a）所示为铰链七杆机构，是双自由度的差动机构。双自由度的差动机构若有两个输入，就可以获得一个确定的输出。图 11-1（a）中以构件 2 和构件 4 为主动件输入运动，从动件 3 输出合成运动，其输出取决于各构件的长度、位置和输入运动的规律。若将其中某些转动副转化为移动副，就可以得到多种变形七杆差动机构，图 11-1（b）所示即为其中的一种。

该类机构可用做数学运算机构，即以与构件 3 的运动方程式相近似的数学方程式为机构完成的数学运算。

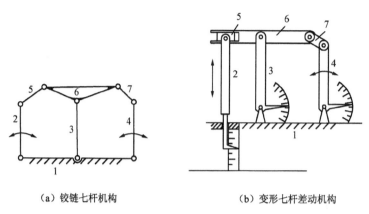

（a）铰链七杆机构　　　　　　　（b）变形七杆差动机构

图 11-1　铰链七杆机构

2．单轮刹车均衡机构

刹车时，将操纵杆 1 向右拉，通过由 2、3、4、5、6 构成的差动连杆机构，使与杆 4、6 固连的制动块以同样的速度和均衡的作用力作用于车轮，这样可避免车轮滚动刹车时受到附加制动力的影响，如图 11-2 所示。

3．曲柄滑块合成机构

如图 11-3 所示，将由 2、3、4 构成的曲柄移动导杆滑块机构和由 1、10、9 构成的曲柄移动导杆滑块机构用构件 7、8 相连接，便构成差动机构。若以曲柄 1、2 为主动件并按不同方向回转，则可通过滑块 5 使滑杆 6 输出往复移动。显然，滑杆 6 的运动是两个主动曲柄运动的合成。

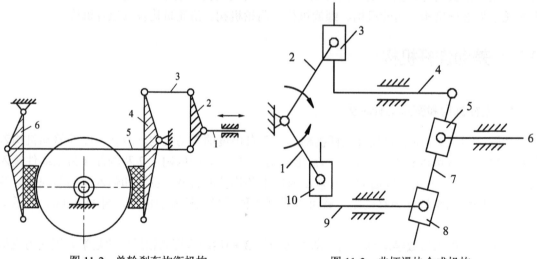

图 11-2　单轮刹车均衡机构　　　　　图 11-3　曲柄滑块合成机构

11.1.2　差动齿轮机构

1．差动轮系

差动轮系能够进行运动的合成与分解，是典型的差动机构。图 11-4（a）所示为 2K-H 型周转轮系，中心轮和行星架（系杆）H 均不固定时即为两个自由度的差动轮系，2 和 2′ 为行星轮。

该机构可用于纺织机械，作为粗纺机的差速机，如图 11-4（b）所示，主轴 I 的固定转速（n_1）与齿轮 II 的转速（n_H）合成，产生纱筒的复杂运动（n_3），齿轮 II 由变速器带动。

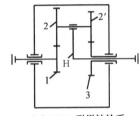

（a）2K-H 型周转轮系

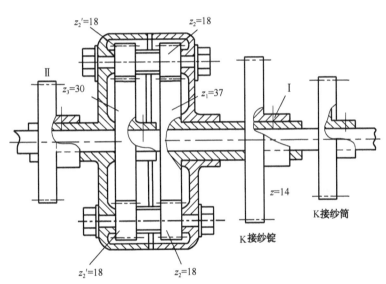

（b）粗纺机的差速机

图 11-4　差动轮系

2．两轴相位角调整机构

如图 11-5 所示的机构为由差动轮系 5、2、3、4、H 和蜗杆机构 1、6 组成的组合机构，蜗轮 6 与系杆 H 固接，I、II 两轴共线。蜗杆 1 不转动时，差动轮系因系杆 H 不动而成定轴轮系，主动轴 I 通过轮系带动从动轴 II 转动。若蜗杆 1 转动，由于差动轮系的作用，与轴 II 固接的齿轮 4 和与轴 I 固接的齿轮 5 之间将产生附加转角。该机构的特点是：可在工作过程中通过转动蜗杆 1 来调整轴 I 和轴 II 的相位角，无须停车。

3. 履带式拖拉机原地转向机构

如图 11-6 所示机构由差动轮系和定轴轮系 2、1′ 组成。差动轮系中，1 为主动中心轮，7 为从动中心轮，4 为行星轮族，包括几组行星轮，每组行星轮都由同一圆周上不同轴心线的互相啮合的行星轮组成，它们中的第 1 个行星轮与轮 1 啮合，最后一个行星轮与轮 7 啮合，并由行星架 3 支撑，组成双自由度的差动轮系，由中央传动锥齿轮 2 和 1′ 带动。5 为行星架制动器，6 为输出轴制动器，8 为输出轴，9 为离合器。

该机构可用于履带式拖拉机中，若在其左侧再配置相同机构，则可作为拖拉机原地转向机构。该机构在拖拉机直线行驶时，左、右侧离合器接合，制动器 5、6 松开，两侧履带同速同向转动；向右原地转动时，左侧机构工作状态不变，在图 11-6 所示的右侧机构中，离合器 9 分离，制动器 5 制动，6 放松。此时两侧履带同速，但左侧正转，右侧反转，从而实现原地转向。它提高了拖拉机的机动性，减少了转向阻力，减轻了履带对地面的破坏。

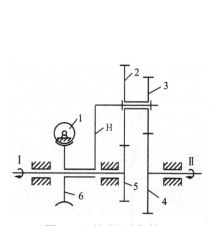

图 11-5　差动组合机构

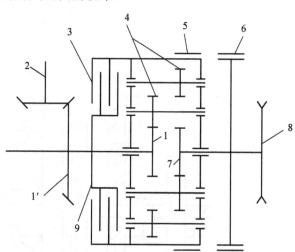

图 11-6　履带式拖拉机原地转向机构

4. 锥齿轮差动机构

利用锥齿轮可以组成简单紧凑的差动机构，在生产中得到了广泛的应用。图 11-7 所示为一种应用最为广泛的锥齿轮差动机构。该机构具有两个自由度。

在机床中，常常用这种差动机构将两个转速合成为一个转速。例如，在滚齿机工作台的分度运动链中，为了滚制斜齿轮，就采用了这种差动机构。铣直齿齿轮时，轮 3 与行星架（系杆）用离合器 M_1 连接起来，此时系杆 H 和齿轮 3 乃至整个机构成为一个整体。滚斜齿轮时，工作台除分度运动外，还需要对应于轴向进给有一附加转动。此时，可以脱开离合器 M_1，给系杆一个微量的附加转动，使得轮 3 的角速度发生变化。差动机构在船舶机械中还被用做倒顺车离合器。如图 11-7 所示，当离合器 M_1 合上时，机构成一整体，传动比为 1，这是顺车，螺旋桨正转。脱开 M_1，合上制动器 M_2，此时系杆不动，传动比为-1，使螺旋桨倒车运转。锥齿轮差动机构还可以用于分解运动，典型的例子是汽车后桥差速器，可参考机械原理教材。

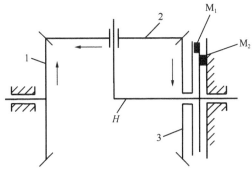

图 11-7 锥齿轮差动机构

11.1.3 差动螺旋机构

差动螺旋机构是由导程不同的多对螺旋副组成的复合螺旋机构。其从动件的总位移，可利用叠加原理由各螺旋副的相对位移得到。同向螺旋又称为差动螺旋机构，可获得大减速比，常用于测微、微调、分度等机构。

1. 典型差动螺旋机构

典型差动螺旋机构由主动螺杆 1、螺母滑块 2 和带螺孔的机架 3 组成，如图 11-8 所示。A、B 螺旋副的导程为 P_A、P_B，C 为移动副。当主动螺杆 1 转动 φ_1 后，若 A、B 螺旋副均为单头右旋，则螺杆相对机架右移 $s_{13} = P_A \varphi_1 / (2\pi)$，滑块 2 相对螺杆 1 左移 $s_{21} = P_B \varphi_1 / (2\pi)$，从动件 2 总位移量 $s_2 = s_{23} = (P_A - P_B)\varphi_1 / (2\pi)$。当 P_A 和 P_B 很接近时，可实现微动。

2. 台钳定心夹紧机构

图 11-9 所示为台钳定心夹紧机构，它由 V 形夹爪 1、2 组成定心机构，螺旋 3 的 A 端是右旋螺纹，导程为 P_A，B 端为左旋螺纹，导程为 P_B，它是导程不同的复式螺旋，当转动螺杆 3 时，夹爪 1 与夹爪 2 夹紧工件 5，并能适应不同直径工件的准确定心。

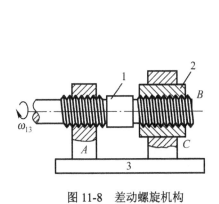

图 11-8 差动螺旋机构

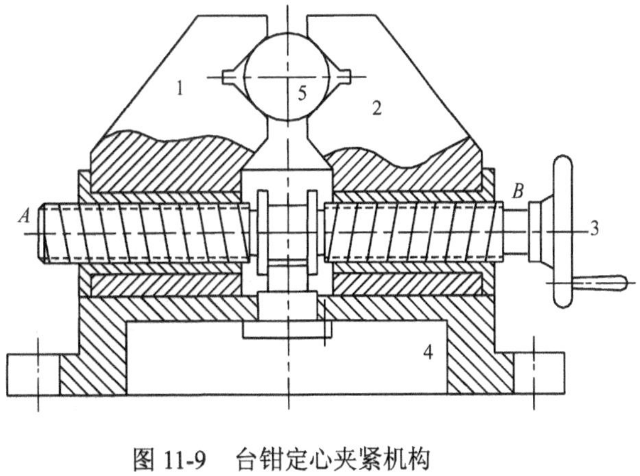

图 11-9 台钳定心夹紧机构

3. 螺旋压榨机构

如图 11-10 所示为螺旋压榨机构。螺杆 1 两端分别与螺母 2、3 组成旋向相反、导程相同的螺旋副 A 与 B。根据复式螺旋的原理，当转动螺杆 1 时，螺母 2 与 3 很快靠近，再通过连杆 4、5 使压板 6 向下运动以压榨物件。

4. 气阀开关微调机构

如图 11-11 所示为同心同向螺距不等的差动螺旋机构。主动螺杆 1 的外螺旋与机架的螺孔 2 配合，螺杆 1 的内螺旋与阀门的螺杆 3 配合，阀门与机架构成移动副。该机构可用做煤气罐气阀开关，具有缓慢开闭和微调的功能。

5. 镗床镗刀的微调机构

如图 11-12 所示为镗床的可调式镗杆机构，调整螺杆 1 上有两段螺距、外径都不相等的单头右旋螺旋 A 和 B，螺旋 A 与刀套 2 相配合，螺距 P_A=1.5mm，螺旋 B 与镗刀 3 配合，螺距 P_B=1mm，刀套 2 用螺钉 5 固定在镗杆 6 上，在松开螺钉 4 后，镗刀 3 可在刀套内移动。当调整螺杆 1 右转一周时，带动镗刀 3 相对刀套 2 左移 P_A，而镗刀 3 相对螺杆 1 又右移 P_B，故镗刀 3 相对于刀套左移 $P_{AB}=P_A-P_B$=0.5mm。通过上述过程，就可实现镗刀的微调，进而实现精镗。

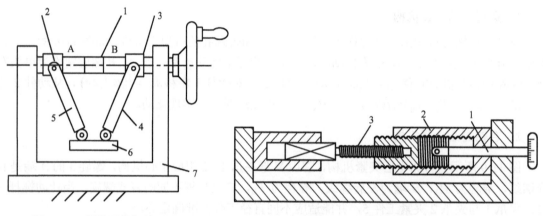

图 11-10　螺旋压榨机构　　　　　　　　　图 11-11　螺旋微调机构

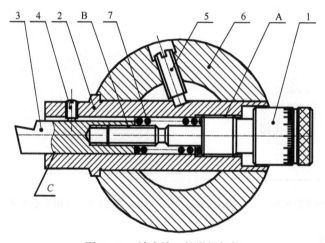

图 11-12　镗床镗刀的微调机构

6. 铣床差动螺旋机构

在图 11-13 中，铣床主轴 3 上的螺旋和铣刀心轴 2 上的螺旋分别与紧固螺母 1 配合，两螺旋均为左螺旋，其导程不等。当按图 11-13 所示的方向转动螺母 1 时，则使心轴 2 移向主轴 3 的锥孔，并在孔内固紧；当反向转动 1 时则松开，可拔出心轴。

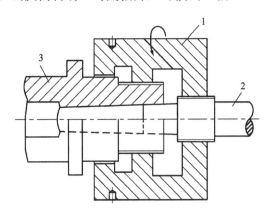

图 11-13　铣床差动螺旋机构

7. 螺旋式抱索器

如图 11-14 所示的螺旋式抱索器，包括带有左、右内螺纹的内、外钳口 2、1，它们与螺杆 3 配合。螺杆端部的摇杆 4 上装有滚轮 5。

例如：当货车进（或出）站口时，滚轮沿脱开器（或挂结器）滚动，使螺杆转动，含有左、右螺纹的内、外钳口就迅速产生相对的移动，很快松开（或夹紧）牵引索，到达（或离开）装载点。

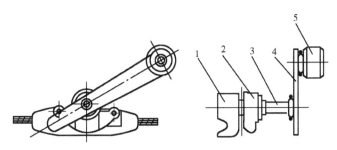

图 11-14　螺旋式抱索器

11.1.4　差动滑轮机构

在如图 11-15 所示的增力差动滑轮中，双联定滑轮（或链轮）1、2 受拉力 F 作用时，通过动滑轮（或链轮）3 吊起重物 W，F 与 W 的关系为：

$$F = \frac{R_1 - R_2}{2R_1 \cos \alpha} W$$

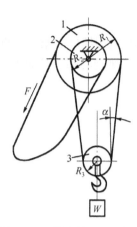

图 11-15　增力差动滑轮机构

当 $F<W$ 时，有增力效果，该机构广泛应用于起重葫芦上。若使定滑轮半径差 (R_1-R_2) 值减小，或使 $R_3=\dfrac{R_1+R_2}{2}$，即 $\alpha=0$，均可提高增力效果。

11.1.5　差动组合机构

1. 差动棘轮螺旋机构

如图 11-16 所示的机构包括由棘轮 4、5 和棘爪 2、3 组成的两差动棘轮机构，以及由送进螺杆 6 和棘轮 5 的内螺纹组成的螺旋机构，主动滑块 1 与棘爪 2、3 铰接，棘轮 4 与从动螺杆 6 之间以滑键相连。两棘轮齿数差为 1。

当主动滑块 1 向下移动时，若棘爪 3 与棘轮 5 脱离啮合，则送进螺杆 6 轴向位移为零；若棘爪 2 脱离啮合，则送进螺杆 6 的位移将正比于棘轮 5 的转角；若两个棘爪都不脱离啮合，则螺杆 6 的位移正比于差动棘轮 4 和 5 的转角差。

该机构主要用做不同位移量或不同位置间工件的间歇送进机构。

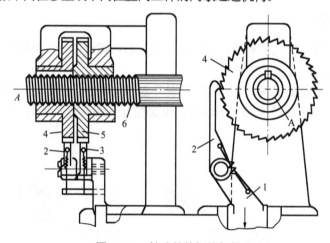

图 11-16　差动棘轮螺旋机构

2. 快、慢速进退的差动机构

如图 11-17 所示的机构包括螺旋机构、差速齿轮机构和带传动机构。

主动带轮 1 驱动带轮 2、3 同向转动。齿轮 5 固连丝杠 8，齿轮 6 空套在轴 5 上，且与螺母 7 用滑键 9 相连，6、7 同时转动，又做相对移动。在齿轮与带轮间中有离合器 K_1、K_2 和制动器 T_1、T_2。在该系统中，刀架 7 的工作状态取决于 K_1、K_2、T_1、T_2 的状态。

当 T_1 松开－T_2 制动－K_1 接通－K_2 断开时，轮 10、6 不转，螺母 7 也不转，轮 4 带动轮 5 和丝杠转动，从而使从动螺母 7 做快速移动进给。

当 T_1 松开－T_2 松开－K_1 接通－K_2 接通时，带动轮 6 和轮 5 做差速转动，使螺母 7 与丝杠作同向差速转动，故 7 相对 8 慢速移动，完成慢速进给。

当 T_1 制动－T_2 松开－K_1 断开－K_2 接通时，轮 4、5 和丝杠均不转动，齿轮 10、6 带动螺母 7 又转又移，完成快速退回。

该机构可用于切削加工机床，作为快、慢双速进给、快速退回的进给控制机构。

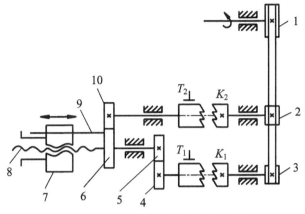

图 11-17　快、慢速进退的差动机构

3．连杆凸轮机构

如图 11-18 所示的机构是由五杆差动机构 1、2、3、4、6，双联凸轮 5、5′，摆杆 4、1 组成的凸轮机构。主动凸轮 5、5′分别推动螺杆 4、1 给五杆机构两个输入，使连杆 2 获得一个确定的输出。凸轮机构起封闭机构的作用，使整个机构变为单自由度机构，在从动杆 2 的 K 点实现预定轨迹。两个弹簧起力封闭的作用。该机构可用于需要复杂轨迹的自动化机械和轻工、印刷机械中。

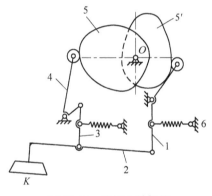

图 11-18　连杆凸轮机构

4．轴线位置偏差补偿机构

如图 11-19 所示是连接非共线两轴用的偏差补偿机构。主动轴 1 的轴心为 O，从动轴 2 的轴心为 O'，两轴线的偏差为 $OO'=e$。主、从动轴与连杆 4、5 和滑块 3、6 组成差动机构，并用扇形齿轮啮合封闭。工作过程中，当两轴心位置发生变化时，借助偏差补偿机构可自动得到补偿，而不影响两轴的运动传递。

5．单摆杆挠性差动机构

如图 11-20 所示是摆动式锯床中采用的一种单摆杆挠性差动机构。主动带轮 1、6 和从动带轮 2、3 组成两级带传动，带轮 2、6 固接，锯盘 4 与带轮 3 固接，绕摆杆 5 上的 C 轴转动，并随摆杆 5 绕固定轴 A 转动。故带轮 3 为一行星轮。当主动带轮 1 转动时，锯盘 4 的角速度 ω_4。

$$\omega_4 = \omega_1 \frac{R_1 R_6}{R_2 R_3} - \omega_5 \left(\frac{R_6}{R_3} - 1 \right)$$

式中，ω_1、ω_3 分别为带轮、摆杆 5 的角速度；R_1、R_2、R_3、R_6 分别为带轮 1、2、3、6 的半径。

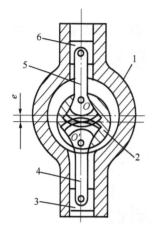

图 11-19 轴线位置偏差补偿机构

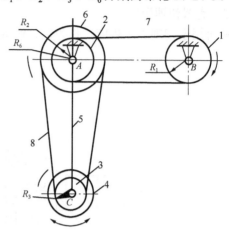

图 11-20 单摆杆挠性差动机构

11.2 ## 液、气动连杆机构

液、气动连杆机构具有制造容易、价格低廉、传力较大、坚固耐用、便于维修保养等优点，在矿山、冶金、建筑、交通运输、轻工等部门中应用十分广泛。

液、气动机构含有一个或多个气、液压缸，以输入缸中的高压气、液为动力，将活塞与缸之间简单的相对直线运动，通过连杆机构变为复杂运动，以满足执行机构所需的行程、摆角、速度和复杂的运动规律等多方面的要求，如图 11-21 所示，液、气动连杆机构中必定包含由动作缸和活塞杆组成的移动副，其中总是以活塞杆为主动件。比较突出的问题是由于气或液具有一定的压力，对密封有一定的要求，如果密封条件恶化，会引起液体（或气体）泄漏，影响使用寿命。

根据液压缸铰链在机构中的位置，液、气动连杆机构分为对中式 [如图 11-21 （a）、（b）所示] 和偏置式 [如图 11-21 （c）所示] 两种，偏置式结构的特点是：可以提高机构的传力效果，但因为液压缸对活塞杆有横向作用力，会使活塞和活塞杆密封条件恶化，从而影响使用寿命。以下仅介绍对中式液、气动连杆机构的设计。

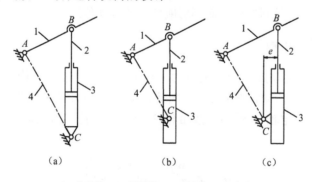

1—从动件；2—活塞杆；3—液压缸；4—机架

图 11-21 液、气动连杆机构

11.2.1　液、气动连杆机构位置参数的计算

在图 11-22 中，机架 AC 长度为 d，摇杆 AB 长度为 r，L_1 为初始位置时铰链点 B_1 到动作缸铰链点 C 的距离，L_2 为终止位置时铰链点 B_2 到动作缸铰链点 C 的距离，L 为任意位置时铰链点 B 到动作缸铰链点 C 的距离，φ 为从动摇杆任意位置角。令 $\lambda=L_2/L_1$，$\sigma=r/d$，$\rho_1=L_1/d$，$\rho_2=L_2/d=\lambda\rho_1$，$\rho=L/d$，其中 λ 为活塞杆伸出系数。根据如图 11-22 所示的几何关系，经推导可得到如下关系式。

从动摇杆初始位置角 φ_1 应满足：

$$\cos\varphi_1=\frac{1+\sigma^2-\rho_1^2}{2\sigma} \tag{11-1}$$

从动摇杆终止位置角 φ_2 应满足：

$$\cos\varphi_2=\frac{1+\sigma^2-\rho_2^2}{2\sigma}=\frac{1+\sigma^2-\lambda^2\rho_1^2}{2\sigma} \tag{11-2}$$

从动摇杆工作摆角：

$$\varphi_{12}=\varphi_2-\varphi_1 \tag{11-3}$$

动作缸行程 H 为：

$$H=L_2-L_1 \tag{11-4}$$

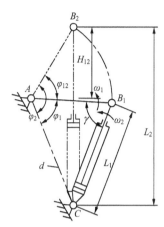

图 11-22　液、气动连杆机构位置参数的计算

传动角 γ 的计算如下。

当给定 ρ 和 σ 时：

$$\cos\gamma=\frac{\rho^2+\sigma^2-1}{2\rho\sigma} \tag{11-5}$$

$$\sin\gamma=\frac{\sqrt{4\rho^2\sigma^2-\left(\rho^2+\sigma^2-1\right)^2}}{2\rho\sigma} \tag{11-6}$$

当给定 φ 和 σ 时：

$$\cos\gamma=\frac{\sigma-\cos\varphi}{\sqrt{1+\sigma^2-2\sigma\cos\varphi}} \tag{11-7}$$

$$\sin\gamma=\frac{1}{\sqrt{\left(\dfrac{\sigma-\cos\varphi}{\sin\varphi}\right)^2+1}} \tag{11-8}$$

11.2.2　液、气动连杆机构运动参数和动力参数的计算

根据图 11-23，经推导可得到液、气动连杆机构有关运动参数和动力参数的计算公式。

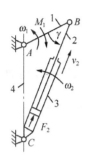

图 11-23 液、气动连杆机构计算图

摇杆角速度：

$$\omega_1 = \frac{v_2}{r \sin \gamma} \qquad (11\text{-}9)$$

式中，v_2 为活塞平均相对运动速度的大小。

动作缸角速度：

$$\omega_2 = \frac{v_2}{L \tan \gamma} \qquad (11\text{-}10)$$

所需动作缸推力：

$$F_2 = \frac{M_1}{r \sin \gamma} \qquad (11\text{-}11)$$

所传递的阻力矩：

$$M_1 = F_2 r \sin \gamma \qquad (11\text{-}12)$$

11.2.3　液、气动连杆机构基本参数的选择

1. 活塞杆伸出系数λ

活塞杆伸出系数λ应根据活塞杆伸出时稳定性的要求来确定，一般可取λ=1.5～1.7。

2. 基本参数σ和φ_1、φ_2（或σ和ρ_1、ρ_2）

基本参数应根据液、气动连杆机构的工作位置和传力要求，查图 11-24 确定。

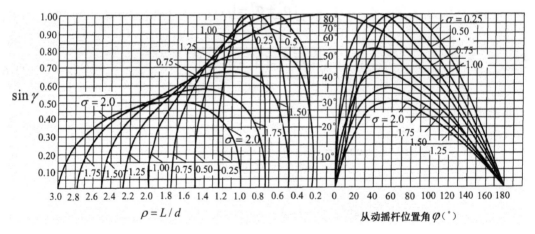

图 11-24　液、气动连杆机构基本参数间的关系

11.2.4　液、气动连杆机构设计

下面介绍液、气动连杆机构的设计。

（1）根据摇杆摆角φ_{12}及初始角φ_1设计对中式液、气动连杆机构。已知φ_{12}和φ_1，则φ_2可求。

再选取 λ，由式（11-1）和式（11-2）可得：

$$\sigma = \frac{-B \pm \sqrt{B^2 - 4AC}}{2A} \tag{11-13}$$

式中，

$$A = C = \lambda^2 - 1 \tag{11-14}$$

$$B = -2(\lambda^2\cos\varphi_1 - \cos\varphi_2) \tag{11-15}$$

$$\rho_1 = \sqrt{1 + \sigma^2 - 2\sigma\cos\varphi_1} \tag{11-16}$$

例 11-1 某汽车吊要求举升液压缸将起重臂从 $\varphi_1=0°$ 举升到 $\varphi_2=60°$，试确定该对中式液动连杆机构的尺寸参数。

解：① 确定 σ 和 ρ_1。选取活塞杆伸出系数 $\lambda=1.6$，代入式（11-14）和式（11-15）得 $A=C=1.56$、$B= -4.12$，再代入式（11-13）和式（11-16）可得 $\sigma=2.18$、$\rho_1=1.18$ 及 $\sigma=0.46$、$\rho_1=0.54$ 两组数值。

② 确定机构尺寸参数。根据汽车底盘结构取机构的机架长度 $d=1200$mm，则得 $r=2616$mm，$L_1=1416$mm，$L_2=2265.6$mm 及 $r=552$mm，$L_1=648$mm，$L_2=1036.6$mm 两组尺寸参数。

（2）根据摇杆摆角 φ_{12}、动作缸初始长度 L_1、活塞行程 H 设计对中式液、气动连杆机构。这种情况下，取机架为单位长，即 $d=1$，则由式（11-2）、式（11-3）和式（11-4）得：

$$\begin{cases} (L_1 + H)^2 = 1 + r^2 - 2r\cos(\varphi_1 + \varphi_{12}) \\ \cos\varphi_1 = \dfrac{1 + r^2 - L_1^2}{2r} \end{cases} \tag{11-17}$$

将式（11-17）消去 φ_1 可得：

$$ar^4 + br^2 + c = 0 \tag{11-18}$$

式中，

$$\begin{cases} a = 2(1 - \cos\varphi_{12}) \\ b = 2(\cos\varphi_{12} - 1)\left[(1 - L_1)^2\cos\varphi_{12} + (L_1 + H)^2 - 1\right] - 2(1 + L_1^2)\sin^2\varphi_{12} \\ c = \left[(1 - L_1^2)\cos\varphi_{12} + (L_1 + H)^2 - 1\right]^2 - (2L_1^2 - 1 - 2L_1^4)\cos\varphi_{12} \end{cases} \tag{11-19}$$

由式（11-17）、式（11-18）和式（11-19）可分别解出 r 和 φ_1。

例 11-2 某摆动导板送料辊的摆动液压缸机构，要求导板的摆角 $\varphi_{12}=60°$，$H=0.5$m，$L_1=d=1$m，试确定 r 和 φ_1 的值。

解：将已知数据代入式（11-17）、式（11-18）和式（11-19）可求得 $r=0.638$m、$\varphi_1=71°36'$ 及 $r=1.932$m，$\varphi_1=10°20'$ 两组解。相应的传动角为 $71°12'$ 和 $10°21'$。后一组数据的传动角太小，不宜采用。

（3）根据摇杆摆角 φ_{12}，许用传动角 $[\gamma]$ 和 λ 值用作图法设计对中式液、气动连杆机构。具体如图 11-25 所示，设计步骤如下。

① 在图 11-25（a）中，机构在上下两个极端位置时，若 $\gamma_2 > \gamma_1$，则必须使 $\gamma_2 \geqslant [\gamma]$，通过

对 $\triangle AB_2C$ 应用正弦定理可知，ρ_1 应满足如下关系：

$$\rho_1 \leqslant \frac{\sin(\varphi_1 + \varphi_{12})}{\lambda \sin[\gamma]} \tag{11-20}$$

② 如图 11-25（b）所示，先选取机架 $\overline{AC}=d$，在 A、C 点作射线 AF、AF' 和 CF、CF'，使它们与机架 $\overline{AC}$ 的夹角等于或小于 $90^\circ-[\gamma]$（图 11-24 中为等于），得交点 F、F'。分别以点 F、F' 为圆心，以 $\overline{CF}$、$\overline{CF'}$ 为半径作圆 m、n。在圆 m 的圆弧 $\overset{\frown}{AmC}$ 上任取一点 B'（或在圆 n 的圆弧 $\overset{\frown}{AnC}$ 上任取一点 B''），其所对圆周角 $\angle AB'C=[\gamma]$（或 $\angle AB''C=180^\circ-[\gamma]$）。为使最小传动角不小于 $[\gamma]$，铰链点 B 应在两圆弧 $\overset{\frown}{AmC}$、$\overset{\frown}{AnC}$ 上或在两圆弧所围范围内。

③ 再选定 ρ_1，则由式（11-21）可确定 φ_1。

④ 以点 C 为圆心，以 $L_1=\rho_1 d$ 为半径作圆弧 c_1，又作 $\angle B_1AC=\varphi_1$，AB_1 与圆弧 c_1 相交于点 B_1，则 $r=\overline{AB_1}$。

⑤ 以点 C 为圆心，$L_2=\lambda L_1$ 为半径作圆弧 c_2，又作 $\angle B_1AB_2=\varphi_{12}$，$AB_2$ 与圆弧 c_2 相交于点 B_2，则显然有 $\overline{AB_2}=\overline{AB_1}=r$。

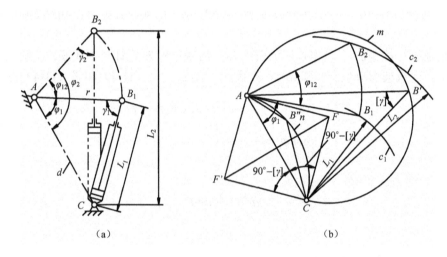

（a）　　　　　　　　　　　　（b）

图 11-25　图解法设计液、气动连杆机构

（4）根据摇杆与活塞对应位置用图解法设计液、气动连杆机构。已知摇杆 3 个转角 φ_{12}、φ_{13}、φ_{14} 和相应的活塞行程 H_{12}、H_{13}、H_{14}，要求用图解法设计该液、气动连杆机构，如图 11-26 所示，其图解顺序如下。

① 选取摇杆轴心 A 及摇杆长度 $\overline{AB}=r$。摇杆轴心 A 可任取，摇杆长度 r 的选择依据是：当其夹角为 $\varphi_{23}=\varphi_{13}-\varphi_{12}$ 时，所对的弦长 $\overline{B_2B_3}$ 恰好等于 $H_{23}=H_{13}-H_{12}$，即：

$$r = \frac{H_{23}}{2\sin\dfrac{\varphi_{23}}{2}}$$

② 由 B_1 点任作直线 B_1K 与 B_2B_3 的延长线相交于 E 点，取 $\overline{EB_2}=\overline{EF}$ 得 F 点。由于 B_1K 是任取的直线，所以用上述方法由 B_1 点作不同的直线可得到许多个 F 点，把这些点连接起来即为曲线 m。

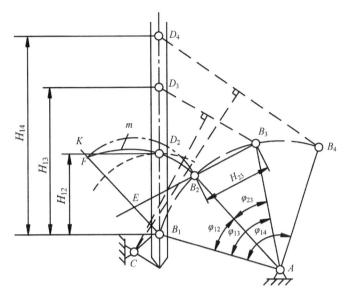

图 11-26　满足 4 组对应位置的设计

③ 以 B_1 点为圆心，以 H_{12} 为半径画圆弧与曲线 m 相交于 D_2 点。连接 B_1D_2 即得摇杆处于 AB_1 位置时动作缸轴线的位置。

④ 在 B_1D_2 延长线上截取活塞行程 H_{13} 和 H_{14}，得 D_3、D_4 两点。作 B_3D_3 与 B_4D_4 的中垂线，两者相交于 C 点，则机构 AB_1C 即为所设计的机构。

11.2.5　液、气动连杆机构应用实例

液、气动连杆机构的应用非常广泛，现举例如下。

1. 摆动液压缸夹紧机构

如图 11-27 所示为液压夹紧机构，由摆动液压缸驱动连杆机构。这种液压夹紧机构可用较小的液压缸实现较大的压紧力，同时还具有锁紧作用。由此可以看出，采用液动机构的机械系统，往往比电动机驱动的机械系统要简单得多。

2. 移动气缸夹紧机构

在图 11-28 中，杠杆 1、双升角 (α_1, α) 斜楔 2 和活塞杆 3 组成了一个气压驱动的杠杆楔块机构。在气压作用下，活塞杆推动双升角斜楔 2 向左移动，与杠杆上的滚子接触，先用大升角 α_1 使杠杆迅速接近工件，后用小升角 α 使夹紧的工件保持自锁。当活塞杆返回时，工件松开。

3. 平板式气动闸门机构

在图 11-29 中，气缸 1 的活塞杆通过连杆 4 带动闸门 5 开启或关闭。在图 11-29 中的实线位置，闸门处于关闭状态，此时 C 点稍越过 BD 连线，处于连线上方位置，使机构具有自锁作用；同时，在即将关闭时，连杆 3、4 趋近于直线，有很大的增力作用，使闸门关紧。2 为限位挡块。图 11-29 中的虚线位置为闸门的开启状态。

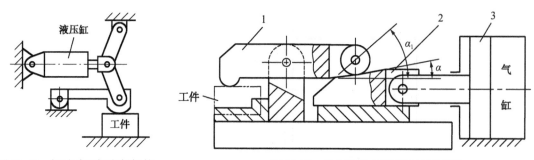

图 11-27　摆动液压缸夹紧机构　　　　图 11-28　气压驱动杠杆斜面夹紧机构

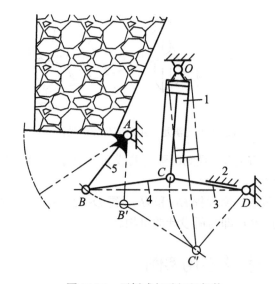

图 11-29　平板式气动闸门机构

4．挖掘机机构

如图 11-30 所示的挖掘机是一台全液压的挖掘机，其挖掘动作由 3 个带液压缸的基本连杆机构（1、2、3、4，3、5、6、7 和 8、9、10、7）组合而成。它们一个紧挨着一个，而且后一个基本机构的相对机架正好是前一个基本机构的输出构件。挖掘机臂架 3 的升降、铲斗柄 7 绕 D 轴的摆动及铲斗 10 的摆动分别由 3 个液压缸驱动，它们分别或协调动作时，便可使挖掘机完成挖土、提升和倒土等动作。挖掘机的底盘是第一个基本机构 1、2、3、4 的机架。

该机构是一个三自由度的机构。由 3 个液压缸驱动，能自由伸屈，便于向不同高度挖掘和卸载。

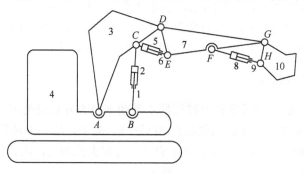

图 11-30　挖掘机机构

5. 高程输送机机构

在如图 11-31（a）所示 *ABCD* 六杆机构中，由液压缸 5 及活塞杆 4 驱动。如图 11-31（b）所示，活塞杆 4 在液压驱动下在工作缸 5 内移动带动构件 2 和构件 3 相对靠拢或远离，同时支撑轮 *A*、*B* 也随之靠拢或远离，使输送机的工作面变得陡峭或者平缓。该机构可应用于煤炭、矿石等高程输送中。

6. 料槽的升降摆动机构

图 11-32 所示的机构由移动液压缸 1、摆动液压缸 2 及构件 3 组成，构件 3 的铰接点 *C*、*A* 分别在缸体 2 和缸体 1 上。

安装有料槽的构件 3 与液压缸 1 上的 *A* 点铰接，当液压缸 1 不动而液压缸 2 动作时，可使料槽绕 *A* 点摆动；当液压缸 2 不动而液压缸 1 动作时，料槽将平行升降，当两液压缸协调动作时，可使料槽得到所需的复合运动。

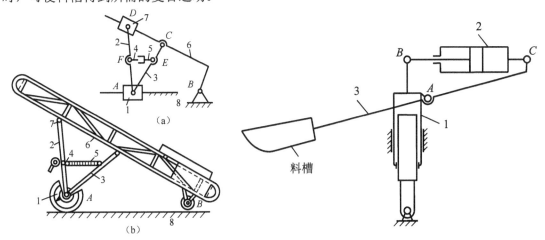

图 11-31　高程输送机机构　　　　　　图 11-32　料槽的升降摆动机构

7. 齿轮式抓取机构

在图 11-33 中，气缸 1 与机架 4 组成转动副 *A*，活塞 2 与摆杆 3 组成转动副 *B*，与摆杆 3 固连的齿轮 5 和齿轮 6 啮合，齿轮 5、6 分别与各自的手爪 7、8 固连。当活塞杆 2 推动摆杆 3 转动时，通过齿轮传动使手爪做开合动作。当手爪闭合抓住工件时（图示位置），工件对手爪的作用力 *G* 的方向线在手爪回转中心的外侧，故夹紧后可自锁。该机构可以实现铸工搬运压铁时夹持和松开压铁的动作。

8. 工业机械手机构

在如图 11-34 所示的工业机械手机构中，机械手中构成肘、腕、手等机构的运动彼此是完全独立的，控制手运动的机构安装在控制腕运动的机构上，而控制腕运动的机构又安装在控制肘运动的机构上，一层一层地叠加在一起。当 3 个机构同时运动时，机械手可以到达圆环柱面工作空间的所有区域。

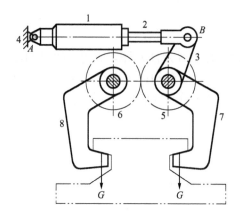

图 11-33 齿轮式抓取机构

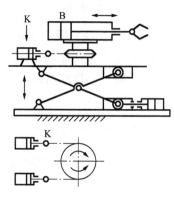

图 11-34 工业机械手机构

Chapter 12

第 12 章

实现预期轨迹和预期位置的机构

12.1　实现预期轨迹的机构

　　因为特殊工艺要求、特殊动作需求，或者因为导轨导向时存在某些困难，需要以转动副代替移动副实现直线轨迹，或因非圆工件难以加工等原因，常常需要一些能实现特殊轨迹或完成特殊动作，并能到达预期位置的机构。连杆机构中的连杆和行星轮系中的行星轮上的点能实现复杂轨迹，凸轮机构的从动件能实现预期的运动规律，这些机构和齿轮机构及其组合机构能实现轨迹的要求。

　　实现预期轨迹的机构主要是利用机构中的某些构件或构件上的某些特殊点来实现直线轨迹或圆弧、方形、数学曲线等特殊轨迹，以实现工艺要求、绘制曲线、加工非圆工件等功能。由于精确实现预期轨迹比较复杂，在工程实际中多数是近似实现，如连杆机构不能使连杆上某点精确地通过预期轨迹，而只是通过该轨迹上的几个点近似地再现轨迹。

12.1.1　实现直线轨迹的机构

1. 精确直线轨迹机构

（1）八杆精确直线轨迹机构。在如图 12-1 所示的八杆机构中，各杆长度应满足的几何条件是：$\overline{AD}=\overline{DC}$，$\overline{AB}=\overline{AF}$，$\overline{BC}=\overline{CF}=\overline{FE}=\overline{EB}$。当构件 DC 为主动件带动机构运动时，E 点的轨迹为垂直于 AD 的一条直线。由于八杆机构的运动副数量多，运动累积误差大，在同一制造精度的条件下，八杆机构的实际运动误差为四杆机构的 2～3 倍。该机构可用来实现锯床的进给运动。

（2）曲柄滑块直线机构。在图 12-2 中，机构中各构件的长度满足 $AB=BC=BE$ 条件时，E 点能精确实现直线轨迹。连杆 BC 上除 B 点轨迹为圆，C、E 点轨迹为直线外，其余各点的轨迹为椭圆。

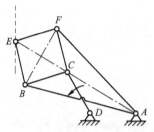

图 12-1 八杆精确直线轨迹机构

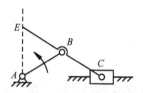

图 12-2 曲柄滑块直线机构

（3）行星轮直线机构。在图 12-3 所示的机构中，固定中心齿轮 2 的节圆半径等于行星齿轮 1 的节圆直径。主动系杆 H 带动双联行星齿轮 3（3′），使行星齿轮 1 转动，齿轮 1 节圆上的点 A 轨迹 MN 为直线，即点 A 做直线往复移动。

（4）行星轮摆杆直线机构。在图 12-4 中，中心齿轮 1 固定。中心轮 1 节圆半径等于行星轮 4 的节圆直径。在行星轮 4 上固连的摆杆 5，其长度与系杆 2 的长度相等。当主动系杆 2 带动行星轮 3、4 绕固定轮中心 O 转动时，摆杆 5 的端点 M 沿轮 1 直径做往复直线运动。

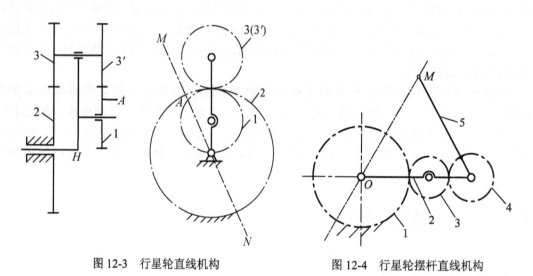

图 12-3 行星轮直线机构　　　　　图 12-4 行星轮摆杆直线机构

（5）双滑块机构。在图 12-5 所示机构中，构件 2 分别用转动副 A 和 B 与滑块 1 和 3 连接。滑块 1 和 3 分别在固定导路 b-b 和 d-d 中移动。b-b 和 d-d 两条方向线的交点为 C。当滑块 1 沿 b-b 移动时，构件 2 上 C 点描绘出垂直于轴线 Ox 的直线 a-a。Ox 是 b-b 与 d-d 间夹角 2α 的角平分线。

（6）六杆机构。在图 12-6 所示机构中，各构件间的长度关系为：$ED=DF=DC$。曲柄 1 绕固定轴线 A 转动，并用转动副 B 与构件 2 连接。构件 2 又用转动副 C 与构件 3 连接。构件 3

用转动副 F 与滑块 5 连接。滑块在固定导槽 p–p 中移动。构件 4 绕固定轴线 E 转动，并用转动副 D 与构件 3 连接。当曲柄 1 绕固定轴线 A 转动时，C 点描绘出通过 E 点的精确直线轨迹。

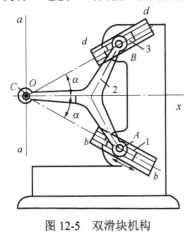

图 12-5　双滑块机构

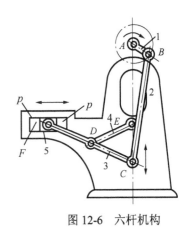

图 12-6　六杆机构

2. 近似直线轨迹机构

（1）近似直线轨迹的曲柄摇块机构。在如图 12-7 所示的曲柄摇块机构中，当机构尺寸满足 $AC=1.5AB$、$BD=5.3AB$、构件 1 绕 A 点转动的条件时，构件 2 上 D 点轨迹在某区间内为近似垂直 AC 的直线 qq。

（2）近似直线轨迹的六杆机构。在如图 12-8 所示的六杆机构中，当机构尺寸满足 $BC=AD$、$AB=CD$、$AE=EB=EF$、$CF=0.27AB$、$ABCD$ 是平行四边形、构件 1 绕 A 点转动的条件时，F 点在某范围内的近似直线轨迹为 qq。

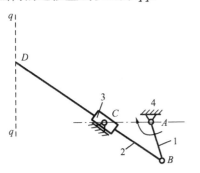

图 12-7　近似直线轨迹的曲柄摇块机构

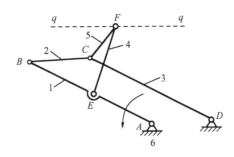

图 12-8　近似直线轨迹的六杆机构

（3）切比雪夫近似直线机构。在图 12-9 中，曲柄摇杆机构 $OABC$ 的各杆长度为：$\overline{AB}=\overline{BC}=\overline{BM}=2.5\overline{OA}$，$\overline{OC}=2\overline{OA}$。当曲柄 OA 在左半圆周转动时，连杆上 M 点的轨迹为近似水平直线。

（4）罗伯特近似直线机构。在图 12-10 中，利用铰链四杆机构连杆上某点轨迹中近似直线的一段作为直线导引机构，称为罗伯特连杆机构。各杆的尺寸关系为：$\overline{AB}=\overline{CD}=0.584h$；$\overline{BC}=0.592h$；$\overline{AD}=h$。在 BC 的垂直平分线上取 $\overline{EM}=1.112h$，则连杆上 M 点的轨迹为近似直线。若 $\overline{AB}=\overline{CD}=0.6h$，$\overline{BC}=0.5h$，则 M' 点近似沿 AD 做直线往复移动。

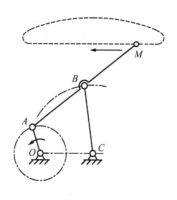

图 12-9 切比雪夫近似直线机构

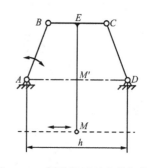

图 12-10 罗伯特近似直线机构

（5）起重机近似直线机构。在图 12-11 中，双摇杆机构 $ACBE$ 的各构件长度满足条件为：机架 $\overline{AE}=0.64\overline{AC}$，摇杆 $\overline{BE}=1.18\overline{AC}$，连杆 $\overline{BC}=0.27\overline{AC}$，$D$ 点为连杆 BC 延长线上一点，且 $\overline{DB}=0.83\overline{AC}$。$AC$ 为主动摇杆。当主动摇杆 AC 绕机架铰链点 A 摆动时，D 点轨迹为 $\beta-\beta$，其中 $\alpha-\alpha$ 段为近似直线。该机构可用于港口用鹤式起重机中，D 点处安装吊钩。利用 D 点轨迹的近似直线段吊装货物，能符合吊装设备的工艺要求。

（6）瓦特近似直线机构。图 12-12 所示机构为瓦特近似直线机构。该机构中，$AB=CD=1.5h$，$BC=1.04h$，且 $d=1.53h$。M 点为 BC 的中点。当构件 AB 绕 A 点做往复摆动时，M 点走出轨迹中的 MM' 一段为垂直于 AM 的近似直线。

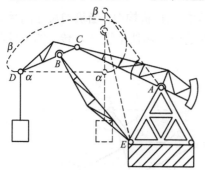

图 12-11 鹤式起重机近似直线机构

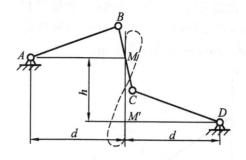

图 12-12 瓦特近似直线机构

12.1.2 实现工艺曲线轨迹的机构

1．铰链四杆挑线机构

在图 12-13 中，当曲柄转动时，连杆上的点 M 沿图示轨迹运动，该轨迹被用于完成挑线动作时应满足下列要求：在点 9～点 5 的一段中（对应曲柄转过 240°）每一位置的放线量近似等于所需线量加某一定值余量。在点 5～点 9 的一段（对应曲柄转过 120°）实现急回运动。

2．平版印刷机中用于完成送纸动作的机构

如图 12-14 所示的机构以铰链五杆机构 $ABCDE$ 为基础机构，分别由凸轮 1、2 输入所需运动（凸轮 1 和凸轮 2 固连成一体，称为双联凸轮），使连杆 CD 上的点 M 走出图 12-14 中虚线所示的矩形轨迹。

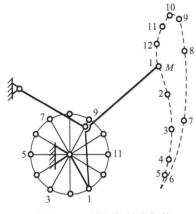

图 12-13　缝纫机挑线机构

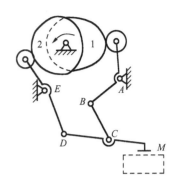

图 12-14　送纸机构

3．双色胶印机中完成接纸动作的凸轮–连杆组合机构

如图 12-15 所示机构的基础机构为一带有高副的具有两个自由度的六杆机构 3、4、5、6、7、8。由双联凸轮分别输入运动，其中凸轮 1 控制构件 6 的摆动，凸轮 2 控制构件 5 在构件 8 中的相对移动，从而使构件 7 在左端沿预定轨迹 K 运动，完成接纸动作。弹簧用于保证构件 7 和构件 5 之间的高副接触。

4．水稻插秧机构

如图 12-16 所示的机构为凸轮连杆机构，该机构由曲柄连杆机构 OABC 和五杆机构 CDEFH 组成，曲柄 OA 和凸轮固连，当按一定规律设计凸轮轮廓曲线和适当选取构件长度时，主动凸轮转动，构件 6 上 M 点能实现给定的运动规律，如图 12-16 中虚线所示。此机构可应用于插秧机的分插机构，构件 6 为秧爪，M 点轨迹可以满足插秧的运动要求。

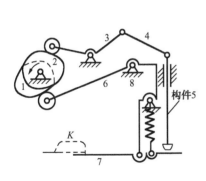

图 12-15　接纸机构

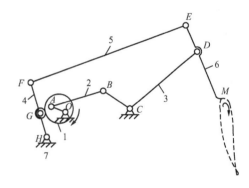

图 12-16　水稻插秧机构

5．包装机推包机构

如图 12-17 所示为包装机的推包机构，该机构中构件 1、2、4 和机架组成偏置曲柄滑块机构，可实现行程较大的往复移动，并且具有急回特性；构件 1、3、5 和机架组成对心曲柄滑块机构，将构件 1 转动转换为滑块 5 的往复移动，在滑块 5 上固连有移动凸轮通过滚子 6 控制推头的抬头和低头。滑块 4 则控制推头的水平移动，两者组合起来可实现"平推—水平退回—下

降—降位退回—上升复位"的运动要求。

6. 实现字母"R"轨迹的刻字机构

如图 12-18 所示的机构由两自由度四杆四移动副机构 3、4、5、6 作为基础机构，由凸轮机构 1、3、6 和 2、5、6 作为输入运动的附加机构。两凸轮作主动件以同速转动，凸轮 1 驱使构件 4 作水平方向移动，凸轮 2 驱使构件 4 作垂直方向移动，两移动合成为沿轨迹"R"的移动。

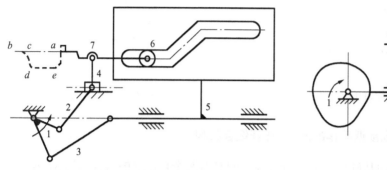

图 12-17　包装机的推包机构

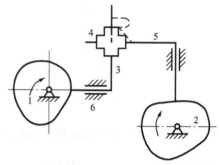

图 12-18　刻字机构

7. 实现任意轨迹的凸轮连杆机构

如图 12-19 所示的机构分别是由凸轮 1、滚子 A、摆杆 3 和凸轮 6、滚子 B、摆杆 4 组成的两套摆动从动件盘形凸轮机构，在滚子 A、B 的中心再铰接由构件 7、8 组成的 Ⅱ 级杆组，最后用齿轮机构封闭，形成自由度为 1 的机构。其中凸轮 1、6 分别和齿轮 2、5 固连。当主动齿轮 2 转动时，机构中的 M 点按要求的轨迹运动。只要凸轮 1、6 的轮廓线设计恰当，就可使 M 点实现任意预期的轨迹要求。

8. 两自由度五杆缩放仪

如图 12-20 所示为具有菱形的两自由度五杆缩放仪，其中各构件间的长度关系为：$\overline{CD}=\overline{DB}$，$\overline{CE}=\overline{ED}=\overline{DF}=\overline{FB}=\overline{AE}=\overline{AF}$。当 A 点沿一曲线运动时，B 点同时画出一相似的曲线图形，其比例系数 $K=\overline{CB}/\overline{CA}=\overline{CD}/\overline{CE}$，相当于图形放大了 1 倍。

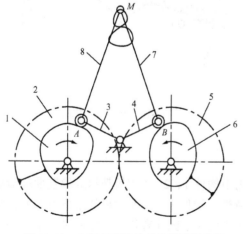

图 12-19　实现任意轨迹的凸轮连杆机构

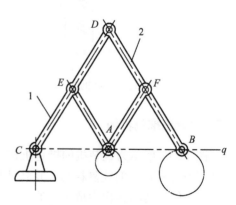

图 12-20　两自由度五杆缩放仪

12.1.3 实现特殊曲线的机构

1. 圆轨迹机构

在如图 12-21 所示的六杆机构中，当机构尺寸满足条件：$\overline{AB}=\overline{PC}$；$\overline{BC}=\overline{AP}$；$ABCP$ 为

一平行四边形，且 $\dfrac{\overline{DB}}{\overline{BQ}}=\dfrac{\overline{DA}}{\overline{AP}}=\dfrac{\overline{PC}}{\overline{CQ}}=\dfrac{\overline{EP}}{\overline{FQ}}$，$D$、$P$、$Q$ 三点在一条直线上，构件 2 绕 E 点转动时，

Q 点轨迹为以 FQ 为半径的圆 qq。

该机构主要应用于绘制与主动件转动方向相同、大小不同的圆轨迹。

2. 近似圆轨迹机构

如图 12-22 所示为四杆机构，当该机构尺寸满足下列条件时，连杆 2 上 M 点的轨迹为近似圆 qq：$\overline{BC}=\overline{DC}=\overline{CM}=3.12\overline{AB}$；$\overline{AD}=2.94\overline{AB}$，$\beta=120°$，构件 1 绕 A 点转动。该近似圆轨迹可以用于搅拌机机构中。

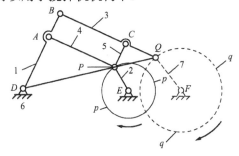

图 12-21 圆轨迹机构

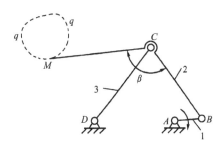

图 12-22 近似圆轨迹机构

3. 椭圆规机构

在图 12-23 中，滑块 1、3 在十字滑槽中移动，并以铰链 A、B 与连杆 2 连接，连杆的 C 点轨迹为椭圆。C 点在连杆上的位置可以调节。若设 $\overline{AB}=a$，$\overline{BC}=b$，C 点在直角坐标系中的位置为 x、y，则 $\dfrac{x^2}{(a+b)^2}+\dfrac{y^2}{b^2}=1$。连杆 2 除了 AB 线的中点的轨迹为圆外，其余各点的轨迹均为椭圆，椭圆长轴为 $a+b$，短轴为 b。

4. 铰链六杆椭圆轨迹机构

在如图 12-24 所示的铰链六杆机构中，$\overline{AB}=\overline{BC}$，$\overline{BD}=\overline{BE}=\overline{DM}=\overline{EM}$，当以 AB 杆为主动件转动时，M 点的轨迹为椭圆，其长轴与 AC 重合，椭圆的长轴为 $2\overline{AB}$，短轴为 $2(\overline{AB}-2\overline{BD})$。

5. 行星轮椭圆轨迹机构

在如图 12-25 所示的机构中，中心内齿轮 2 为固定轮。系杆 OC 作主动件带动行星轮 1 在轮 2 内运动，轮 2 的节圆半径等于轮 1 的节圆直径。固联在行星轮 1 上的杆 BM 随轮 1 一起运

动，在节圆外 BM 上任一点 M 的轨迹为椭圆。

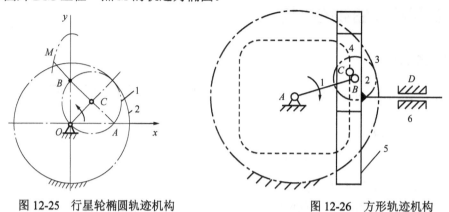

图 12-25　行星轮椭圆轨迹机构　　　　　　图 12-26　方形轨迹机构

6．方形轨迹机构

在如图 12-26 所示的行星轮系中，固定中心轮齿数与行星轮齿数比 $z_3/z_2=4$，行星轮上 C 点的位置 $l_{BC}=0.36r_2$，r_2 为行星轮 2 的节圆半径，则行星轮 2 上点 C 的轨迹是一带圆角的正方形。如果添加 RPP 型 Ⅱ 级杆组，则滑块 5 在往复移动的两端有较长时间的停歇。

7．抛物线轨迹机构

在图 12-27 中，滑块 1、2 铰接于 M 点，滑块 5、6 铰接于 L 点，滑块 5 与导槽 7 固连，滑块 5、6 分别在垂直导槽和直角导槽中移动。以带有直角导槽的构件 LOM 作主动件转动，带动滑块 1、2 分别在导槽 3、7 中移动，两滑块铰接点 M 的运动轨迹为抛物线，其方程式为 $y^2=2px$（$2p$ 为垂直导轨 LN 距坐标原点 O 的距离）。

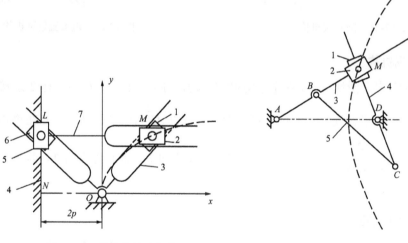

图 12-27　抛物线轨迹机构　　　　　　图 12-28　双曲线轨迹机构

8．双曲线轨迹机构

在如图 12-28 所示的机构中，$ABCD$ 为反平行四边形机构，$\overline{AB}=\overline{CD}$，$\overline{BC}=\overline{AD}$，导杆 3、4 各与滑块 2、1 构成移动副，滑块 1、2 铰接于 M 点，则 M 点的运动轨迹是以 D 点为焦点的双曲线。

12.2 实现预期位置的机构

实现预期位置的机构，主要是利用机构的某些构件能到达某些预定点以满足工作的需要，某些构件能在某些特定点完成一些特殊动作以满足工艺要求。

1. 六杆启闭机构

如图 12-29 所示是由铰链四杆机构 A_0ABB_0 与 II 级杆组 ADC 组成的六杆机构。A_0、B_0 是固定铰链，7 是弹簧。推动杆 4 可使构件 6 到达 I 或 II 的位置。由于弹簧 7 平衡构件 6 的重量，使构件 6 在 I 与 II 之间的任意位置均能保持静止状态。同时，由于该机构无滑动轨道，全为转动副，可减少摩擦且运动自如省力。该机构可用做启闭机构，如用做车库门的启闭机构。由于启闭过程中占空间小，不与车库顶和库内车辆碰撞，在 I 位置关闭，II 位置全打开，任何半开位置都可静止。

2. 行星齿轮机构

在图 12-30 中，锥齿轮行星轮系由摆动油缸驱动，固定中心轮 4 与摆动油缸同轴，轴 6 空套于摆动油缸体的框架 3 上，行星轮 5 固接于轴 6。油缸 2 驱动框架 3 带动轴 6 和轮 5 在水平面内转动，由于轮 5 与轮 4 啮合又产生了轮 5 和轴 6 的自转。

该机构可用于机械手中产生臂部的复合运动。在轴 6 端部装上夹紧器 7 和手指 8，则轴 6 在水平面内的转动可使夹持的工件从工位 I 送到工位 II，而轴 6 的自转又可使 I 工位水平放置的工件变为 II 工位的立放。调整两轮齿数可改变工件翻转角度，调整油缸摆角再配合构件 1 的移动可实现各工位间工件的传送。

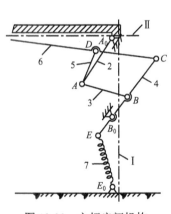

图 12-29　六杆启闭机构

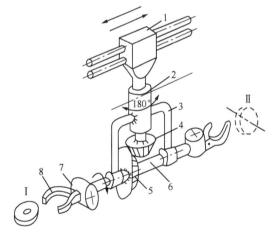

图 12-30　行星齿轮机构

3. 铸锭供料机构

在图 12-31 中，当机构处于实线位置时，铸锭 6 已自加热炉进入盛料器 4；由水压缸 1 推动连杆 2，使双摇杆机构转到 $AB'C'D$ 位置，盛料器 4 翻转 $180°$，铸锭 6 被卸在升降台 7 上。

4．汽车前轮转向机构

在图 12-32 中，*ABCD* 是等腰梯形双摇杆机构，汽车两前轮轮轴分别固接在两摇杆上，并且在摇杆 *DC* 上连接拉臂 *EF*。两前轮轴在一直线上并与后轮轴平行时，车直线行进；车要转弯时，推拉 *EF* 杆使 *CD* 和 *AB* 杆转动 α 和 β 角，也使前轮轴转过 α 和 β 角，如图 12-32（b）所示。车转弯时要求两前轮的转角 α 和 β 按规定比值变化，以保证两前轮轴线与后轮轴线交于一点 *P*，从而实现两前轮的轮胎在路面上纯滚动，避免因滑动使轮胎过早磨损或消耗动力。所以 α 和 β 角的大小应一一对应。用铰链四杆机构时，一般只有 5 点能精确实现其位置关系。

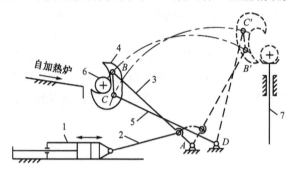

图 12-31　铸锭供料机构

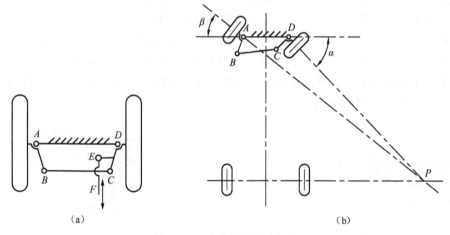

（a）　　　　　　　　　　　　　　　　　（b）

图 12-32　汽车前轮转向机构

第 13 章

连杆与凸轮机构的计算机辅助设计

随着计算机的应用日益广泛，在机构系统设计中采用计算机辅助设计的方法已日益普遍。它不仅可以使设计工作量大为减少，设计速度大为提高，而且可大大提高设计精度，从而更好地满足设计要求。

本章主要通过设计实例说明连杆机构及凸轮机构的计算机辅助设计。

13.1 计算机辅助四连杆机构设计

在如图 13-1 所示的铰链四杆机构 $ABCD$ 中，各杆长度分别为：$AB=a$，$BC=b$，$CD=c$，$DA=d$。构件 AD 为机架并沿 X 轴线方向。设构件 AB（输入构件）、BC（连杆）和 DC（输出构件）与 X 轴线方向的夹角分别为 θ、β、φ。本节应用矢量分析法建立构件长度与角度之间的关系，推导位移、速度、加速度的表达式。

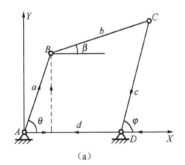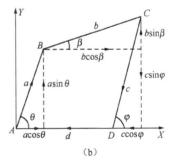

（a）　　　　　　　　　（b）

图 13-1　铰链四杆机构

13.1.1 位移分析

选取如图 13-1 所示的直角坐标系，X 轴与机架重合，将铰链四杆机构看成一个封闭矢量多边形，各矢量沿 X 轴和 Y 轴的分量和分别为零。

沿 X 轴的矢量和为：

$$a\cos\theta + b\cos\beta = d + c\cos\varphi \tag{13-1}$$

$$\to b^2\cos^2\beta = c^2\cos^2\varphi + d^2 + 2cd\cos\varphi + a^2\cos^2\theta - 2ac\cos\varphi\cos\theta - 2ad\cos\theta \tag{13-2}$$

沿 Y 轴矢量和为：

$$a\sin\theta + b\sin\beta = c\sin\varphi \tag{13-3}$$

$$\to b^2\sin^2\beta = c^2\sin^2\varphi + a^2\sin^2\theta - 2ac\sin\varphi\sin\theta \tag{13-4}$$

将式（13-2）与式（13-4）两边分别相加，得：

$$b^2 = c^2 + d^2 + a^2 - 2ac(\cos\varphi\cos\theta + \sin\varphi\sin\theta) - 2ad\cos\theta + 2cd\cos\varphi$$

$$\to \quad \cos\varphi\cos\theta + \sin\varphi\sin\theta = \frac{a^2 - b^2 + c^2 + d^2}{2ac} + \frac{d}{a}\cos\varphi - \frac{d}{c}\cos\theta \tag{13-5}$$

令

$$k_1 = \frac{d}{a}, \quad k_2 = \frac{d}{c}, \quad k_3 = \frac{a^2 - b^2 + c^2 + d^2}{2ac} \tag{13-6}$$

则

$$\cos\varphi\cos\theta + \sin\varphi\sin\theta = k_1\cos\varphi - k_2\cos\theta + k_3 \tag{13-7}$$

$$\to \cos(\varphi - \theta) \text{ 或 } \cos(\theta - \varphi) = k_1\cos\varphi - k_2\cos\theta + k_3$$

式（13-7）称为 Freudenstein 方程。对于给定的 θ 值，从式（13-7）中确定 φ 值是困难的，因此需要简化该方程。

将 $\sin\varphi = \dfrac{2\tan(\varphi/2)}{1+\tan^2(\varphi/2)}$ 和 $\cos\varphi = \dfrac{1-\tan^2(\varphi/2)}{1+\tan^2(\varphi/2)}$ 代入式（13-7），整理后得：

$$A\tan^2(\varphi/2) + B\tan(\varphi/2) + C = 0 \tag{13-8}$$

式中，

$$\begin{cases} A = (1 - k_2)\cos\theta + k_3 - k_1 \\ B = -2\sin\theta \\ C = k_1 + k_3 - (1 + k_2)\cos\theta \end{cases} \tag{13-9}$$

式（13-8）是 $\tan(\varphi/2)$ 的一元二次方程，它有两个根，即：

$$\tan(\varphi/2) = \frac{-B \pm \sqrt{B^2 - 4AC}}{2A}$$

$$\to \varphi = 2\arctan\left[\frac{-B \pm \sqrt{B^2 - 4AC}}{2A}\right] \tag{13-10}$$

如果给定构件长度 a、b、c、d 和输入构件 AB 的角位移 θ，则由式（13-10）可得到输出构件 CD 的角位移 φ。

为了推导输入构件 AB 的角位移 θ 和连杆 BC 的角位移 β 之间的关系，则由式（13-1）和式（13-3）消除角 φ。

式（13-1）可重写为：

$$c\cos\varphi = a\cos\theta + b\cos\beta - d \tag{13-11}$$

$$\rightarrow \quad c^2\cos^2\varphi = a^2\cos^2\theta + b^2\cos^2\beta + 2ab\cos\theta\cos\beta + d^2 - 2ad\cos\theta - 2bd\cos\beta \tag{13-12}$$

式（13-3）可重写为：

$$c\sin\varphi = a\sin\theta + b\sin\beta \tag{13-13}$$

$$\rightarrow c^2\sin^2\varphi = a^2\sin^2\theta + b^2\sin^2\beta + 2ab\sin\theta\sin\beta \tag{13-14}$$

将式（13-12）和式（13-14）两边相加，得：

$$c^2 = a^2 + b^2 + d^2 + 2ab(\cos\theta\cos\beta + \sin\theta\sin\phi) - 2ad\cos\theta - 2bd\cos\beta$$

$$\rightarrow \cos\theta\cos\beta + \sin\theta\sin\varphi = \frac{c^2 - a^2 - b^2 - d^2}{2ab} + \frac{b}{d}\cos\theta + \frac{d}{a}\cos\beta \tag{13-15}$$

令

$$k_1 = \frac{d}{a}, \quad k_4 = \frac{d}{b}, \quad k_5 = \frac{c^2 - a^2 - b^2 - d^2}{2ab} \tag{13-16}$$

则式（13-15）可重写为：

$$\cos\theta\cos\beta + \sin\theta\sin\varphi = k_1\cos\beta + k_4\cos\theta + k_5 \tag{13-17}$$

将 $\sin\beta = \dfrac{2\tan(\beta/2)}{1 + \tan^2(\beta/2)}$ 和 $\cos\beta = \dfrac{1 - \tan^2(\beta/2)}{1 + \tan^2(\beta/2)}$ 代入式（13-17），整理后得：

$$D\tan^2(\beta/2) + E\tan(\beta/2) + F = 0 \tag{13-18}$$

式中，

$$\begin{cases} D = (k_4 + 1)\cos\theta + k_5 - k_1 \\ E = -2\sin\theta \\ F = (k_4 - 1)\cos\theta + k_5 + k_1 \end{cases} \tag{13-19}$$

式（13-18）是 $\tan(\beta/2)$ 的一元二次方程，它有两个根，即：

$$\tan(\beta/2) = \frac{-E \pm \sqrt{E^2 - 4DF}}{2D}$$

$$\rightarrow \quad \beta = 2\arctan\left[\frac{-E \pm \sqrt{E^2 - 4DF}}{2D}\right] \tag{13-20}$$

从式（13-20）中可得连杆 BC 的角位移 β。

需要注意的是：确定 φ 角后，角 β 的值可直接由式（13-1）和式（13-3）得到。

13.1.2　速度分析

设 $\omega_1 = \dfrac{\mathrm{d}\theta}{\mathrm{d}t}$ 是构件 AB 的角速度；$\omega_2 = \dfrac{\mathrm{d}\beta}{\mathrm{d}t}$ 是构件 BC 的角速度；$\omega_3 = \dfrac{\mathrm{d}\varphi}{\mathrm{d}t}$ 是构件 CD 的角速度。

将式（13-1）对时间求导数，得：

$$-a\sin\theta \cdot \frac{\mathrm{d}\theta}{\mathrm{d}t} - b\sin\beta \cdot \frac{\mathrm{d}\beta}{\mathrm{d}t} + c\sin\varphi \cdot \frac{\mathrm{d}\varphi}{\mathrm{d}t} = 0$$

$$\rightarrow \quad -a\omega_1\sin\theta - b\omega_2\sin\beta + c\omega_3\sin\varphi = 0 \tag{13-21}$$

将式（13-3）对时间求导数，得：

$$a\cos\theta \cdot \frac{\mathrm{d}\theta}{\mathrm{d}t} + b\cos\beta \cdot \frac{\mathrm{d}\beta}{\mathrm{d}t} = c\cos\varphi \cdot \frac{\mathrm{d}\varphi}{\mathrm{d}t}$$

$$\rightarrow \quad a\omega_1\cos\theta + b\omega_2\cos\beta - c\omega_3\cos\varphi = 0 \tag{13-22}$$

将式（13-21）两边分别乘以 $\cos\beta$，式（13-22）两边分别乘以 $\sin\beta$，得：

$$-a\omega_1\sin\theta\cos\beta - b\omega_2\sin\beta\cos\beta + c\omega_3\sin\varphi\cos\beta = 0 \tag{13-23}$$

$$a\omega_1\cos\theta\sin\beta + b\omega_2\cos\beta\sin\beta - c\omega_3\cos\varphi\sin\beta = 0 \tag{13-24}$$

将式（13-23）和式（13-24）相加，得：

$$a\omega_1\sin(\beta-\theta) + c\omega_3\sin(\varphi-\beta) = 0$$

$$\therefore \quad \omega_3 = \frac{-a\omega_1\sin(\beta-\theta)}{c\sin(\varphi-\beta)} \tag{13-25}$$

同理，将式（13-21）两边分别乘以 $\cos\varphi$，式（13-22）两边分别乘以 $\sin\varphi$，得：

$$-a\omega_1\sin\theta\cos\varphi - b\omega_2\sin\beta\cos\varphi + c\omega_3\sin\varphi\cos\varphi = 0 \tag{13-26}$$

$$\rightarrow a\omega_1\cos\theta\sin\varphi + b\omega_2\cos\beta\sin\varphi - c\omega_3\cos\varphi\sin\varphi = 0 \tag{13-27}$$

将式（13-26）和式（13-27）相加，得：

$$a\omega_1\sin(\varphi-\theta) + b\omega_2\sin(\varphi-\beta) = 0$$

$$\therefore \quad \omega_2 = \frac{-a\omega_1\sin(\varphi-\theta)}{b\sin(\varphi-\beta)} \tag{13-28}$$

已知 a、b、c、θ、φ、β 和 ω_1，可从式（13-25）和式（13-28）中求得 ω_3 和 ω_2。

13.1.3　加速度分析

设 $\varepsilon_1 = \dfrac{\mathrm{d}\omega_1}{\mathrm{d}t}$ 是构件 AB 的角加速度；$\varepsilon_2 = \dfrac{\mathrm{d}\omega_2}{\mathrm{d}t}$ 是构件 BC 的角加速度；$\varepsilon_3 = \dfrac{\mathrm{d}\omega_3}{\mathrm{d}t}$ 是构件 CD 的角加速度。

将式（13-21）对时间求导数，得：

$$-a\left[\omega_1\cos\theta\frac{\mathrm{d}\theta}{\mathrm{d}t}+\sin\theta\frac{\mathrm{d}\omega_1}{\mathrm{d}t}\right]-b\left[\omega_2\cos\beta\frac{\mathrm{d}\beta}{\mathrm{d}t}+\sin\beta\frac{\mathrm{d}\omega_2}{\mathrm{d}t}\right]$$
$$+c\left[\omega_3\cos\varphi\frac{\mathrm{d}\varphi}{\mathrm{d}t}+\sin\varphi\frac{\mathrm{d}\omega_3}{\mathrm{d}t}\right]=0$$

$$\rightarrow\quad -a\omega_1^2\cos\theta-a\varepsilon_1\sin\theta-b\omega_2^2\cos\beta-b\varepsilon_2\sin\beta+c\omega_3^2\cos\varphi+c\varepsilon_3\sin\varphi=0 \quad（13\text{-}29）$$

将式（13-22）对时间求导数，得：

$$-a\left[\omega_1\sin\theta\frac{\mathrm{d}\theta}{\mathrm{d}t}-\cos\theta\frac{\mathrm{d}\omega_1}{\mathrm{d}t}\right]-b\left[\omega_2\sin\beta\frac{\mathrm{d}\beta}{\mathrm{d}t}-\cos\beta\frac{\mathrm{d}\omega_2}{\mathrm{d}t}\right]$$
$$+c\left[\omega_3\sin\varphi\frac{\mathrm{d}\varphi}{\mathrm{d}t}-\cos\varphi\frac{\mathrm{d}\omega_3}{\mathrm{d}t}\right]=0$$

$$\rightarrow\quad -a\omega_1^2\sin\theta+a\cos\theta\varepsilon_1-b\omega_2^2\sin\beta+b\cos\beta\varepsilon_2+c\omega_3^2\sin\varphi-c\cos\varphi\varepsilon_3=0 \quad（13\text{-}30）$$

将式（13-29）两边分别乘以 $\cos\varphi$，式（13-30）两边分别乘以 $\sin\varphi$，得：

$$-a\omega_1^2\cos\theta\cos\varphi-a\varepsilon_1\sin\theta\cos\varphi-b\omega_2^2\cos\beta\cos\varphi-b\varepsilon_2\sin\beta\cos\varphi$$
$$+c\omega_3^2\cos^2\varphi+c\varepsilon_3\sin\varphi\cos\varphi=0 \quad（13\text{-}31）$$

$$-a\omega_1^2\sin\theta\sin\varphi+a\varepsilon_1\cos\theta\sin\varphi-b\omega_2^2\sin\beta\sin\varphi+b\varepsilon_2\cos\beta\sin\varphi$$
$$+c\omega_3^2\sin^2\varphi-c\varepsilon_3\cos\varphi\sin\varphi=0 \quad（13\text{-}32）$$

将式（13-31）和式（13-32）相加，得：

$$-a\omega_1^2(\cos\varphi\cos\theta+\sin\varphi\sin\theta)+a\varepsilon_1(\sin\varphi\cos\theta-\cos\varphi\sin\theta)$$
$$-b\omega_2^2(\cos\varphi\cos\beta+\sin\varphi\sin\beta)+b\varepsilon_2(\sin\varphi\cos\beta-\cos\varphi\sin\beta)+c\omega_3^2=0$$

$$\rightarrow\quad -a\omega_1^2\cos(\varphi-\theta)+a\varepsilon_1\sin(\varphi-\theta)-b\omega_2^2\cos(\varphi-\beta)+b\varepsilon_2\sin(\varphi-\beta)+c\omega_3^2=0$$

$$\rightarrow\quad \varepsilon_2=\frac{-a\varepsilon_1\sin(\varphi-\theta)+a\omega_1^2\cos(\varphi-\theta)+b\omega_2^2\cos(\varphi-\beta)-c\omega_3^2}{b\sin(\varphi-\beta)}=0 \quad（13\text{-}33）$$

同理，将式（13-29）两边分别乘以 $\cos\beta$，式（13-30）两边分别乘以 $\sin\beta$，得：

$$-a\omega_1^2\cos\theta\cos\beta-a\sin\theta\cos\beta\varepsilon_1-b\omega_2^2\cos^2\beta-b\varepsilon_2\sin\beta\cos\beta$$
$$+c\omega_3^2\cos\varphi\cos\beta+c\varepsilon_3\sin\varphi\cos\beta=0 \quad（13\text{-}34）$$

$$-a\omega_1^2\sin\theta\sin\beta+a\varepsilon_1\cos\theta\sin\beta-b\omega_2^2\sin^2\beta+b\varepsilon_2\cos\beta\sin\beta$$
$$+c\omega_3^2\sin\varphi\sin\beta-c\varepsilon_3\cos\varphi\sin\beta=0 \quad（13\text{-}35）$$

将式（13-34）和式（13-35）相加，得：

$$-a\omega_1^2\cos(\beta-\theta)+a\varepsilon_1\sin(\beta-\theta)-b\omega_2^2+c\omega_3^2\cos(\varphi-\beta)+c\varepsilon_3\sin(\varphi-\beta)=0$$

$$\rightarrow\quad \varepsilon_3=\frac{-a\varepsilon_1\sin(\beta-\theta)+a\omega_1^2\cos(\beta-\theta)+b\omega_2^2-c\omega_3^2\cos(\varphi-\beta)}{c\sin(\varphi-\beta)}=0 \quad（13\text{-}36）$$

从式（13-33）和式（13-36）可确定构件 BC 和 CD 的角加速度 ε_2 和 ε_3。

13.1.4 四连杆机构程序设计

下面是用 VB 编制的程序，对于四杆机构中曲柄的不同角位置，可求出其余构件的速度和加速度。

```
Rem    program to find the velocity and acceleration in a four-bar mechaniam
Private Sub Command1_Click()
    Dim  PH(2), PHI(2), PP(2), BET(2), BT(2), VELC(2), VELB(2), ACCC(2),ACCB(2), C1(2), C2(2),
C3(2), C4(2), B1(2), B2(2), B3(2), B4(2) As Double
    Dim A, B, C, D, VELA, ACCA, THETA As Double
    Picture1.Cls
    A = Val(Text1(0))
    B = Val(Text1(1))
    C = Val(Text1(2))
    D = Val(Text1(3))
    VELA = Val(Text1(4))
    ACCA = Val(Text1(5))
    THETA = Val(Text1(6))
    PI = 4# * Atn(1#)
    THET = 0
    IHT = 180 / THETA
    DTHET = PI / IHT
    Print
    Print
    For J = 1 To 2 * IHT
    THET = (J - 1) * DTHET
    AK = (A * A - B * B + C * C + D * D) * 0.5
    TH = THET * 180 / PI
    AA = AK - A * (D - C) * Cos(THET) - C * D
    BB = -2# * A * C * Sin(THET)
    CC = AK - A * (D + C) * Cos(THET) + C * D
    AB = BB ^ 2 - 4 * AA * CC
If (AB >= 0) Then
    PHH = Sqr(AB)
    PH(1) = -BB + PHH
    PH(2) = -BB - PHH
    If (J = 1) Then
      Picture1.Print "THET", "PHI", "BETA", "VELC", "VELB", "ACCC", "ACCB"
    End If
    For I = 1 To 2
        PHI(I) = Atn(PH(I) * 0.5 / AA) * 2
        PP(I) = PHI(I) * 180 / PI
```

```
            X = (C * Sin(PHI(I)) - A * Sin(THET)) / B
            BET(I) = Atn(X / Sqr(-X * X + 1))
            BT(I) = BET(I) * 180 / PI
            VELC(I) = (A * VELA * Sin(BET(I) - THET)) / (C * Sin(BET(I) - PHI(I)))
            VELB(I) = (A * VELA * Sin(PHI(I) - THET)) / (B * Sin(BET(I) - PHI(I)))
            C1(I) = A * ACCA * Sin(BET(I) - THET)
            C2(I) = A * VELA ^ 2 * Cos(BET(I) - THET) + B * VELB(I) ^ 2
            C3(I) = C * VELC(I) ^ 2 * Cos(PHI(I) - BET(I))
            C4(I) = C * (Sin(BET(I) - PHI(I)))
            ACCC(I) = (C1(I) - C2(I) + C3(I)) / C4(I)
            B1(I) = A * ACCA * Sin(PHI(I) - THET)
            B2(I) = A * VELA ^ 2 * Cos(PHI(I) - THET)
            B3(I) = B * VELB(I) ^ 2 * Cos(PHI(I) - BET(I)) - C * VELC(I) ^ 2
            B4(I) = B * (Sin(BET(I) - PHI(I)))
            ACCB(I) = (B1(I) - B2(I) - B3(I)) / B4(I)
        Next I
        Picture1.Print Format(TH, "0.00"), Format(PP(1), "0.00"), Format(BT(1), "0.00"), _
                Format(VELC(1), "0.00"), Format(VELB(1), "0.00"), Format(ACCC(1), "0.00"), _
                Format(ACCB(1), "0.00")
        Picture1.Print , Format(PP(2), "0.00"), Format(BT(2), "0.00"), Format(VELC(2), "0.00"), _
                Format(VELB(2), "0.00"), Format(ACCC(2), "0.00"), Format(ACCB(2), "0.00")
    End If
Next J
End Sub
```

上述程序中的输入变量分别是：

A、B、C、D 分别表示构件 *AB*、*BC*、*CD*、*DA* 的长度，单位为 mm；

THETA 表示输入角的间隔，单位为°；

THET 表示输入构件 *AB* 的角位移，单位为°；

VELA 表示输入构件 *AB* 的角速度，单位为 rad/s；

ACCA 表示输入构件 *AB* 的角加速度，单位为 rad/s^2。

输出变量分别是：

PHI 表示输出构件 *DC* 的角位移，单位为°；

BETA 表示连杆 *BC* 的角位移，单位为°；

VELC 表示输出构件 *DC* 的角速度，单位为 rad/s；

VELB 表示连杆 *BC* 的角速度，单位为 rad/s；

ACCC 表示输出构件 *DC* 的角加速度，单位为 rad/s^2；

ACCB 表示连杆 *BC* 的角加速度，单位为 rad/s^2。

例 13-1　*ABCD* 是一铰链四杆机构，构件 *AD* 为机架，*AB* 为输入构件，*DC* 为输出构件；构件的长度分别是：*AB*=300mm；*BC*=360mm；*CD*=360mm；*AD*=600mm。曲柄 *AB* 的角速度 $\omega_1 = 10 \, \text{rad/s}$，角加速度 $\varepsilon_1 = -30 \, \text{rad/s}^2$，均为逆时针方向。求曲柄 *AB* 每隔 15° 时，构件 *DC* 和 *BC* 的角位移、角速度和角加速度。

解：给定的输入是：A=300，B=360，C=360，D=600；VELA=10；ACCA=-30；THETA=15。输出结果见表 13-1。

表 13-1　计算机辅助铰链四杆机构设计结果

THET	PHI	BETA	VELC	VELB	ACCC	ACCB
0.00	−114.62	−65.38	−10.00	−10.00	−61.67	121.67
	114.62	65.38	−10.00	−10.00	121.67	−61.67
15.00	−130.42	−77.68	−10.46	−5.94	75.13	214.62
	102.32	49.58	−5.94	−10.46	214.62	75.13
30.00	−144.88	−82.70	−8.69	−0.84	101.52	181.43
	97.30	35.12	−0.84	−8.69	181.43	101.52
45.00	−156.56	−80.79	−6.97	3.16	73.25	118.13
	99.21	23.44	3.16	−6.97	118.13	73.25
60.00	−166.19	−73.81	−6.02	6.02	38.02	77.45
	106.19	13.81	6.02	−6.02	77.45	38.02
75.00	−175.08	−62.96	−6.02	8.46	−7.10	73.54
	117.04	4.92	8.46	−6.02	73.54	−7.10
90.00	174.73	−47.86	−8.26	12.26	−180.18	216.18
	132.14	−5.27	12.26	−8.26	216.18	−180.18
270.00	−132.14	5.27	12.26	−8.26	−289.73	229.73
	−174.73	47.86	−8.26	12.26	229.73	−289.73
285.00	−117.04	−4.92	8.46	−6.02	−124.28	43.24
	175.08	62.96	−6.02	8.46	43.24	−124.28
300.00	−106.19	−13.81	6.02	−6.02	−113.57	−1.90
	166.19	73.81	−6.02	6.02	−1.90	−133.57
315.00	−99.21	−23.44	3.16	−6.97	−137.08	−31.41
	156.56	80.79	−6.97	3.16	−31.41	−137.08
330.00	−97.30	−35.12	−0.84	−8.69	−176.39	−49.36
	144.88	82.70	−8.69	−0.84	−49.36	−176.39
345.00	−102.32	−49.58	−5.94	−10.46	−178.97	−12.37
	130.42	77.68	−10.46	−5.94	−12.37	−178.97

13.2 计算机辅助曲柄滑块机构的设计

曲柄滑块机构如图 13-2（a）所示。BC 的长度为 b，曲柄 AB 的长度为 a，以匀角速度 ω_1（rad/s）逆时针方向旋转，曲柄的角加速度为 ε_1（rad/s²）。曲柄的位置角为 θ，滑块的偏距为 e。这里应用矢量分析法建立构件长度与角度之间的关系，推导连杆和滑块位移、速度、加速度的表达式。

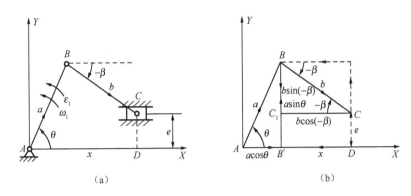

图 13-2　曲柄滑块机构

13.2.1　位移分析

选取如图 13-2 所示的直角坐标系，X 轴通过 A 点与滑块的导路平行，将曲柄滑块机构看成一个封闭矢量多边形，各矢量沿 X 轴和 Y 轴的分量和分别为零。

沿 X 轴方向的矢量和为：

$$a\cos\theta + b\cos(-\beta) - x = 0$$

$$\rightarrow \quad b\cos\beta = x - a\cos\theta \tag{13-37}$$

$$\rightarrow \quad b^2\cos^2\beta = x^2 + a^2\cos^2\theta - 2xa\cos\theta \tag{13-38}$$

沿 Y 轴方向的矢量和为：

$$b\sin(-\beta) + e - a\sin\theta = 0$$

$$\rightarrow \quad b\sin\beta = e - a\sin\theta \tag{13-39}$$

$$\rightarrow \quad b^2\sin^2\beta = e^2 + a^2\sin^2\theta - 2ea\sin\theta \tag{13-40}$$

将式（13-38）和式（13-40）相加，得：

$$b^2 = a^2 + e^2 + x^2 - 2xa\cos\theta - 2ea\sin\theta$$

$$\rightarrow \quad x^2 + (-2a\cos\theta)x + a^2 - b^2 + e^2 - 2ea\sin\theta = 0$$

上式可写为：

$$x^2 + k_1 x + k_2 = 0 \tag{13-41}$$

式中，

$$k_1 = -2a\cos\theta, \quad k_2 = a^2 - b^2 + e^2 - 2ea\sin\theta \tag{13-42}$$

式（13-41）是 x 的一元二次方程，它有两个根，即：

$$x = \frac{-k_1 \pm \sqrt{k_1^2 - 4k_2}}{2} \tag{13-43}$$

根据式（13-43），已知 a、b、e 和 θ，就可求出滑块的输出位移 x。连杆 BC 的位置角 β 可由式（13-39）进行如下推导：

$$\sin\beta = \frac{e - a\sin\theta}{b}$$

$$\beta = \arcsin\left(\frac{e - a\sin\theta}{b}\right) \tag{13-44}$$

要注意的是，当 $e = 0$ 为对心曲柄滑块机构时，滑块移动轴线与 X 轴重合，此时，式（13-42）和式（13-44）可写为：

$$k_1 = -2a\cos\theta, \quad k_2 = a^2 - b^2$$

$$\beta = \arcsin\left(\frac{-a\sin\theta}{b}\right)$$

13.2.2 速度分析

设 $\omega_1 = \dfrac{\mathrm{d}\theta}{\mathrm{d}t}$ 是曲柄 AB 的角速度；$\omega_2 = \dfrac{\mathrm{d}\beta}{\mathrm{d}t}$ 是连杆 BC 的角速度；$v_S = \dfrac{\mathrm{d}x}{\mathrm{d}t}$ 是滑块的线速度。

将式（13-37）对时间求导数，得：

$$-b\sin\beta\frac{\mathrm{d}\beta}{\mathrm{d}t} = \frac{\mathrm{d}x}{\mathrm{d}t} + a\sin\theta\frac{\mathrm{d}\theta}{\mathrm{d}t}$$

$$-a\omega_1\sin\theta - b\omega_2\sin\beta - \frac{\mathrm{d}x}{\mathrm{d}t} = 0 \tag{13-45}$$

将式（13-39）对时间求导数，得：

$$b\cos\beta\frac{\mathrm{d}\beta}{\mathrm{d}t} = -a\cos\theta\frac{\mathrm{d}\theta}{\mathrm{d}t}$$

$$a\omega_1\cos\theta + b\omega_2\cos\beta = 0 \tag{13-46}$$

将式（13-45）乘以 $\cos\beta$，式（13-46）乘以 $\sin\beta$，得：

$$-a\omega_1\sin\theta\cos\beta - b\omega_2\sin\beta\cos\beta - \frac{\mathrm{d}x}{\mathrm{d}t}\cos\beta = 0 \tag{13-47}$$

$$a\omega_1\cos\theta\sin\beta + b\omega_2\cos\beta\sin\beta = 0 \tag{13-48}$$

将式（13-47）和式（13-48）相加，得：

$$a\omega_1(\sin\beta\cos\theta - \cos\beta\sin\theta) - \frac{\mathrm{d}x}{\mathrm{d}t}\cos\beta = 0$$

$$\rightarrow \quad a\omega_1\sin(\beta - \theta) = \frac{\mathrm{d}x}{\mathrm{d}t}\cos\beta$$

$$\rightarrow \quad \frac{\mathrm{d}x}{\mathrm{d}t} = \frac{a\omega_1\sin(\beta - \theta)}{\cos\beta} \tag{13-49}$$

根据式（13-49）可求出滑块的线速度 v_S。

连杆 BC 的角速度 ω_2 可从式（13-46）推导出：

$$\omega_2 = \frac{-a\omega_1 \cos\theta}{b\cos\beta} \tag{13-50}$$

13.2.3　加速度分析

设 $\varepsilon_1 = \dfrac{\mathrm{d}\omega_1}{\mathrm{d}t}$ 是曲柄 AB 的角加速度；$\varepsilon_2 = \dfrac{\mathrm{d}\omega_2}{\mathrm{d}t}$ 是连杆 BC 的角加速度；$a_s = \dfrac{\mathrm{d}^2 x}{\mathrm{d}t^2}$ 是滑块的线加速度。

将式（13-45）对时间求导数，得：

$$-a\left[\omega_1 \cos\theta \frac{\mathrm{d}\theta}{\mathrm{d}t} + \sin\theta \frac{\mathrm{d}\omega_1}{\mathrm{d}t}\right] - b\left[\omega_2 \cos\beta \frac{\mathrm{d}\beta}{\mathrm{d}t} + \sin\beta \frac{\mathrm{d}\omega_2}{\mathrm{d}t}\right] - \frac{\mathrm{d}^2 x}{\mathrm{d}t^2} = 0$$

$$\rightarrow -a\left[\varepsilon_1 \sin\theta + \omega_1^2 \cos\theta\right] - b\left[\varepsilon_2 \sin\beta + \omega_2^2 \cos\beta\right] - \frac{\mathrm{d}^2 x}{\mathrm{d}t^2} = 0 \tag{13-51}$$

将式（13-46）对时间求导数，得：

$$a\left[\omega_1(-\sin\theta)\frac{\mathrm{d}\theta}{\mathrm{d}t} + \cos\theta \frac{\mathrm{d}\omega_1}{\mathrm{d}t}\right] + b\left[\omega_2(-\sin\beta)\frac{\mathrm{d}\beta}{\mathrm{d}t} + \cos\beta \frac{\mathrm{d}\omega_2}{\mathrm{d}t}\right] = 0$$

$$\rightarrow a\left[\varepsilon_1 \cos\theta - \omega_1^2 \sin\theta\right] + b\left[\varepsilon_2 \cos\beta - \omega_2^2 \sin\beta\right] = 0 \tag{13-52}$$

将式（13-51）乘以 $\cos\beta$，式（13-52）乘以 $\sin\beta$，得：

$$-a\left[\varepsilon_1 \sin\theta \cos\beta + \omega_1^2 \cos\theta \cos\beta\right] - b\left[\varepsilon_2 \sin\beta \cos\beta + \omega_2^2 \cos^2\beta\right] - \frac{\mathrm{d}^2 x}{\mathrm{d}t^2}\cos\beta = 0 \tag{13-53}$$

$$a\left[\varepsilon_1 \cos\theta \sin\beta - \omega_1^2 \sin\theta \sin\beta\right] + b\left[\varepsilon_2 \cos\beta \sin\beta - \omega_2^2 \sin^2\beta\right] = 0 \tag{13-54}$$

将式（13-53）和式（13-54）相加，得：

$$a\left[\varepsilon_1(\sin\beta \cos\theta - \cos\beta \sin\theta) - \omega_1^2(\cos\beta \cos\theta + \sin\beta \sin\theta)\right]$$
$$- b\omega_2^2(\cos^2\beta + \sin^2\beta) - \frac{\mathrm{d}^2 x}{\mathrm{d}t^2}\cos\beta = 0$$

$$\rightarrow \quad a\varepsilon_1 \sin(\beta - \theta) - a\omega_1^2 \cos(\beta - \theta) - b\omega_2^2 - \frac{\mathrm{d}^2 x}{\mathrm{d}t^2}\cos\beta = 0$$

$$\therefore \quad \frac{\mathrm{d}^2 x}{\mathrm{d}t^2} = \frac{a\varepsilon_1 \sin(\beta - \theta) - a\omega_1^2 \cos(\beta - \theta) - b\omega_2^2}{\cos\beta} \tag{13-55}$$

根据式（13-55）可求出滑块的加速度 a_s。

连杆的角加速度 ε_2 可由式（13-52）确定。

$$\varepsilon_2 = \frac{b\omega_2^2 \sin\beta - a(\varepsilon_1 \cos\theta - \omega_1^2 \sin\theta)}{b\cos\beta} \qquad (13\text{-}56)$$

13.2.4　曲柄滑块机构的程序设计

下面是用 VB 编制的求曲柄滑块机构速度和加速度的程序。

```
Rem program to find the velocity and acceleration in a slider crank mechanism
Private Sub Command1_Click()
    Dim TH, BET, VS, VB, AC1, AC2, AC3, AC4, ACB As Double
    Dim A, B, E, VA, ACC, THA As Double
    Picture1.Cls
    PI = 4# * Atn(1#)
    A = Val(Text1(0))
    B = Val(Text1(1))
    E = Val(Text1(2))
    VA = Val(Text1(3))
    ACC = Val(Text1(4))
    THA = Val(Text1(5))
    TH = 0
    IH = 180 / THA
    DTH = PI / IH
    For I = 1 To 2 * IH
        TH = (I - 1) * DTH
        X = (E - A * Sin(TH)) / B
        BET = Atn(X / Sqr(-X * X + 1))
        VS = -A * VA * Sin(TH - BET) / (Cos(BET) * 1000)
        VB = -A * VA * Cos(TH) / B * Cos(BET)
        AC1 = A * ACC * Sin(BET - TH) - B * VB ^ 2
        AC2 = A * VA ^ 2 * Cos(BET - TH)
        ACS = (AC1 - AC2) / (Cos(BET) * 1000)
        AC3 = A * ACC * Cos(TH) - A * VA ^ 2 * Sin(TH)
        AC4 = B * VB ^ 2 * Sin(BET)
        ACB = -(AC3 - AC4) / (B * Cos(BET))
        If (I = 1) Then
            Picture1.Print "TH", "BET", "VS", "VB", "ACS", "ACB"
        End If
        Picture1.Print Format(TH * 180 / PI, "0.00"), Format(BET * 180 / PI, "0.00"), Format(VS, "0.00"),
Format(VB, "0.00"), _
                        Format(ACS, "0.00"), Format(ACB, "0.00")
    Next I
End Sub
```

上述程序中的输入变量分别是：

A、B、E 分别表示曲柄（输入构件）AB、连杆 BC 和偏距 e 的长度，单位为 mm；

TH 表示曲柄 *AB* 的角位移，单位为°；

VA 表示曲柄 *AB* 的角速度，单位为 rad/s；

ACC 表示曲柄 *AB* 的角加速度，单位为 rad/s^2；

THA 表示输入角的间隔，单位为°。

输出变量分别是：

BET 表示连杆 *BC* 的角位移，单位为°；

VS 表示滑块的速度，单位为 m/s；

VB 表示连杆 *BC* 的角速度，单位为 rad/s；

ACS 表示滑块的加速度，单位为 m/s^2；

ACB 表示连杆 *BC* 的角加速度，单位为 rad/s^2。

例 13-2　在偏置曲柄滑块机构中，曲柄 *AB*=200mm，连杆 *BC*=750mm，偏距 *e*=50mm。如果曲柄以角速度 $\omega_1 = 20$ rad/s 和角加速度 $\varepsilon_1 = 10$ rad/s^2 旋转，求曲柄每隔 15° 时，①滑块的速度和加速度；②连杆 *BC* 的角速度和角加速度。

解：给定的输入分别是：A=200，B=750，E=50，VA=20；ACC=10；THA=15，应用程序得到的输出结果见表 13-2。

表 13-2　计算机辅助曲柄滑块机构设计结果

TH/°	BET/°	VS/（m/s）	VB/（rad/s）	ACS/（m/s）	ACB/（rad/s）
0.00	3.82	0.27	−5.35	−101.34	−0.76
15.00	−0.13	−1.04	−5.15	−97.65	24.97
30.00	−3.82	−2.23	−4.63	−83.83	49.71
45.00	−7.00	−3.18	−3.80	−62.12	72.32
60.00	−9.46	−3.80	−2.70	−35.92	91.08
75.00	−11.01	−4.07	−1.41	−9.22	103.87
90.00	−11.54	−4.00	0.00	14.33	108.87
105.00	−11.01	−3.66	1.41	32.39	105.28
120.00	−9.46	−3.13	2.70	44.42	93.78
135.00	−7.00	−2.48	3.80	51.37	76.12
150.00	−3.82	−1.77	4.63	54.96	54.34
165.00	−0.13	−1.03	5.15	56.91	30.12
180.00	3.82	−0.27	5.35	58.39	4.58
195.00	7.80	0.51	5.20	59.90	−21.56
210.00	11.54	1.29	4.71	61.08	−47.54
225.00	14.79	2.08	3.90	60.74	−72.04
240.00	17.31	2.84	2.79	56.89	−92.93
255.00	18.92	3.51	1.46	47.26	−107.46
270.00	19.47	4.00	0.00	30.28	−113.14
285.00	18.92	4.22	−1.46	6.20	−108.92

TH/°	BET/°	VS/（m/s）	VB/（rad/s）	ACS/（m/s）	ACB/（rad/s）
300.00	17.31	4.09	-2.79	-22.49	-95.72
315.00	14.79	3.58	-3.90	-51.65	-75.94
330.00	11.54	2.71	-4.71	-76.77	-52.25
345.00	7.80	1.56	-5.20	-94.12	-26.76

13.3　计算机辅助函数生成机构设计

13.3.1　函数生成机构的设计

在如图 13-3 所示的铰链四杆机构中，要求实现两连架杆的 3 对对应角位移。

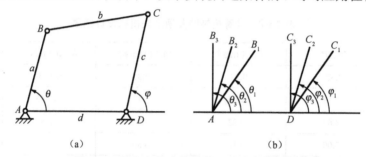

（a）　　　　　　　　　　　　　　（b）

图 13-3　输入与输出构件的 3 对对应角位移

已知输入构件 AB 的 3 个角位移分别是 θ_1、θ_2、θ_3，分别对应输出构件的 3 个角位移 φ_1、φ_2、φ_3，求四杆机构的构件长度 a、b、c、d。

从 13.1.1 节的 Freudenstein 方程可知：

$$k_1 \cos\varphi - k_2 \cos\theta + k_3 = \cos(\theta - \varphi) \tag{13-57}$$

式中，

$$k_1 = \frac{d}{a}, \quad k_2 = \frac{d}{c}, \quad k_3 = \frac{a^2 - b^2 + c^2 + d^2}{2ac} \tag{13-58}$$

对于四杆机构的 3 对对应位置有：

$$k_1 \cos\varphi_1 - k_2 \cos\theta_1 + k_3 = \cos(\theta_1 - \varphi_1) \tag{13-59}$$

$$k_1 \cos\varphi_2 - k_2 \cos\theta_2 + k_3 = \cos(\theta_2 - \varphi_2) \tag{13-60}$$

$$k_1 \cos\varphi_3 - k_2 \cos\theta_3 + k_3 = \cos(\theta_3 - \varphi_3) \tag{13-61}$$

将式（13-59）、式（13-60）和式（13-61）联立，可求解 k_1、k_2、k_3。

$$\Delta = \begin{vmatrix} \cos\varphi_1 & -\cos\theta_1 & 1 \\ \cos\varphi_2 & -\cos\theta_2 & 1 \\ \cos\varphi_3 & -\cos\theta_3 & 1 \end{vmatrix} \tag{13-62}$$

$$\Delta_1 = \begin{vmatrix} \cos(\theta_1 - \varphi_1) & -\cos\theta_1 & 1 \\ \cos(\theta_2 - \varphi_2) & -\cos\theta_2 & 1 \\ \cos(\theta_3 - \varphi_3) & -\cos\theta_3 & 1 \end{vmatrix} \qquad (13\text{-}63)$$

$$\Delta_2 = \begin{vmatrix} \cos\varphi_1 & \cos(\theta_1 - \varphi_1) & 1 \\ \cos\varphi_2 & \cos(\theta_2 - \varphi_2) & 1 \\ \cos\varphi_3 & \cos(\theta_3 - \varphi_3) & 1 \end{vmatrix} \qquad (13\text{-}64)$$

$$\Delta_3 = \begin{vmatrix} \cos\varphi_1 & -\cos\theta_1 & \cos(\theta_1 - \varphi_1) \\ \cos\varphi_2 & -\cos\theta_2 & \cos(\theta_2 - \varphi_2) \\ \cos\varphi_3 & -\cos\theta_3 & \cos(\theta_3 - \varphi_3) \end{vmatrix} \qquad (13\text{-}65)$$

则 k_1、k_2、k_3 的值可由下式给出：

$$k_1 = \frac{\Delta_1}{\Delta}, \quad k_2 = \frac{\Delta_2}{\Delta}, \quad k_3 = \frac{\Delta_3}{\Delta} \qquad (13\text{-}66)$$

k_1、k_2、k_3 的值确定后，四杆机构的构件长度 a、b、c、d 可由式（13-58）求出。实际上，可假定 a 或 d 的值为 1，求出其他构件的相对长度。

13.3.2　函数生成机构的程序设计

下面是函数生成机构的程序。

```
Rem program to coordinate angular displacements of the input and output links in three positions
Private Sub Command1_Click()
Dim Q1, Q2, Q3, P1, P2, P3, QA, QB, QC, PA, PB, PC, AA, BB, CC As Double
Dim DT, DT1, DT2, DT3, a, b, c, d As Double
Picture1.Cls
PI = 4# * Atn(1#)
Q1 = Val(Text1(0))
Q2 = Val(Text1(1))
Q3 = Val(Text1(2))
P1 = Val(Text1(3))
P2 = Val(Text1(4))
P3 = Val(Text1(5))
RAD = 4# * Atn(1#) / 180
QA = Cos(Q1 * RAD)
QB = Cos(Q2 * RAD)
QC = Cos(Q3 * RAD)
PA = Cos(P1 * RAD)
PB = Cos(P2 * RAD)
PC = Cos(P3 * RAD)
AA = Cos((Q1 - P1) * RAD)
BB = Cos((Q2 - P2) * RAD)
```

```
        CC = Cos((Q3 - P3) * RAD)
        DT = -(PA * (QB - QC) + QA * (PC - PB) + (PB * QC - PC * QB))
        DT1 = -(AA * (QB - QC) + QA * (CC - BB) + (BB * QC - CC * QB))
        DT2 = PA * (BB - CC) + AA * (PC - PB) + (PB * CC - PC * BB)
        DT3 = -(PA * (QB * CC - QC * BB) + QA * (BB * PC - CC * PB) + AA * (PB * QC - PC * QB))
        k1 = DT1 / DT
        k2 = DT2 / DT
        k3 = DT3 / DT
        a = 1
        d = a * k1
        c = d / k2
        b = Sqr(a * a + c * c + d * d - 2 * a * c * k3)
        Picture1.Print "k1="; k1, "k2="; k2, "k3="; k3
        Picture1.Print "a="; a, "b="; b, "c="; c, "d="; d
      End Sub
```

上述程序中，输入变量是：

Q1、Q2、Q3 分别表示输入构件 AB 的角位移，单位为°；

P1、P2、P3 分别表示输出构件 DC 的角位移，单位为°。

输出变量是：

A、B、C、D 分别表示构件 AB、BC、CD、DA 的长度值。

例 13-3 设计一铰链四杆机构，输入构件的 3 个角度 15°、30°、45° 分别对应于输出构件的 3 个角度 30°、40°、55°。

解： 已知 $\theta_1=15°$，$\theta_2=30°$，$\theta_3=45°$；$\varphi_1=30°$，$\varphi_2=40°$，$\varphi_3=55°$。

对于第 1 对对应位置（$\theta_1=15°$ 和 $\varphi_1=30°$）的 Freudenstein 方程是：

$$k_1\cos30° - k_2\cos15° + k_3 = \cos(15° - 30°)$$

$$0.866k_1 - 0.966k_2 + k_3 = 0.966 \tag{13-67}$$

同理，对于第 2 对对应位置（$\theta_2=30°$ 和 $\varphi_2=40°$）的 Freudenstein 方程是：

$$k_1\cos40° - k_2\cos30° + k_3 = \cos(30° - 40°)$$

$$0.766k_1 - 0.866k_2 + k_3 = 0.985 \tag{13-68}$$

对于第 3 对对应位置（$\theta_3=45°$ 和 $\varphi_3=55°$）的 Freudenstein 方程是：

$$k_1\cos55° - k_2\cos45° + k_3 = \cos(45° - 55°)$$

$$0.574k_1 - 0.707k_2 + k_3 = 0.985 \tag{13-69}$$

应用程序求解方程，得：

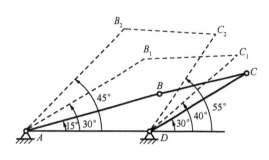

图 13-4 设计结果

$k_1 = 0.89873$，$k_2 = 1.8847$，$k_3 = 1.23898$

设 $a=1$，由程序得到其他构件的长度分别为：$b = 0.666$，$c = 0.826$，$d = 0.899$。

具有上述构件长度的机构构型如图 13-4 所示。

例 13-4 设计一四杆机构，使其产生函数 $y = \sin x$（$0 \leqslant x \leqslant 90°$），输入曲柄的范围 120° 对应于输出曲柄的范围是 60°。假设由切比雪夫间隔获得 3 个精确点，机架的长度是 52.5mm，$\theta_1=105°$，$\varphi_1 = 66°$。

解： 给定的值为：$x_S = 0$、$x_F = 90°$、$\Delta\varphi = 60°$、$\Delta\theta = 120°$、$d = 52.5\text{mm}$、$\theta_1 = 105°$、$\varphi_1 = 66°$。

根据切比雪夫间隔，当 $n = 3$ 时，x 对应于 3 个精确点的值是：

$$x_j = \frac{1}{2}(x_S + x_F) - \frac{1}{2}(x_F - x_S)\cos\left[\frac{\pi(2j-1)}{2n}\right], \quad j = 1,2,3$$

$$\therefore \quad x_1 = \frac{1}{2}(0 + 90) - \frac{1}{2}(90 - 0)\cos\left[\frac{\pi(2\times1-1)}{2\times3}\right] = 6°$$

$$x_2 = \frac{1}{2}(0 + 90) - \frac{1}{2}(90 - 0)\cos\left[\frac{\pi(2\times2-1)}{2\times3}\right] = 45°$$

$$x_3 = \frac{1}{2}(0 + 90) - \frac{1}{2}(90 - 0)\cos\left[\frac{\pi(2\times3-1)}{2\times3}\right] = 84°$$

由于 $y = \sin x$，对应的 y 值是：

$$y_1 = \sin x_1 = \sin 6° = 0.1045$$
$$y_2 = \sin x_2 = \sin 45° = 0.707$$
$$y_3 = \sin x_3 = \sin 84° = 0.9945$$
$$y_S = \sin x_S = \sin 0° = 0$$
$$y_F = \sin x_F = \sin 90° = 1$$

四杆机构的输入角 θ_j 与 x_j 之间的线性关系（如图 13-5 所示）为：

$$\theta_j = \theta_S + \frac{\theta_F - \theta_S}{x_F - x_S}(x_j - x_S), \quad j = 1,2,3$$

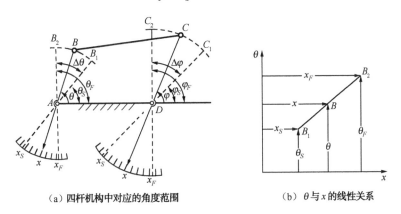

（a）四杆机构中对应的角度范围　　　　（b）θ 与 x 的线性关系

图 13-5　四杆机构中的函数关系

上式可写为

$$\theta_j = \theta_S + \frac{\Delta\theta}{\Delta x}(x_j - x_S), \quad j = 1,2,3$$

输入角 θ 对应的 3 个精确点的值是：

$$\theta_1 = \theta_S + \frac{\Delta\theta}{\Delta x}x_1 \qquad (\because x_S = 0) \tag{13-70}$$

$$\theta_2 = \theta_S + \frac{\Delta\theta}{\Delta x}x_2 \tag{13-71}$$

$$\theta_3 = \theta_S + \frac{\Delta\theta}{\Delta x}x_3 \qquad\qquad (13\text{-}72)$$

从式（13-70）、式（13-71）和式（13-72）中可求得：

$$\theta_2 - \theta_1 = \frac{\Delta\theta}{\Delta x}(x_2 - x_1) = \frac{120}{90}(45 - 6) = 52°$$

$$\theta_3 - \theta_2 = \frac{\Delta\theta}{\Delta x}(x_3 - x_2) = \frac{120}{90}(84 - 45) = 52°$$

$$\theta_3 - \theta_1 = \frac{\Delta\theta}{\Delta x}(x_3 - x_1) = \frac{120}{90}(84 - 6) = 104°$$

由于 $\theta_1 = 105°$（给定），所以：

$$\theta_2 = \theta_1 + 52° = 157°$$
$$\theta_3 = \theta_1 + 104° = 209°$$

四杆机构的输出角 φ 与 y 之间的关系为：

$$\varphi_j = \varphi_S + \frac{\varphi_F - \varphi_S}{y_F - y_S}(y_j - y_S)，\quad j = 1,2,3$$

上式可写为：

$$\varphi_j = \varphi_S + \frac{\Delta\varphi}{\Delta y}(y_j - y_S)，\quad j = 1,2,3$$

输出角 φ 对应的 3 个精确点的值是：

$$\varphi_1 = \varphi_S + \frac{\Delta\varphi}{\Delta y}y_1 \qquad (\because y_S = 0) \qquad (13\text{-}73)$$

$$\varphi_2 = \varphi_S + \frac{\Delta\varphi}{\Delta y}y_2 \qquad\qquad (13\text{-}74)$$

$$\varphi_3 = \varphi_S + \frac{\Delta\varphi}{\Delta y}y_3 \qquad\qquad (13\text{-}75)$$

从式（13-73）、式（13-74）和式（13-75）中可求得：

$$\varphi_2 - \varphi_1 = \frac{\Delta\varphi}{\Delta y}(y_2 - y_1) = \frac{60}{1}(0.707 - 0.1045) = 36.15°$$

$$\varphi_3 - \varphi_2 = \frac{\Delta\varphi}{\Delta y}(y_3 - y_2) = \frac{60}{1}(0.9945 - 0.707) = 17.25°$$

$$\varphi_3 - \varphi_1 = \frac{\Delta\varphi}{\Delta y}(y_3 - y_1) = \frac{60}{1}(0.9945 - 0.1045) = 53.4°$$

由于 $\varphi_1 = 66°$（给定），因此：

$$\varphi_2 = \varphi_1 + 36.15° = 66° + 36.15° = 102.15°$$
$$\varphi_3 = \varphi_2 + 17.25° = 102.15° + 17.25° = 119.40°$$

至此，已计算出输入曲柄的 3 个角位移（θ_1、θ_2 和 θ_3）对应的输出曲柄的 3 个角位移（φ_1、φ_2 和 φ_3）。

设铰链四杆机构的杆长分别为：a 为输入曲柄的长度；b 为连杆的长度；c 为输出曲柄长度；

d=52.5mm 为机架的长度（给定）。

已知 Freudenstein 位移方程为：

$$k_1 \cos\varphi - k_2 \cos\theta + k_3 = \cos(\theta - \varphi)$$

式中，$k_1 = \dfrac{d}{a}$，$k_2 = \dfrac{d}{c}$，$k_3 = \dfrac{a^2 - b^2 + c^2 + d^2}{2ac}$，代入数据，得：

$$\begin{cases} k_1 \cos 66^\circ - k_2 \cos 105^\circ + k_3 = \cos(105^\circ - 66^\circ) \\ k_1 \cos 102.15^\circ - k_2 \cos 157^\circ + k_3 = \cos(157^\circ - 102.15^\circ) \\ k_1 \cos 119.40^\circ - k_2 \cos 209^\circ + k_3 = \cos(209^\circ - 119.40^\circ) \end{cases}$$

应用程序联立求解上述方程，得：

$$k_1 = 1.8027，\quad k_2 = 1.3772，\quad k_3 = -0.3125$$

由于已给定机架的长度 d=52.5mm，可求出其余构件的长度分别为：

$$a = 29.12\ \text{mm}，\quad b = 75.84\ \text{mm}，\quad c = 38.12\ \text{mm}$$

13.4　计算机辅助凸轮机构设计

本节主要介绍直动从动件和摆动从动件凸轮机构的计算机辅助设计。

13.4.1　直动从动件凸轮机构设计

例 13-5　设计一偏置直动滚子从动件盘形凸轮机构的凸轮廓线，凸轮以匀角速度 ω_1=10rad/s 逆时针转动，推程运动角 Φ=60°，远休止角 Φ_s=30°，回程运动角 Φ'=60°，近休止角 Φ'_s=210°，行程 h=30mm，基圆半径 r_0=60mm，滚子半径 r_r=10mm，偏距 e=20mm，从动件的推程和回程的运动规律均为摆线运动规律。

解：建立直角坐标系，如图 13-6 所示。

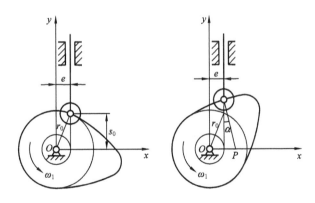

图 13-6　直动滚子从动件凸轮机构的设计

从动件推程阶段摆线运动规律的方程为：

$$\varphi \in [0, \Phi]$$

$$\begin{cases} s = \dfrac{h}{\Phi}\varphi - \dfrac{h}{2\pi}\sin\left(\dfrac{2\pi}{\Phi}\varphi\right) \\ v = \dfrac{h}{\Phi}\omega - \dfrac{h\omega}{\Phi}\cos\left(\dfrac{2\pi}{\Phi}\varphi\right) \\ a = \dfrac{2\pi h\omega^2}{\Phi^2}\sin\left(\dfrac{2\pi}{\Phi}\varphi\right) \end{cases} \tag{13-76}$$

从动件回程阶段摆线运动规律的方程为：
$$\varphi \in [0, \Phi']$$

$$\begin{cases} s = h - \dfrac{h}{\Phi'}\varphi + \dfrac{h}{2\pi}\sin\left(\dfrac{2\pi}{\Phi'}\varphi\right) \\ v = -\left(\dfrac{h}{\Phi'}\omega - \dfrac{h\omega}{\Phi'}\cos\left(\dfrac{2\pi}{\Phi'}\varphi\right)\right) \\ a = -\dfrac{2\pi h\omega^2}{\Phi'^2}\sin\left(\dfrac{2\pi}{\Phi'}\varphi\right) \end{cases} \tag{13-77}$$

直动滚子从动件盘形凸轮的理论廓线方程为：

$$\begin{cases} x = (s+s_0)\sin\varphi + e\cos\varphi \\ y = (s+s_0)\cos\varphi - e\sin\varphi \end{cases} \tag{13-78}$$

式中，$s_0 = \sqrt{r_0^2 - e^2}$。外凸的实际廓线方程为：

$$\begin{cases} x_a = x + r_r \dfrac{\dfrac{\mathrm{d}y}{\mathrm{d}\varphi}}{\sqrt{\left(\dfrac{\mathrm{d}x}{\mathrm{d}\varphi}\right)^2 + \left(\dfrac{\mathrm{d}y}{\mathrm{d}\varphi}\right)^2}} \\ y_a = y - r_r \dfrac{\dfrac{\mathrm{d}x}{\mathrm{d}\varphi}}{\sqrt{\left(\dfrac{\mathrm{d}x}{\mathrm{d}\varphi}\right)^2 + \left(\dfrac{\mathrm{d}y}{\mathrm{d}\varphi}\right)^2}} \end{cases} \tag{13-79}$$

13.4.2 直动从动件凸轮机构的程序设计

下面是例 13-5 中直动从动件凸轮机构的设计程序。

```
Rem program to pitch curve and cam profile of translating follower cam mechanism
Rem defining a printing character function in the picture1
Private Function PrintWord1(x, y, m, Word As String)
    With Picture1(m)
    .CurrentX = x
```

```
      .CurrentY = y
      .ForeColor = RGB(0, 0, 255)
      End With
      Picture1(m).Print Word
End Function
Rem defining a printing character function in the picture2
Private Function PrintWord2(x, y, Word As String)
      With Picture2
      .CurrentX = x
      .CurrentY = y
      .ForeColor = RGB(0, 0, 255)
      End With
      Picture2.Print Word
End Function


Private Sub Command1_Click()
Dim bigfai1, bigfai3 As Double
Dim x1(360), y1(360), xa1(360), ya1(360), s(360), v(360), a(360) As Double
h = 30: r0 = 60: rr = 10: e = 20: omg = 10
pi = 4# * Atn(1#)
bigfai1 = 60 * pi / 180
bigfai3 = 60 * pi / 180


Picture1(0).Scale (-0.6, 45)-(2 * pi + 0.5, -12)
Picture1(1).Scale (-0.6, 900)-(2 * pi + 0.5, -900)
Picture1(2).Scale (-1#, 26000)-(2 * pi + 0.5, -26000)
Picture1(0).DrawWidth = 1
Picture1(1).DrawWidth = 1
Picture1(2).DrawWidth = 1


Rem draw x-axis and y-axis
Picture1(0).Line (0, 0)-(2 * pi, 0)
Picture1(0).Line (0, -10)-(0, 40)
Picture1(1).Line (0, 0)-(2 * pi, 0)
Picture1(1).Line (0, -750)-(0, 750)
Picture1(2).Line (0, 0)-(2 * pi, 0)
Picture1(2).Line (0, -25000)-(0, 25000)
Rem draw x-axis scale line
For lin = 0 To 2 * pi Step pi / 2
lin1 = lin1 + 0.5
Picture1(0).Line (lin, 0)-(lin, 2)
word0 = PrintWord1(lin + 1.3, -0.5, 0, Str(lin1) + "π")
Picture1(1).Line (lin, 0)-(lin, 50)
word1 = PrintWord1(lin + 1.3, -10, 1, Str(lin1) + "π")
Picture1(2).Line (lin, 0)-(lin, 1700)
word2 = PrintWord1(lin + 1.3, -400, 2, Str(lin1) + "π")
```

```
            Next lin

Rem draw y-axis scale line of picture1
For lin = -10 To 40 Step 10
    Picture1(0).Line (0, lin)-(0.1, lin)
    word0 = PrintWord1(-0.4, lin + 1.5, 0, Str(lin))
Next lin
For lin = -750 To 750 Step 250
    Picture1(1).Line (0, lin)-(0.1, lin)
    word1 = PrintWord1(-0.5, lin + 50, 1, Str(lin))
Next lin
For lin = -25000 To 25000 Step 10000
    Picture1(2).Line (0, lin)-(0.1, lin)
    word2 = PrintWord1(-0.73, lin + 1500, 2, Str(lin))
Next lin

Picture2.Scale (-130, 130)-(130, -130)
Picture2.DrawWidth = 1
Picture2.Line (-100, -100)-(-100, 100): Picture2.Line (-100, -100)-(100, -100)
Rem draw x-axis scale line of picture2
For lin = -80 To 100 Step 20
    Picture2.Line (lin, -100)-(lin, -97)
    word3 = PrintWord2(lin - 5, -105, Str(lin))
Next lin
Rem draw y-axis scale line of picture2
For lin = -100 To 100 Step 20
    Picture2.Line (-100, lin)-(-97, lin)
    word4 = PrintWord2(-115, lin + 3, Str(lin))
Next lin

s0 = Sqr(r0 * r0 - e * e)
Picture1(0).DrawWidth = 1.5
Picture1(1).DrawWidth = 1.5
Picture1(2).DrawWidth = 1.5
Rem draw pitch circle
Picture2.Line (-100, 0)-(100, 0)
Picture2.Line (0, -100)-(0, 100)
Picture2.CurrentX = -5: Picture2.CurrentY = -3
Picture2.Print "0"
For fai = 0 To 360
    If (fai <> 0) Then
        Picture2.Line (60 * Cos((fai - 1) * pi / 180), 60 * Sin((fai - 1) * pi / 180)) _
                     -(60 * Cos(fai * pi / 180), 60 * Sin(fai * pi / 180)), vbBlack
    End If
Next fai
Picture2.DrawWidth = 1.5
```

```
Rem cam displacement velocity acceleration curve and pitch curve during rise stroke
For fai = 0 To 60 Step 1 / 300
    fai1 = fai * pi / 180
    s(fai) = (h / bigfai1) * fai1 - h / (2 * pi) * Sin((2 * pi) / bigfai1 * (fai1))
    v(fai) = (h * omg / bigfai1) * (1 - Cos(((2 * pi) / bigfai1) * fai1))
    a(fai) = (2 * pi * h * omg ^ 2) / (bigfai1 ^ 2) * Sin((2 * pi) / bigfai1 * (fai1))
    x1(fai) = (s0 + s(fai)) * Sin(fai1) + e * Cos(fai1)
    y1(fai) = (s0 + s(fai)) * Cos(fai1) - e * Sin(fai1)
    Picture1(0).PSet (fai1, s(fai)), vbBlue
    Picture1(1).PSet (fai1, v(fai)), vbBlue
    Picture1(2).PSet (fai1, a(fai)), vbBlue
    Picture2.PSet (x1(fai), y1(fai)), vbBlue
Next fai
Rem cam displacement velocity acceleration curve and pitch curve during outer dwell
For fai = 60 To 90 Step 1 / 100
    fai2 = fai * pi / 180
    s(fai) = 30
    v(fai) = 0
    a(fai) = 0
    x1(fai) = (s0 + s(fai)) * Sin(fai2) + e * Cos(fai2)
    y1(fai) = (s0 + s(fai)) * Cos(fai2) - e * Sin(fai2)
    If (fai = 60) Then
        Picture1(0).Line (60 * pi / 180, 30)-(90 * pi / 180, 30), vbRed
        Picture1(1).Line (60 * pi / 180, 0)-(90 * pi / 180, 0), vbRed
        Picture1(2).Line (60 * pi / 180, 0)-(90 * pi / 180, 0), vbRed
    Else
        Picture2.Line (x1(fai - 1), y1(fai - 1))-(x1(fai), y1(fai)), vbRed
    End If
Next fai
Rem cam displacement velocity acceleration curve and pitch curve during return stroke
For fai = 90 To 150 Step 1 / 300
    fai3 = fai * pi / 180
    s(fai) = h - (h / bigfai3) * (fai3 - 90 * pi / 180) _
             + h / (2 * pi) * Sin((2 * pi) / bigfai3 * (fai3 - 90 * pi / 180))
    v(fai) = -(h * omg / bigfai3) * (1 - Cos(((2 * pi) / bigfai3) * (fai3 - 90 * pi / 180)))
    a(fai) = -(2 * pi * h * omg ^ 2) / (bigfai3 ^ 2) * Sin((2 * pi) / bigfai3 * (fai3 - 90 * pi / 180))
    x1(fai) = (s0 + s(fai)) * Sin(fai3) + e * Cos(fai3)
    y1(fai) = (s0 + s(fai)) * Cos(fai3) - e * Sin(fai3)
    Picture1(0).PSet (fai3, s(fai)), vbBlue
    Picture1(1).PSet (fai3, v(fai)), vbBlue
    Picture1(2).PSet (fai3, a(fai)), vbBlue
    Picture2.PSet (x1(fai), y1(fai)), vbBlue
Next fai
Rem cam displacement velocity acceleration curve and pitch curve during inner dwell
For fai = 150 To 360 Step 1 / 300
    fai4 = fai * pi / 180
```

```
          s(fai) = 0
          v(fai) = 0
          a(fai) = 0
          x1(fai) = (s0 + s(fai)) * Sin(fai4) + e * Cos(fai4)
          y1(fai) = (s0 + s(fai)) * Cos(fai4) - e * Sin(fai4)
          If fai = 150 Then
             Picture1(0).Line (150 * pi / 180, 0)-(2 * pi, 0), vbRed
             Picture1(1).Line (150 * pi / 180, 0)-(2 * pi, 0), vbRed
             Picture1(2).Line (150 * pi / 180, 0)-(2 * pi, 0), vbRed
          Else
             Picture2.Line (x1(fai - 1), y1(fai - 1))-(x1(fai), y1(fai)), vbRed
          End If
       Next fai


       Rem  指定位置显示描述文字
       Picture1(0).CurrentX = 1.2 * pi: Picture1(0).CurrentY = -8
       Picture1(0).Print "(a) 位移线"
       Picture1(1).CurrentX = 1.2 * pi: Picture1(1).CurrentY = -500
       Picture1(1).Print "(b) 速度曲线"
       Picture1(2).CurrentX = 1.2 * pi: Picture1(2).CurrentY = -15000
       Picture1(2).Print "(c) 加速度曲线"


    Rem cam profile during rise stroke
    For fai = 0 To 60
      fai1 = fai * pi / 180
      dsbidfai1 = h / bigfai1 - h / bigfai1 * Cos((2 * pi / bigfai1) * fai1)
      dxbidfai1 = (s0 + s(fai)) * Cos(fai1) - e * Sin(fai1) + dsbidfai1 * Sin(fai1)
      dybidfai1 = -(s0 + s(fai)) * Sin(fai1) - e * Cos(fai1) + dsbidfai1 * Cos(fai1)
      xa1(fai) = x1(fai) + rr * dybidfai1 / Sqr(dxbidfai1 * dxbidfai1 + dybidfai1 * dybidfai1)
      ya1(fai) = y1(fai) - rr * dxbidfai1 / Sqr(dxbidfai1 * dxbidfai1 + dybidfai1 * dybidfai1)
      If (fai <> 0) Then
         Picture2.Line (xa1(fai - 1), ya1(fai - 1))-(xa1(fai), ya1(fai)), vbBlue
      End If
    Next fai
    Rem cam profile during outer dwell
    For fai = 60 To 90 Step 1 / 300
      fai2 = fai * pi / 180
      dsbidfai2 = 0
      dxbidfai2 = (s0 + s(fai)) * Cos(fai2) - e * Sin(fai2)
      dybidfai2 = -(s0 + s(fai)) * Sin(fai2) - e * Cos(fai2)
      xa1(fai) = x1(fai) + rr * dybidfai2 / Sqr(dxbidfai2 * dxbidfai2 + dybidfai2 * dybidfai2)
      ya1(fai) = y1(fai) - rr * dxbidfai2 / Sqr(dxbidfai2 * dxbidfai2 + dybidfai2 * dybidfai2)
      If (fai <> 60) Then
         Picture2.Line (xa1(fai - 1), ya1(fai - 1))-(xa1(fai), ya1(fai)), vbRed
      End If
    Next fai
```

```
Rem cam profile during return stroke
For fai = 90 To 150 Step 1 / 300
  fai3 = fai * pi / 180
  dsbidfai3 = -h / bigfai3 + h / bigfai3 * Cos((2 * pi / bigfai3) * (fai3 - 90 * pi / 180))
  dxbidfai3 = (s0 + s(fai)) * Cos(fai3) - e * Sin(fai3) + dsbidfai3 * Sin(fai3)
  dybidfai3 = -(s0 + s(fai)) * Sin(fai3) - e * Cos(fai3) + dsbidfai3 * Cos(fai3)
  xa1(fai) = x1(fai) + rr * dybidfai3 / Sqr(dxbidfai3 * dxbidfai3 + dybidfai3 * dybidfai3)
  ya1(fai) = y1(fai) - rr * dxbidfai3 / Sqr(dxbidfai3 * dxbidfai3 + dybidfai3 * dybidfai3)
  If (fai <> 90) Then
     Picture2.Line (xa1(fai - 1), ya1(fai - 1))-(xa1(fai), ya1(fai)), vbBlue
  End If
Next fai
Rem cam profile during inner return
For fai = 150 To 360
  fai4 = fai * pi / 180
  dsbidfai4 = 0
  dxbidfai4 = (s0 + s(fai)) * Cos(fai4) - e * Sin(fai4)
  dybidfai4 = -(s0 + s(fai)) * Sin(fai4) - e * Cos(fai4)
  xa1(fai) = x1(fai) + rr * dybidfai4 / Sqr(dxbidfai4 * dxbidfai4 + dybidfai4 * dybidfai4)
  ya1(fai) = y1(fai) - rr * dxbidfai4 / Sqr(dxbidfai4 * dxbidfai4 + dybidfai4 * dybidfai4)
  If (fai <> 150) Then
     Picture2.Line (xa1(fai - 1), ya1(fai - 1))-(xa1(fai), ya1(fai)), vbRed
  End If
Next fai
Rem draw roll
Picture2.DrawWidth = 1
Picture2.Circle (x1(0), y1(0)), 10, vbBlack
Picture2.Line (x1(0), y1(0))-(x1(0), 100), vbBlack
Picture2.Line (x1(0) - 3, 80)-(x1(0) - 3, 90), vbBlack
Picture2.Line (x1(0) + 3, 80)-(x1(0) + 3, 90), vbBlack
Rem output data
Open "e:\tu.txt" For Output As #1
For fai = 0 To 360 Step 10
    Print #1, fai, Format(s(fai), "0.00"), Format(v(fai), "0.00"), Format(a(fai), "0.00"), _
    Format(x1(fai), "0.00"), Format(y1(fai), "0.00"), Format(xa1(fai), "0.00"), Format(ya1(fai), "0.00")
Next fai
Close #1
End Sub
```

上述程序中与公式对应的参数说明如下：

fai 表示凸轮的转角 φ；

s(fai)、v(fai)、a(fai)分别表示从动件的位移、速度和加速度；

x1(fai)、y1(fai)分别表示凸轮的理论廓线的坐标值（x，y）；

xa1(fai)，ya1(fai)分别表示凸轮的实际廓线的坐标值（x_a，y_a）；

dsbidfai 表示表达式 $\mathrm{d}s/\mathrm{d}\varphi$；

dxbidfai 表示表达式 $\mathrm{d}x/\mathrm{d}\varphi$；

dybidfai 表示表达式 $dy/d\varphi$。

应用本程序计算的从动件的位移 s、速度 v、加速度 a 及凸轮理论廓线的坐标值 (x, y) 和实际廓线的坐标值 (x_a, y_a) 见表 13-3。如图 13-7 所示是运行程序后得到的凸轮的理论廓线和实际廓线。

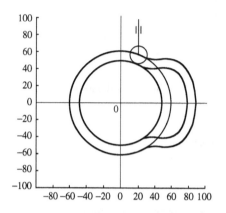

图 13-7 直动滚子从动件凸轮廓线的设计结果

表 13-3 直动滚子从动件凸轮机构计算机辅助设计计算结果

$\varphi/°$	s/mm	$v/(mm/s)$	$a/(mm/s^2)$	x/mm	y/mm	x_a/mm	y_a/mm
0	0.00	0.39	893.60	20.49	56.39	17.16	46.97
20	6.24	442.42	14418.95	40.73	51.83	40.74	41.83
40	24.50	416.54	−15315.27	67.86	48.66	63.76	39.54
60	30.00	0.00	0.00	85.19	25.22	75.61	22.38
80	30.00	0.00	0.00	88.68	−5.42	78.70	−4.81
100	29.00	−156.42	−15315.27	80.50	−35.26	72.12	−29.80
120	14.50	−572.57	899.59	51.08	−53.30	48.99	−43.53
140	0.75	−130.45	14415.69	21.02	−56.95	19.37	−47.08
160	0.00	0.00	0.00	0.03	−60.00	−0.06	−50.00
180	0.00	0.00	0.00	−20.49	−56.39	−17.16	−46.96
200	0.00	0.00	0.00	−38.54	−45.98	−32.19	−38.26
220	0.00	0.00	0.00	−51.95	−30.03	−43.33	−24.95
240	0.00	0.00	0.00	−59.08	−10.45	−49.25	−8.62
260	0.00	0.00	0.00	−59.09	10.39	−49.23	8.74
280	0.00	0.00	0.00	−51.98	29.97	−43.27	25.05
300	0.00	0.00	0.00	−38.59	45.94	−32.09	38.34
320	0.00	0.00	0.00	−20.55	56.37	−17.04	47.01
340	0.00	0.00	0.00	−0.03	60.00	0.06	50.00
360	0.00	0.00	0.00	20.00	56.57	16.67	47.14

13.4.3　摆动从动件凸轮机构设计

例 13-6　设计一摆动滚子从动件盘形凸轮机构的凸轮廓线。已知凸轮以等角速度 $\omega=10\text{rad/s}$ 逆时针方向转动，基圆半径 $r_0=30\text{mm}$，滚子半径 $r_r=6\text{mm}$，摆杆长 $l_{AB}=50\text{mm}$，凸轮转动中心 O 与摆杆摆动中心 A 之间的距离 $a=60\text{mm}$。从动件的运动规律为：凸轮转过 $180°$，从动件按摆线运动规律向远离凸轮中心方向摆动 $30°$；凸轮再转过 $180°$，从动件以简谐运动规律回到最低位置。

解：建立直角坐标系，如图 13-8 所示。

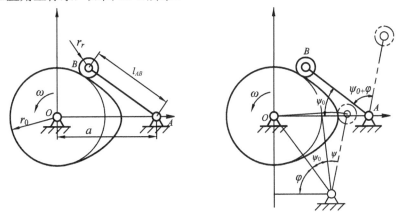

图 13-8　摆动滚子从动件凸轮机构的设计

从动件推程阶段摆线运动规律的方程为：
$$\varphi \in [0, \Phi]$$

$$\begin{cases} \psi = \dfrac{\Phi_0}{\Phi}\varphi - \dfrac{\Phi_0}{2\pi}\sin\left(\dfrac{2\pi}{\Phi}\varphi\right) \\[2mm] \omega = \dfrac{\Phi_0}{\Phi}\omega - \dfrac{\Phi_0\omega}{\Phi}\cos\left(\dfrac{2\pi}{\Phi}\varphi\right) \\[2mm] \varepsilon = \dfrac{2\pi\Phi_0\omega^2}{\Phi^2}\sin\left(\dfrac{2\pi}{\Phi}\varphi\right) \end{cases} \tag{13-80}$$

从动件回程阶段的简谐运动规律的方程为：
$$\varphi \in [0, \Phi']$$

$$\begin{cases} \psi = \dfrac{\Phi_0}{2} + \dfrac{\Phi_0}{2}\cos\left(\dfrac{\pi}{\Phi'}\varphi\right) \\[2mm] \omega = -\dfrac{\pi\Phi_0\omega}{2\Phi'}\sin\left(\dfrac{\pi}{\Phi'}\varphi\right) \\[2mm] \varepsilon = -\dfrac{\pi^2\Phi_0\omega^2}{2\Phi'^2}\cos\left(\dfrac{\pi}{\Phi'}\varphi\right) \end{cases} \tag{13-81}$$

摆动滚子从动件盘形凸轮的理论廓线方程为：

$$\begin{cases} x = a\sin\varphi - l\sin(\varphi + \psi + \psi_0) \\ y = a\cos\varphi - l\cos(\varphi + \psi + \psi_0) \end{cases} \tag{13-82}$$

式中，$\psi_0 = \arccos\left(\dfrac{a^2 + l^2 - r_0^2}{2al}\right)$。外凸的实际廓线方程为：

$$\begin{cases} x_a = x + r_r \dfrac{\dfrac{\mathrm{d}y}{\mathrm{d}\varphi}}{\sqrt{\left(\dfrac{\mathrm{d}x}{\mathrm{d}\varphi}\right)^2 + \left(\dfrac{\mathrm{d}y}{\mathrm{d}\varphi}\right)^2}} \\[6mm] y_a = y - r_r \dfrac{\dfrac{\mathrm{d}x}{\mathrm{d}\varphi}}{\sqrt{\left(\dfrac{\mathrm{d}x}{\mathrm{d}\varphi}\right)^2 + \left(\dfrac{\mathrm{d}y}{\mathrm{d}\varphi}\right)^2}} \end{cases} \tag{13-83}$$

13.4.4　摆动从动件凸轮机构的程序设计

下面是例 13-6 中摆动滚子从动件凸轮机构的设计程序。

```
Rem program to pitch curve and cam profile of oscillating follower cam mechanism
Rem defining a printing character function in the picture1
Private Function PrintWord1(x, y, m, Word As String)
    With Picture1(m)
    .CurrentX = X
    .CurrentY = Y
.ForeColor = RGB(0, 0, 255)
    End With
    Picture1(m).Print Word
End Function
Private Function Printword2(X, Y, Word As String)
    With Picture2
    .CurrentX = X
    .CurrentY = Y
    .ForeColor = RGB(0, 0, 255)
    End With
    Picture2.Print Word
End Function
Private Sub Form_Load()
    Text1(0).Text = 180
    Text1(1).Text = 180
    Text1(2).Text = 0
    Text1(3).Text = 0
```

```
            Text1(4).Text = 30
            Text1(5).Text = 30
            Text1(6).Text = 6
            Text1(7).Text = 60
            Text1(8).Text = 50
            Text1(9).Text = 10
        End Sub
        Private Sub Command1_Click()
        Dim bigfai0, bigfai1, bigfai3 As Double
        Dim x1(360), y1(360), xa1(360), ya1(360), kesai(360), w(360), a(360) As Double
        'r0 = 30: rr = 6: omg = 10: l = 50: aa = 60: bigfai0 = 30: Bfai1 = 180: Bfai3 = 0: Bfai2 = bfai4 = 0
        h = Val(Text1(4).Text): r0 = Val(Text1(5).Text): rr = Val(Text1(6).Text): aa = Val(Text1(7).Text): omg =
Val(Text1(9).Text)
        Bfai1 = Val(Text1(0).Text): Bfai3 = Val(Text1(1).Text)
        Bfai2 = Val(Text1(2).Text): bfai4 = Val(Text1(3).Text): l = Val(Text1(8).Text)
        pi = 4 * Atn(1)

        If Bfai1 + Bfai2 + Bfai3 + bfai4 <> 360 Then
        result = MsgBox("角度之和不等于 360，请重新输入！", 0 + 48, "警告")
        Exit Sub
        End If
        bfai0 = 30
        kesai0 = 30 * pi / 180
        bigfai0 = bfai0 * pi / 180
        bigfai1 = Bfai1 * pi / 180
        bigfai3 = Bfai3 * pi / 180

        Picture1(0).Scale (-0.6, 0.7)-(2 * pi + 0.5, -0.2)
        Picture1(1).Scale (-0.6, 5#)-(2 * pi + 0.5, -4#)
        Picture1(2).Scale (-1#, 50)-(2 * pi + 0.5, -40)
        Picture1(0).DrawWidth = 1
        Picture1(1).DrawWidth = 1
        Picture1(2).DrawWidth = 1

        Rem draw x-axis and y-axis
        Picture1(0).Line (0, 0)-(2 * pi, 0)
        Picture1(0).Line (0, -0.1)-(0, 0.6)
        Picture1(1).Line (0, 0)-(2 * pi, 0)
        Picture1(1).Line (0, -3)-(0, 4)
        Picture1(2).Line (0, 0)-(2 * pi, 0)
        Picture1(2).Line (0, -30)-(0, 40)
        Rem draw x-axis scale line
        For lin = 0 To 2 * pi Step pi / 2
        lin1 = lin1 + 0.5
        Picture1(0).Line (lin, 0)-(lin, 0.02)
        word0 = Printword1(lin + 1.3, -0.05, 0, Str(lin1) + "π")
```

```
        Picture1(1).Line (lin, 0)-(lin, 0.2)
        word1 = Printword1(lin + 1.3, -0.1, 1, Str(lin1) + "π")
        Picture1(2).Line (lin, 0)-(lin, 2)
        word2 = Printword1(lin + 1.3, -1, 2, Str(lin1) + "π")
        Next lin

        Rem draw y-axis scale line of Picture1
        For lin = -0.1 To 0.6 Step 0.1
            Picture1(0).Line (0, lin)-(0.1, lin)
            word0 = Printword1(-0.6, lin + 0.1, 0, Str(lin))
        Next lin
        For lin = -3 To 4 Step 1
            Picture1(1).Line (0, lin)-(0.1, lin)
            word1 = Printword1(-0.5, lin + 0.2, 1, Str(lin))
        Next lin
        For lin = -40 To 40 Step 10
            Picture1(2).Line (0, lin)-(0.1, lin)
            word2 = Printword1(-0.73, lin + 3, 2, Str(lin))
        Next lin

        Picture2.Scale (-130, 130)-(130, -130)
        Picture2.DrawWidth = 1
        Picture2.Line (-100, -100)-(-100, 100): Picture2.Line (-100, -100)-(100, -100)
        Rem draw x-axis scale line of Picture2
        For lin = -80 To 100 Step 20
            Picture2.Line (lin, -100)-(lin, -97)
            word3 = Printword2(lin - 5, -100, Str(lin))
        Next lin
        Rem draw y-axis scale line of Picture2
        For lin = -100 To 100 Step 20
            Picture2.Line (-100, lin)-(-97, lin)
            word4 = Printword2(-115, lin + 3, Str(lin))
        Next lin

        Picture1(0).DrawWidth = 1.5
        Picture1(1).DrawWidth = 1.5
        Picture1(2).DrawWidth = 1.5
        Rem draw pitch circle
        Picture2.Line (-100, 0)-(100, 0)
        Picture2.Line (0, -100)-(0, 100)
        Picture2.CurrentX = -5: Picture2.CurrentY = -3
        Picture2.Print "0"
        For fai = 0 To 360
            If (fai <> 0) Then
            Picture2.Line (r0 * Cos((fai - 1) * pi / 180), r0 * Sin((fai - 1) * pi / 180)) _
                        -(r0 * Cos(fai * pi / 180), r0 * Sin(fai * pi / 180)), vbBlack
```

```
    End If
Next fai
Picture2.DrawWidth = 1.5


Rem cam displacement velocity acceleration curve and pitch curve during rise stroke
For fai = 0 To Bfai1 Step 1 / 300
    fai1 = fai * pi / 180
    kesai(fai) = (bigfai0 / bigfai1) * fai1 - bigfai0 / (2 * pi) * Sin((2 * pi) / bigfai1 * (fai1))
    w(fai) = (bigfai0 * omg / bigfai1) * (1 - Cos(((2 * pi) / bigfai1) * fai1))
    a(fai) = (2 * pi * bigfai0 * omg ^ 2) / (bigfai1 ^ 2) * Sin((2 * pi) / bigfai1 * (fai1))
    x1(fai) = 60 * Sin(fai1) - 50 * Sin(fai1 + kesai0 + kesai(fai))
    y1(fai) = aa * Cos(fai1) - 1 * Cos(fai1 + kesai0 + kesai(fai))
    Picture1(0).PSet (fai1, kesai(fai)), vbBlue
    Picture1(1).PSet (fai1, w(fai)), vbBlue
    Picture1(2).PSet (fai1, a(fai)), vbBlue
    Picture2.PSet (x1(fai), y1(fai)), vbBlue
Next fai


Rem cam displacement velocity acceleration curve and pitch curve during outer dwell
For fai = Bfai1 To (Bfai1 + Bfai2) Step 1 / 100
    fai2 = fai * pi / 180
    kesai(fai) = bigfai0
    w(fai) = 0
    a(fai) = 0
    x1(fai) = aa * Sin(fai2) - 1 * Sin(fai2 + kesai0 + kesai(fai))
    y1(fai) = aa * Cos(fai2) - 1 * Cos(fai2 + kesai0 + kesai(fai))
    If (fai = Bfai1) Then
        Picture1(0).Line (Bfai1 * pi / 180, bigfai0)-((Bfai1 + Bfai2) * pi / 180, bigfai0), vbRed
        Picture1(1).Line (Bfai1 * pi / 180, 0)-((Bfai1 + Bfai2) * pi / 180, 0), vbRed
        Picture1(2).Line (Bfai1 * pi / 180, 0)-((Bfai1 + Bfai2) * pi / 180, 0), vbRed
    Else
        Picture2.Line (x1(fai - 1), y1(fai - 1))-(x1(fai), y1(fai)), vbRed
    End If
Next fai


Rem cam displacement velocity acceleration curve and pitch curve during return stroke
For fai = (Bfai1 + Bfai2) To (Bfai1 + Bfai2 + Bfai3) Step 1 / 300
    fai3 = fai * pi / 180
    kesai(fai) = bigfai0 / 2 + bigfai0 / 2 * Cos((pi / bigfai3) * (fai3 - (Bfai1 + Bfai2) * pi / 180))
    w(fai) = -(pi * bigfai0 * omg / (2 * bigfai3)) * Sin(pi * (fai3 - (Bfai1 + Bfai2) * pi / 180) / bigfai3)
    a(fai) = -(pi * pi * bigfai0 * omg * omg / (2 * bigfai3 * bigfai3)) * Cos(pi * (fai3 - (Bfai1 + Bfai2) * pi
-/ 180) /    bigfai3)
    x1(fai) = aa * Sin(fai3) - 1 * Sin(fai3 + kesai0 + kesai(fai))
    y1(fai) = aa * Cos(fai3) - 1 * Cos(fai3 + kesai0 + kesai(fai))
    Picture1(0).PSet (fai3, kesai(fai)), vbBlue
    Picture1(1).PSet (fai3, w(fai)), vbBlue
```

```
        Picture1(2).PSet (fai3, a(fai)), vbBlue
      Picture2.PSet (x1(fai), y1(fai)), vbBlue
  Next fai
  Rem cam displacement velocity acceleration curve and pitch curve during inner dwell
  For fai = (Bfai1 + Bfai2 + Bfai3) To 360 Step 1 / 300
    fai4 = fai * pi / 180
    kesai(fai) = 0
    w(fai) = 0
    a(fai) = 0
   x1(fai) = aa * Sin(fai4) - l * Sin(fai4 + kesai0 + kesai(fai))
   y1(fai) = aa * Cos(fai4) - l * Cos(fai4 + kesai0 + kesai(fai))
   If fai = (Bfai1 + Bfai2 + Bfai3) Then
      Picture1(0).Line ((Bfai1 + Bfai2 + Bfai3) * pi / 180, 0)-(2 * pi, 0), vbRed
      Picture1(1).Line ((Bfai1 + Bfai2 + Bfai3) * pi / 180, 0)-(2 * pi, 0), vbRed
      Picture1(2).Line ((Bfai1 + Bfai2 + Bfai3) * pi / 180, 0)-(2 * pi, 0), vbRed
    Else
      Picture2.Line (x1(fai - 1), y1(fai - 1))-(x1(fai), y1(fai)), vbRed
    End If
  Next fai


  Rem Designated position show the description words
    Picture1(0).CurrentX = 1.2 * pi: Picture1(0).CurrentY = -0.3
    Picture1(0).Print "(a)  角位移曲线"
    Picture1(1).CurrentX = 1.2 * pi: Picture1(1).CurrentY = -1
    Picture1(1).Print "(b)  角速度曲线"
    Picture1(2).CurrentX = 1.2 * pi: Picture1(2).CurrentY = -10
    Picture1(2).Print "(c)  角加速度曲线"


  Rem cam profile during rise stroke
  For fai = 0 To Bfai1
   fai1 = fai * pi / 180
   dkesaibidfai1 = bigfai0 / bigfai1 - bigfai0 / bigfai1 * Cos((2 * pi / bigfai1) * fai1)
   dxbidfai1 = aa * Cos(fai1) - l * Cos(fai1 + kesai0 + kesai(fai)) * (1 + dkesaibidfai1)
   dybidfai1 = -aa * Sin(fai1) + l * Sin(fai1 + kesai0 + kesai(fai)) * (1 + dkesaibidfai1)
   xa1(fai) = x1(fai) + rr * dybidfai1 / Sqr(dxbidfai1 * dxbidfai1 + dybidfai1 * dybidfai1)
   ya1(fai) = y1(fai) - rr * dxbidfai1 / Sqr(dxbidfai1 * dxbidfai1 + dybidfai1 * dybidfai1)
   If (fai <> 0) Then
      Picture2.Line (xa1(fai - 1), ya1(fai - 1))-(xa1(fai), ya1(fai)), vbYellow
    End If
  Next fai
  Rem cam profile during outer dwell
  For fai = Bfai1 To (Bfai1 + Bfai2) Step 1 / 300
   fai2 = fai * pi / 180
   dkesaibidfai2 = 0
   dxbidfai2 = aa * Cos(fai2) - l * Cos(fai2 + kesai0 + kesai(fai))
   dybidfai2 = -aa * Sin(fai2) + l * Sin(fai2 + kesai0 + kesai(fai))
```

```
xa1(fai) = x1(fai) + rr * dybidfai2 / Sqr(dxbidfai2 * dxbidfai2 + dybidfai2 * dybidfai2)
ya1(fai) = y1(fai) - rr * dxbidfai2 / Sqr(dxbidfai2 * dxbidfai2 + dybidfai2 * dybidfai2)
If (fai <> Bfai1) Then
  Picture2.Line (xa1(fai - 1), ya1(fai - 1))-(xa1(fai), ya1(fai)), vbRed
End If
Next fai
Rem cam profile during return stroke
For fai = (Bfai1 + Bfai2) To (Bfai1 + Bfai2 + Bfai3) Step 1 / 300
fai3 = fai * pi / 180
dkesaibidfai3 = -bigfai0 * pi / (2 * bigfai3) * Sin(pi * (fai3 - (Bfai1 + Bfai2) * pi / 180) / bigfai3)
 dxbidfai3 = aa * Cos(fai3) - l * Cos(fai3 + kesai0 + kesai(fai)) * (1 + dkesaibidfai3)
 dybidfai3 = -aa * Sin(fai3) + l * Sin(fai3 + kesai0 + kesai(fai)) * (1 + dkesaibidfai3)
xa1(fai) = x1(fai) + rr * dybidfai3 / Sqr(dxbidfai3 * dxbidfai3 + dybidfai3 * dybidfai3)
ya1(fai) = y1(fai) - rr * dxbidfai3 / Sqr(dxbidfai3 * dxbidfai3 + dybidfai3 * dybidfai3)
If (fai <> (Bfai1 + Bfai2)) Then
   Picture2.Line (xa1(fai - 1), ya1(fai - 1))-(xa1(fai), ya1(fai)), vbBlue
End If
Next fai
Rem cam profile during inner return
For fai = (Bfai1 + Bfai2 + Bfai3) To 360
  fai4 = fai * pi / 180
  dkesaibidfai4 = 0
  dxbidfai4 = aa * Cos(fai4) - l * Cos(fai3 + kesai0 + kesai(fai))
  dybidfai4 = -aa * Sin(fai4) + l * Sin(fai3 + kesai0 + kesai(fai))
  xa1(fai) = x1(fai) + rr * dybidfai4 / Sqr(dxbidfai4 * dxbidfai4 + dybidfai4 * dybidfai4)
  ya1(fai) = y1(fai) - rr * dxbidfai4 / Sqr(dxbidfai4 * dxbidfai4 + dybidfai4 * dybidfai4)
  If (fai <> (Bfai1 + Bfai2 + Bfai3)) Then
    Picture2.Line (xa1(fai - 1), ya1(fai - 1))-(xa1(fai), ya1(fai)), vbRed
  End If
Next fai
Rem draw roll
Picture2.DrawWidth = 2
Picture2.Circle (x1(0), y1(0)), rr, vbBlack
Picture2.Line (x1(0), y1(0))-(0, aa), vbRed

Rem output data
Open "e:\tu.txt" For Output As #1
For fai = 0 To 360 Step 20
    If fai = 0 Then
    Print #1, "fai", "kesai(fai)", "w(fai)", "a(fai)", "x1(fai)", "y1(fai)", "xa1(fai)", "ya1(fai)"
    End If
    Print #1, fai, Format(kesai(fai), "0.00"), Format(w(fai), "0.00"), Format(a(fai), "0.00"), _
    Format(x1(fai), "0.00"), Format(y1(fai), "0.00"), Format(xa1(fai), "0.00"), Format(ya1(fai), "0.00")
Next fai
Close #1
```

上述程序中与公式对应的参数说明如下：

fai 表示凸轮的转角 φ；

kesai(fai)、v(fai)、a(fai)分别表示从动件的角位移、角速度和角加速度；

x1(fai)、y1(fai)分别表示凸轮的理论廓线的坐标值 (x, y)；

xa1(fai)，ya1(fai)分别表示凸轮的实际廓线的坐标值 (x_a, y_a)；

dkesaibidfai 表示表达式 $\mathrm{d}\psi / \mathrm{d}\varphi$；

dxbidfai 表示表达式 $\mathrm{d}x / \mathrm{d}\varphi$；

dybidfai 表示表达式 $\mathrm{d}y / \mathrm{d}\varphi$。

应用本程序计算的从动件的角位移 ψ、角速度 ω、角加速度 ε 及凸轮理论廓线的坐标值 (x, y) 和实际廓线的坐标值 (x_a, y_a)，见表 13-4。如图 13-8 所示是运行程序后得到的凸轮的理论廓线和实际廓线。

表 13-4　摆动滚子从动件凸轮机构计算机辅助设计计算结果

$\varphi / °$	ψ /mm	ω / (rad/s)	ε / (rad/s²)	x /mm	y /mm	x_a /mm	y_a /mm
0	0.00	0.00	0.58	−24.85	16.91	−19.86	13.58
20	0.00	0.41	21.87	−17.73	24.59	−13.87	19.99
40	0.04	1.41	32.92	−8.73	30.62	−5.85	25.35
60	0.10	2.53	28.57	2.54	35.20	4.16	29.42
80	0.21	3.24	10.85	16.94	36.67	16.56	30.68
100	0.32	3.22	−11.95	33.21	31.91	30.39	26.61
120	0.42	2.47	−29.15	47.13	19.34	42.22	15.88
140	0.49	1.35	−32.72	54.12	1.09	48.18	0.23
160	0.52	0.37	−20.98	52.34	−18.40	46.60	−16.64
180	0.52	−0.02	−26.18	42.99	−35.38	38.37	−31.55
200	0.51	−0.92	−24.52	28.16	−47.13	25.50	−41.75
220	0.46	−1.70	−19.91	10.67	−51.64	10.41	−45.64
240	0.39	−2.28	−12.89	−6.16	−48.99	−4.06	−43.37
260	0.31	−2.58	−4.32	−19.76	−40.67	−15.71	−36.24
280	0.21	−2.57	4.77	−28.74	−28.87	−23.40	−26.15
300	0.13	−2.26	13.29	−32.88	−15.87	−26.94	−15.00
320	0.06	−1.67	20.20	−32.87	−3.42	−26.93	−4.28
340	0.02	−0.87	24.68	−29.88	7.54	−24.32	5.27
360	0.00	0.00	0.00	−25.00	16.70	−20.01	13.37

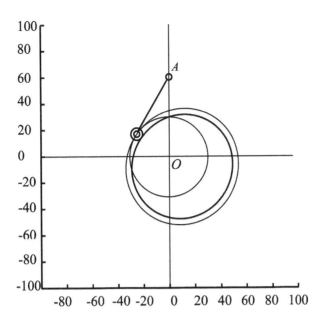

图 13-8　摆动滚子从动件凸轮廓线的设计结果

第14章

平面机构的设计知识

平面机构的设计主要是指连杆机构、凸轮机构和齿轮机构的运动设计。机械原理教材中已对这三大机构的设计进行了详细讨论。本章补充介绍在凸轮机构设计中按允许压力角确定凸轮基圆半径的方法、在齿轮机构设计时如何选择变位系数及齿轮啮合图的绘制。

14.1 凸轮基圆半径的确定

凸轮机构的形式很多，对于盘形凸轮机构确定凸轮基圆半径的方法有 3 种，即计算机辅助设计法、图解法、诺谟图法。本节介绍前两种方法。

14.1.1 计算机辅助设计法确定凸轮基圆半径

当凸轮机构的配置情况、偏距 e 及从动件的运动规律确定后，基圆半径 r_0 越小，压力角 α 越大。要使凸轮机构的结构紧凑，就应选较小的基圆半径，但基圆半径太小又会导致压力角超过许用值，因此设计时的基本原则是：在满足 $\alpha_{max} \leqslant [\alpha]$ 的条件下，选取尽可能小的基圆半径。具体步骤如下：

（1）根据结构条件先初选一个较小的基圆半径 r_0。

（2）按一定的步长（如凸轮每转 1°）计算凸轮在运动循环中各点的压力角 α_i。

（3）在推程和回程阶段，分别将凸轮机构各点的压力角与许用压力角比较，若 $\alpha_i > [\alpha]$ 或 $\alpha_i > [\alpha]'$，则程序自动给 r_0 一个增量 Δr_0，即令 $r_0 = r_0 + \Delta r_0$，重复执行步骤（2），直至满足

$\alpha_i < [\alpha]$ 和 $\alpha_i < [\alpha]'$ 为止，可求得 $r_{0\min}$。

（4）输出 $r_{0\min} = r_0$。

步长和增量 Δr_0 可视试算情况及凸轮机构的工作情况合理选取。

14.1.2　图解法确定凸轮基圆半径

1. 直动从动件盘形凸轮机构

假设已知从动件的运动规律 $s = s(\varphi)$、凸轮转动的角速度 ω（方向为逆时针）及推程和回程的许用压力角 $[\alpha]$、$[\alpha]'$。

如图 14-1 所示，凸轮与从动件的速度瞬心在 P 点，过 B 点作直线 BE 垂直于 v，它与过 O 点所作平行于 BP（即 $n - n$）的直线相交于 E 点。显然有：

$$\overline{BE} = \overline{OP} = \frac{v}{\omega} = \frac{\mathrm{d}s}{\mathrm{d}\varphi} = s'(\varphi)$$

连线 EO 的方向即为从动件与凸轮轮廓接触点的法线方向，因此 $\angle BEO = 90° - [\alpha]$。

从动件上升到某一位置时，BE 的指向按如下规则确定：将 v 按凸轮角速度 ω 的方向转过 $90°$，即为 BE 的指向。当已知凸轮的转向、从动件的位置及其运动规律 $s = s(\varphi)$ 时，可根据给定的许用压力角 $[\alpha]$，按下列步骤确定凸轮的基圆半径。

（1）选择适当比例作图，任取一点 B_0，作直线 $B_0B = s$，画出推杆推程的任意位置，如图 14-1（b）所示，并画出 v 和 ω 的方向。

（2）由 $s = s(\varphi)$，求出 $\overline{BE} = \dfrac{v}{\omega} = \dfrac{\mathrm{d}s}{\mathrm{d}\varphi} = s'(\varphi)$，将 v 按 ω 方向转 $90°$，画出直线 BE。

（3）自 E 点作直线 EF，使 $\angle BEF = 90° - [\alpha]$。

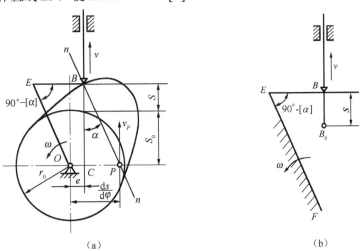

图 14-1　凸轮基圆半径的确定

显然，当凸轮转动中心 O 选在线 EF 上时，凸轮的压力角正好是 $[\alpha]$；如果选在线 EF 的右上方，则使线 EO 与 BE 的夹角减小，因而轮廓压力角将超过 $[\alpha]$；假如在线 EF 的左下方（即阴影区域）选取凸轮转动中心，则轮廓压力角将比 $[\alpha]$ 小。由此可得出结论：为了获得不大于许用压力值$[\alpha]$的压力角，凸轮转轴的位置必须选在 EF 线的左下方的阴影区域。转动中心 O 与推杆最低位 B_0 点的连线即为凸轮的基圆半径。

上述是从动件在任意一个位置上基圆半径的确定方法。当推杆上升到另一个位置时，用同样的方法可找出相应的禁用区和许用区，如图 14-2 所示，在位移 s_1 时求出线 E_1F_1，它的右上方为禁用区，左下方为选定的许用区；用同样的方法可画出在位移 s_2、s_3、$s_4\cdots$时线 E_2F_2、E_3F_3、$E_4F_4\cdots$的位置，此时凸轮转动中心应选在线 E_2F_2、E_3F_3、$E_4F_4\cdots$的左下方。为保证推杆在任意位置都不超过许用值$[\alpha]$，把各条 BE 的端点 E_1、E_2、$E_3\cdots$连成光滑的曲线，然后作方向线 E_iF_i 与曲线相切，即得到最低位置的一条线 $E'F'$。以线 $E'F'$ 为界，在其左下方选定凸轮转轴时，即可保证所有位置上的压力角均小于许用值$[\alpha]$。

同理，当推杆下降时，可分析出：$s'(\varphi)$ 线应画在 s 轴的右边（确定方法仍然是将 v 的方向按 ω 方向转过 $90°$），如图 14-2 中的 B_6E_6、$B_7E_7\cdots$同样，根据回程压力角$[\alpha]'$作一系列 B_iE_i 线的夹角为 $90°-[\alpha]'$ 的线 E_iF_i。要使回程时不超过许用压力角$[\alpha]'$，凸轮轴应选在线 $E''F''$ 的右下方。显然，为了使全部推程、回程满足压力角要求，应将凸轮转动中心选在 $E'F'$ 与 $E''F''$ 相交的方格区域（即 $F'OF''$）内。当选取交点 O 作为凸轮转动中心时，上升和下降两个行程中的最大压力角将正好分别等于相应的许用值$[\alpha]$与$[\alpha]'$，即 $\alpha_{max}=[\alpha]$ 和 $\alpha'_{max}=[\alpha]'$，此时凸轮的最小基圆半径 $r_{0min}=\overline{OB_0}$。

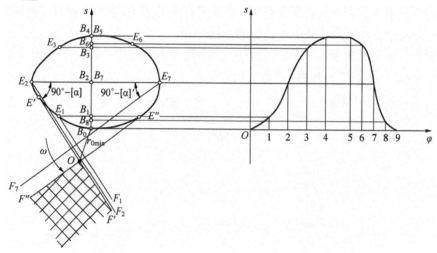

图 14-2　确定直动从动件盘形凸轮机构基圆半径的图解法

2．摆动从动件盘形凸轮机构

对于如图 14-3 所示的摆动从动件盘形凸轮机构，假设已知从动件的运动规律 $\psi=\psi(\varphi)$、摆杆 AB 的长度 l、摆杆的最大摆角 ϕ、凸轮转动的角速度 ω_1 以及推程和回程的许用压力角$[\alpha]$与$[\alpha]'$。

（1）确定摆杆转动中心 A 点的位置，并判断凸轮转动中心的大致方位，如图 14-4 所示，以 A 为圆心、l 为半径作圆弧 B_0B_6，将推程时 B 点的速度 v_B 按凸轮的转向 ω_1 转过 $90°$ 后，画出线 B_1E_1、B_2E_2、$B_3E_3\cdots$其中 $\overline{B_iE_i}=v_{Bi}=l\times\psi'(\varphi_i)$，$i=1,2,3\cdots$求得 E_1、E_2、$E_3\cdots$各点，将其连接成光滑的曲线，此曲线是表示摆杆与凸轮接触点的速度 $l\times\psi'(\varphi)$ 同摆杆角位移 ψ 的关系的曲线。

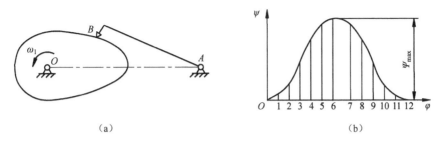

（a）　　　　　　　　　　　　　　（b）

图 14-3　摆动从动件盘形凸轮机构及其运动规律

（2）过 E_1 点作直线 E_1F_1，使 $\angle B_1E_1F_1 = 90° - [\alpha]$；同样，过 E_2 点作直线 E_2F_2，使 $\angle B_2E_2F_2 = 90° - [\alpha]$ …得一系列直线 E_1F_1、E_2F_2 …凸轮转动中心应选在这些直线的左下方。

（3）回程做类似处理，如在回程的 $l \times \psi'(\varphi)$ 与摆杆角位移 ψ 的关系曲线上，过 B_0 点作直线 E_9F_9，使 $\angle B_9E_9F_9 = 90° - [\alpha]'$ …得一系列直线 E_9F_9、$E_{10}F_{10}$ …凸轮转动中心应选在这些直线的右下方。

综上，凸轮的转动中心应选在方格区域内。

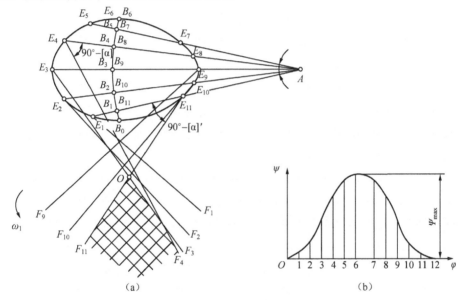

（a）　　　　　　　　　　　　　　（b）

图 14-4　确定摆动从动件盘形凸轮机构基圆半径的图解法

14.2　齿轮变位系数的设计

正确选择变位系数是设计变位齿轮的关键，因为变位齿轮传动的优点能否充分发挥在很大程度上取决于变位系数的选择是否合理。

14.2.1　变位系数的选择原则

根据齿轮传动的工况不同，选择变位系数应遵循以下原则。

（1）最高接触强度原则。对于润滑良好的闭式齿轮传动，若齿轮表面是软齿面（HBS≤350），齿面接触强度是薄弱环节，应最大限度地减小齿面接触应力，选择变位系数时应尽量正传动，使两轮变位系数和 $x_\Sigma = x_1 + x_2$ 达到最大。

（2）等弯曲强度原则。闭式齿轮传动的轮齿若为硬齿面（HBS>350），则其主要破坏形式为弯曲疲劳折断。选择变位系数时应使弯曲强度较低的齿轮齿根厚度增大，并使两轮齿根弯曲强度趋于相等。

（3）等滑动系数原则。开式齿轮传动，曲面将产生磨损，高速、重载齿轮传动，齿面产生胶合破坏。所选变位系数应使齿轮齿面滑动较小，并使两轮根部的最大滑动系数相等。

（4）平稳性原则。对于高速、重载齿轮传动及精密传动（如仪器仪表等），期望齿轮啮合平稳、准确。所选变位系数应使重合度尽可能大。

此外，变位系数的选择还受到下列条件的限制。

（1）齿轮不发生根切现象。在弯曲强度许可的条件下，允许有不侵入齿轮齿廓工作段的微量根切。

对齿条形刀具加工（ $\alpha = 20°$ ， $h_a^* = 1$ ）的齿轮，不根切的条件为：

$$x_{\min} = \frac{17 - z}{17}$$

允许产生少量根切的条件为：

$$x_{\min} = \frac{14 - z}{17}$$

（2）齿轮啮合不发生过渡曲线干涉，不允许过渡曲线延伸到齿廓工作段以内。

用齿条形刀具加工的齿轮啮合时，小齿轮齿根与大齿轮齿顶不产生干涉的条件为：

$$\tan\alpha' - \frac{z_2}{z_1}(\tan\alpha_{a2} - \tan\alpha') \geq \tan\alpha - \frac{4(h_a^* - x_1)}{z_1 \sin 2\alpha}$$

大齿轮齿根与小齿轮齿顶不产生干涉的条件为：

$$\tan\alpha' - \frac{z_1}{z_2}(\tan\alpha_{a1} - \tan\alpha') \geq \tan\alpha - \frac{4(h_a^* - x_2)}{z_2 \sin 2\alpha}$$

（3）保证有足够的重合度。应满足 $\varepsilon_\alpha \geq [\varepsilon_\alpha]$ ，即：

$$\varepsilon_\alpha = \frac{1}{2\pi}\big[z_1(\tan\alpha_{a1} - \tan\alpha') + z_2(\tan\alpha_{a2} - \tan\alpha')\big] \geq [\varepsilon_\alpha]$$

对于 7～8 级齿轮，取许用重合度 $[\varepsilon_\alpha]$=1.1～1.2。

（4）齿顶厚度不宜过薄。齿顶厚度 $s_a = s_a^* m$ ， s_a^* 称为齿顶厚度，其许用值 $[s_a^*]$ 一般取 0.25～0.40，对硬齿面齿轮取大值，对软齿面齿轮取小值，要求 $s_a^* \geq [s_a^*]$ ，其公式为：

$$s_a^* = \frac{d_a}{m}\left(\frac{\pi}{2z} + \frac{2x\tan\alpha}{z} + \mathrm{inv}\alpha - \mathrm{inv}\alpha_a\right) \geq [s_a^*]$$

上述公式适用于直齿轮，对于斜齿轮可用其端面参数计算。

14.2.2 变位系数的选择方法

工程上常用的变位系数的选择方法有查表法、封闭图法和编程计算法等。下面介绍较为实用的变位系数的方法——封闭图法。

在以变位系数 x_1 与 x_2 为坐标轴的直角坐标系中，将各项传动指标和限制条件以曲线形式表示出来，构成一封闭图形，图中的每个点代表一个变位系数的选择方案（x_1, x_2），借助封闭图可选择合理的变位系数，现以 $z_1 = 15$、$z_2 = 50$ 时的一幅封闭图为例说明其用法。

图 14-5 中各粗实线围成的区域是表示无根切、无过渡曲线干涉、$\varepsilon_\alpha \geq 1$、$s_{a1}^* \geq 1$ 的许用区域，如①为重合度 $\varepsilon_\alpha = 1$ 时的限制曲线，②为小齿轮齿顶厚度 $s_{a1}^* = 0$ 时的限制曲线。图 14-5 中的细实线表示符合某些要求的条件曲线，如 $\varepsilon_\alpha = 1.2$、$s_{a1}^* = 0.25$、$s_{a1}^* = 0.4$ 分别代表重合度与齿顶厚系数为一定值的曲线，$u_1 = u_2$ 曲线为等滑动系数线，a 曲线为小齿轮主动时等弯曲强度线。

选取变位系数时，可根据设计对齿轮强度和啮合特性的要求来确定。例如，当要求两齿轮具有相等的弯曲疲劳强度时，可以沿 a 曲线选变位系数。当要求提高齿面抗胶合及抗磨损能力时，应在曲线 $u_1 = u_2$ 上选择，因为在这条曲线上，实际啮合线两端点处齿根的滑动系数相等。

如果要求齿面具有最大的接触强度，又要求重合度 $\varepsilon_\alpha = 1.2$，则可作一条与两坐标轴成 $45°$ 且与 $\varepsilon_\alpha = 1.2$ 曲线相切的直线 bb，其切点 K 的坐标即为所求的变位系数。

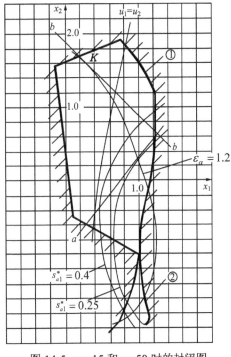

图 14-5 $z_1=15$ 和 $z_2=50$ 时的封闭图

参考文献[5]中列出了 $\alpha=20°$ 及 $h_a^*=1$ 的各种不同齿数组合的封闭图，需要时可参考。

14.3 渐开线齿轮啮合图的绘制

齿轮啮合图是将齿轮各部分尺寸按一定的比例尺在图纸上画出轮齿啮合关系的一种图形，它直观地表达了一对齿轮的啮合特性和啮合参数，并可借助图形做某些必要的分析。

14.3.1 渐开线的画法

根据渐开线的形成原理，其绘制步骤（如图 14-6 所示）如下所述。

（1）计算出各圆直径 d_b、d、d'、d_f、d_a，画出相应的各圆。

（2）连心线与节圆的交点为节点 P，过 P 点作基圆的切线，与基圆相切于 N，则 NP 为理论啮合线段的一段。

（3）将 NP 线段分成若干等份 $P1''$、$1''2''$、$2''3''\cdots$

（4）由渐开线的特性可知，弧长 $\overset{\frown}{N0} = \overline{NP}$，同时因弧长不易测量，故可按下式计算

$$\overline{N0} = d_b \sin\left(\frac{\overline{NP}}{d_b}\frac{180°}{\pi}\right)$$

按此弦长在基圆上找到 0 点。

（5）将基圆上的弧长分成与线段 $\overline{NP}$ 同样的等份，得到基圆上的对应点 1、2、3$\cdots$

（6）过点 1、2、3$\cdots$作基圆的切线，并在这些切线上分别截取线段 $\overline{11'} = \overline{1''P}$、$\overline{22'} = \overline{2''P}$、$\overline{33'} = \overline{3''P}\cdots$得1'、2'、3'$\cdots$各点。光滑连接 0、1'、2'、3'$\cdots$各点的曲线即为齿廓上节圆以下部分的渐开线。

（7）将基圆上的分点向左延伸，作出 5、6$\cdots$取 $\overline{55'} = 5 \times \overline{1''P}$，$\overline{66'} = 6 \times \overline{1''P}$，可得节圆以上渐开线的各点5'、6'$\cdots$直至画出齿顶圆为止。

（8）当 $d_f < d_b$ 时，基圆以下一段齿廓取为径向线，在径向线与齿根圆之间以 $r = 0.2m$ 为半径画出过渡圆角；当 $d_f > d_b$ 时，在渐开线与齿根圆之间直接画出过渡圆角。

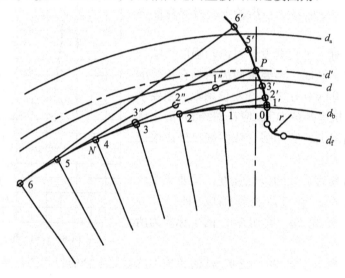

图 14-6　渐开线的绘制

14.3.2　啮合图的绘制步骤

啮合图的绘制步骤如下。

（1）选取适当的比例尺 μ_l(mm/mm)，使齿轮全高在图纸上有 30～50mm 为宜。定出齿轮的中心 O_1、O_2，如图 14-7 所示（这里只绘制齿轮 2 的齿廓），分别以 O_1、O_2 为圆心作基圆、分度圆、节圆、齿根圆、齿顶圆。

（2）画出两齿轮基圆内的公切线，它与连心线 O_1O_2 的交点为点 P，而 P 点又是两节圆的切点，基圆内公切线与过 P 点的节圆切线间的夹角为啮合角 α'，其值应与无侧隙啮合方程式计算之值相符。

（3）过节点 P 分别画出两齿轮在顶圆与根圆之间的齿廓曲线。

（4）按已算得的齿厚 s 和齿距 p 计算对应的弦长 $\bar{s}$ 和 $\bar{p}$：

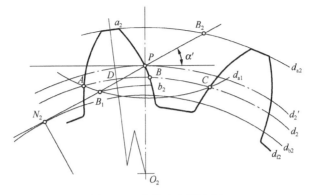

图 14-7 齿轮啮合图绘制

$$\overline{s} = d\sin\left(\frac{s}{d} \times \frac{180°}{\pi}\right)$$

$$\overline{p} = d\sin\left(\frac{p}{d} \times \frac{180°}{\pi}\right)$$

按 $\overline{s}$ 和 $\overline{p}$ 在分度圆上截取弦长得 A、C 点，则 $AB = \overline{s}$，$AC = \overline{p}$。

（5）取 AB 中点 D，连接 O_2、D 两点为轮齿的对称线。用描图纸描下对称线的右半齿形，以此为模板画出对称的左半部分齿廓及其他相邻的 3～4 个轮齿的齿廓。另一齿轮的绘制方法与此相同。

（6）作出齿廓工作段。B_2 为起始啮合点，B_1 为终止啮合点，以 O_2 为圆心，O_2B_1 为半径作圆弧交齿轮 2 的齿廓于 b_2 点，则从 b_2 点到齿顶圆上点 a_2 一段为齿廓工作段。同理可作出齿轮 1 的齿廓工作段。

（7）对要求画出两齿轮啮合过程中的滑动系数变化曲线的齿轮啮合图，可按下述方法进行。
滑动系数计算公式为：

$$u_1 = 1 + \frac{z_1}{z_2}\left(1 - \frac{l}{l_x}\right) \tag{14-1}$$

$$u_2 = \frac{z_1}{z_2} + \left(1 - \frac{l}{l - l_x}\right) \tag{14-2}$$

在线段 N_1N_2 上，按计算的值取点 B_1、P、B_2，自 N_1 点量起，按适当的间距取 l_x 值，按式（14-1）和式（14-2）计算出对于不同 l_x 的各位置处两轮齿面的滑动系数为 u_1 和 u_2，画出如图 14-8 所示的滑动系数曲线图。

一般情况下，轮齿的齿廓工作段最低点具有绝对值最大的滑动系数，其值为：

$$u_{1\max} = 1 + \frac{z_1}{z_2}\left(1 - \frac{l}{N_1B_2}\right)$$

$$u_{2\max} = \frac{z_1}{z_2} + \left(1 - \frac{l}{B_1N_2}\right)$$

在啮合图上直接量取 l、$\overline{N_1B_2}$、$\overline{B_1N_2}$，代入上式即可算出 $u_{1\max}$ 和 $u_{2\max}$。

如图 14-9 所示为一对齿轮的啮合图示例，其基本参数为：$m = 5\,\text{mm}$，$z_1 = 12$，$z_2 = 28$，$\alpha = 20°$，$h_a^* = 1$，$c^* = 0.25$，$\beta = 0°$，$x_1 = 0.55$，$x_2 = 0.45$。

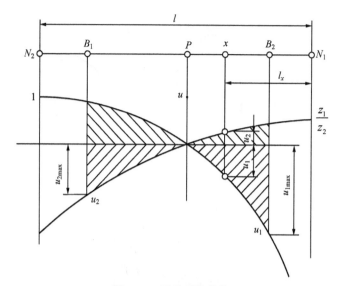

图 14-8　滑动系数曲线

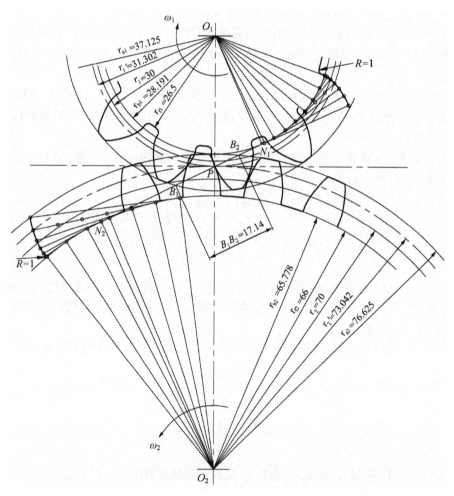

图 14-9　一对变位齿轮的啮合图

第3篇

机械原理课程设计题目

对于不同的设计课题，由于设计要求和条件不同，其具体的设计内容和步骤也就不同。本篇用若干设计实例来说明机械运动系统方案设计的内容、步骤和大致过程，以期对读者能起到启迪思维、举一反三的作用。由于新的机械系统的创新层出不穷，为了实现某种功能可能需要创造出一种新的机械，因此机械原理课程设计题目可以根据需要自己来设定，为了使广大教师和学生开阔思路，本篇选编了若干课程设计题目，供读者选用和参考。

第15章

机构系统方案设计实例

15.1 粉料压片机设计

15.1.1 设计要求

粉料压片机适用于大量或小批量多品种生产、压制圆形的各种药片、糖片、钙片等。它由上冲头、下冲头、料筛等执行机构组成。料筛由传送机构把它送至上、下冲头之间，通过上、下冲头加压把粉料压成片状。根据生产工艺路线方案，此粉料压片机在送料期间上冲头不能压到料筛，只有当料筛不在上、下冲头之间时，冲头才能加压。所以送料和上、下冲头之间的运动在时间顺序上有严格的协调配合要求，否则就无法实现机器的粉料压片工艺。

压片机的有关参数是：片坯直径为 34mm，厚度为 5mm，圆形片坯；压力机的最大加压力为 1.5×10^5N；生产率为 25 片/min；驱动电动机为 1.7/2.8kW、940/1440r/min。

15.1.2 压片机的功能分解和运动功能的拟定

粉料压片工艺过程如图 15-1 所示。

（1）料筛将干粉料均匀筛入型腔中，同时上冲头下移，如图 15-1（a）所示。

（2）下冲头下沉 3mm，以防止上冲头进入型腔时将粉料扑出，如图 15-1（b）所示。

（3）上、下冲头同时加压，并保压一段时间，如图 15-1（c）所示。

（4）上冲头退出，下冲头随后顶出压好的片坯，如图 15-1（d）所示。

（5）料筛推出片坯，如图 15-1（e）所示，然后再次重复第（1）～（5）步的动作。

之所以采用上述动作过程，有多种原因，如干粉用筛入的方法，可免除结块料和杂质进入；上冲头到达型腔前，下冲头先下沉 3mm，是为了防止上冲头下行到型腔时，带动的气流将粉料扑出；上、下冲头同时加压是使成品内部材料的致密度趋于一致，能较好地保证产品的质量；加压完成后需停歇片刻，如 1～2s，称为保压，这是为了使压制的成品形状稳定下来。

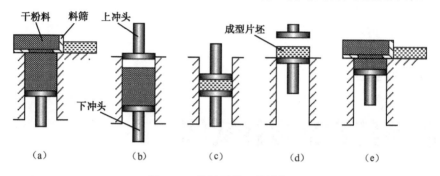

图 15-1　粉料压片工艺过程

根据上述工艺过程，可将压片功能分解为粉料上料功能、加压功能和压成坯料的下料功能。但是将这些功能进行运动化后，可以发现有时两个功能可用同一个机构来实现，有时一个功能要用两个机构来完成。例如，在上述过程中，根据工艺过程，机构应有 1 个模具（圆筒形通孔型腔，固定在机器台面上）和 3 个运动执行构件（1 个上冲头、1 个下冲头和 1 个料筛）。加压功能由上、下两个冲头的运动来实现，而料筛的运动既完成了上料功能，也同时完成了下料的功能。

接着拟定执行构件的运动形态、特征或操作方式。

（1）上冲头完成上、下往复直线运动；下移至终点后有短时间停歇，起保压作用；因冲头上升后要留有料筛进入的空间，故冲头行程 $S_上$ 为 90～100mm。若机构主动件转动 1 周（$\varphi = 2\pi$）完成一个运动循环，则上冲头位移线图的形状如图 15-2（a）所示。

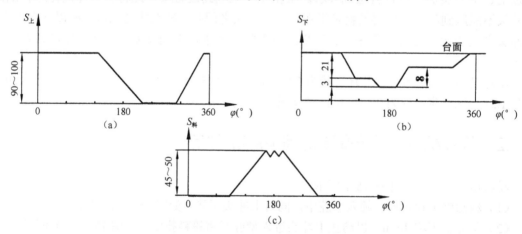

图 15-2　粉料压片机工艺动作分解图

（2）下冲头先下沉 3mm，然后上升 8mm（加压）后停歇保压，继而上升 16mm，将成形片坯顶到与台面平齐后停歇，待料筛将片坯推离冲头后再下移 21mm 到待装料位置，其位移线图如图 15-2（b）所示。

（3）料筛在台面上向右移到模具型腔上方时，做左、右往复振动式筛料动作，然后向左退回；待坯料成形并被推出型腔后，料筛又向右移 45～50mm，推卸成形片坯，其位移线图如图 15-2（c）所示。

15.1.3　压片机运动循环图设计

拟定运动循环图的目的是确定各机构执行构件动作的先后顺序，执行构件动作时相应主动件的位置（相位），以利于机构系统的设计、装配和调试。

上冲头加压机构主动件每转 1 周完成一个运动循环，所以拟定运动循环图时，以该主动件的转角作为横坐标（0～360°），以机构执行构件的位移为纵坐标画出位移线图。运动循环图上的位移线主要着眼于运动的起止位置，而不必（此时也不可能）表示出精确的运动规律。例如，料筛从推出片坯的位置经加料位置加料后退回最左边（起始位置）停歇；料筛刚退出，下冲头即开始下沉 3mm，如图 15-3 中②所示；下冲头下沉完毕，上冲头可下移到型腔入口处，如图 15-3 中③所示，待上冲头到达台面下 3mm 处时，下冲头开始上升，对粉料两面加压，这时，上、下冲头各移 8mm，如图 15-3 中④所示，然后两冲头停歇保压，如图 15-3 中⑤所示，保压时间约 0.4s，即相当于主动件转 60°左右；随后，上冲头先开始退出，下冲头稍后并稍慢地向上移动到与台面平齐，顶出成形片坯，如图 15-3 中⑥所示；下冲头停歇等待卸片坯时，料筛已推进到型腔上方推卸片坯，如图 15-3 中⑦所示；然后，下冲头下移 21mm，同时料筛振动使筛中粉料筛入型腔而进入下一循环，如图 15-3 中⑧所示。

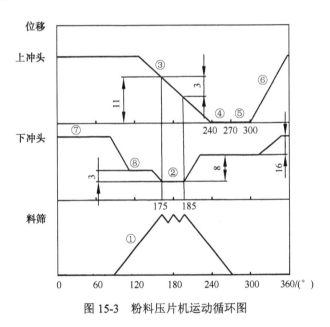

图 15-3　粉料压片机运动循环图

15.1.4　压片机运动方案设计

由上述分析可知，压片机机构有 3 个分支：实现上冲头上下运动的主加压机构，实现下冲头上下运动的辅助加压机构，实现料筛左右运动的上、下料机构。此外，当各机构按运动循环图确定的相位关系安装后，由于加工和装配都会造成尺寸和位置的误差，从而使执行构件的运动不到位，故对机构和构件间的相对位置或有关尺寸应能做适当调整，也就是说，在设计的机构中须设置能调整相位前后或位移大小的环节。上述几种机构的设计过程是相同的，下面针对其中的主加压机构的设计，说明其具体的设计过程。

实现上冲头运动的主加压机构应有下述几种基本功能。

（1）因为机器生产率为 25 片/min，即上冲头要完成每分钟 25 次往复运动，所以机构的主动件的转速应为 25r/min，若以电动机为原动力，则主加压机构应有运动缩小（减速）的功能。

（2）因为上冲头是往复运动，所以机构要有运动方向交替变换的功能。

（3）电动机的输出运动是转动，上冲头是直移运动，所以机构要有运动方式转换的功能。

（4）因为有保压阶段，所以机构上冲头在下移行程末端有较长的停歇或近似停歇的功能。

（5）因为要求冲头有较大的作用力，所以希望机构具有增力的功能，以增大有效作用力，减小电动机的功率。

先选取（1）、（2）、（3）这三种必须具备的，与运动形态、运动变换有关的功能来组成机构系统方案，（4）、（5）是与运动特性有关的功能，在后续步骤中再考虑。然后对每一种功能列出能实现该项运动功能的机构（在这里仅在 3 类基本机构或其变异机构中各选一个），将其按表 15-1 排成形态学矩阵图后，从每项功能中各取一个机构组成一个机构方案，总共可组成 $3^3 = 27$ 种方案。这些方案中有些机构，如曲柄滑块机构、凸轮机构等就兼有运动形式转换和运动方向交替变换的功能，这样有些机构的组合就显得烦琐而不合理。因而可以直观进行判断，舍弃一些不合理的方案。例如，可从中选出如图 15-4 所示的 5 个方案作为基础方案，再根据其他功能要求通过变异和组合的方法进行增改。这里要说明的一点是：表 15-1 中只列出了依靠刚体推压原理进行传动的机构，这是因为主加压机构所加压力较大，用摩擦传动原理不太合适；而用液压力传动，因为顾及系统漏油会污染产品，不宜采用，所以采用电动机驱动、刚体推压力传递运动的原理。

表 15-1 主加压机构形态学矩阵

基本功能 \ 基本机构	齿 轮 机 构	连 杆 机 构	凸 轮 机 构
运动形式变换			
运动方向交替变换			
运动缩小			

图 15-4 中的 5 种设计方案仅是串接式组合。为全面符合功能要求，特别是符合运动规律等特性有关的要求〔如（4）和（5）〕，即上冲头在行程末端有一定时间停歇保压和增力作用的要求，对上述方案要再做修改。

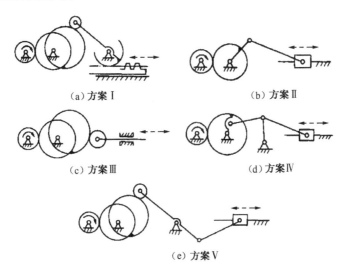

（a）方案Ⅰ　　　　　　　　　　　　（b）方案Ⅱ

（c）方案Ⅲ　　　　　　　　　　　　（d）方案Ⅳ

（e）方案Ⅴ

图 15-4　主加压机构设计方案

增力作用的实质是在主动件功率不变的情况下，从动件速度小则输出的力就大，所以减速就是增力；对于停歇，则一种情况是从动件在一定时间内位移为零或速度在零点附近；另一种情况是运动副暂时脱离或运动副在主动件运动方向不起约束作用。按上述思路考虑，大致有以下几种办法。

（1）用变异法。在如图 15-4（d）所示的方案中，保留齿轮机构和摇杆滑块机构，而将其中的曲柄摇杆机构变异为曲柄摆动导杆机构，如图 15-5（a）所示，再将摇杆滑块机构 CDE 中的滑块调整到极限位置，即 CD、DE 成一直线时，AB 在垂直 CD 位置附近的 aa'段导轨做成以 A 为圆心、AB 为半径的圆弧，如图 15-5（b）所示，则机构在此位置时，点 E 的速度减小到零，并有一段时间的停歇。

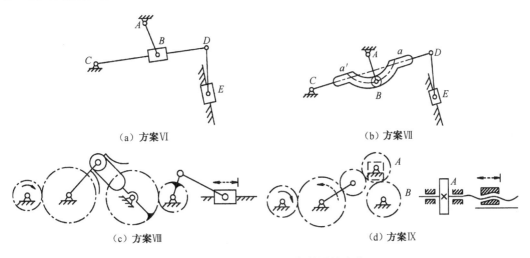

（a）方案Ⅵ　　　　　　　　　　　　（b）方案Ⅶ

（c）方案Ⅷ　　　　　　　　　　　　（d）方案Ⅸ

图 15-5　变异后的主加压机构设计方案

若同样将图 15-5（a）中的曲柄导杆机构 *ABC* 变异为槽轮机构，则可得到如图 15-5（c）所示的机构，其中增加了一对齿轮机构，可使槽轮在转过一个槽间角时，曲柄正好转 180°。

可将如图 15-4（c）所示的凸轮机构变异为螺旋机构，如图 15-5（d）所示，而在螺旋机构和齿轮机构之间加换向轮和离合器，当换向轮在中间位置或离合器脱离啮合时，输出构件即停歇。

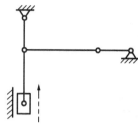

图 15-6　最佳传力位置组合

（2）用组合法。如图 15-4 所示的方案均为构件固接式串联组合方式，其运动特性为串接的各基本机构传动比的乘积。由此，两机构串接时的相位角对机构特性变化的影响很大，所以在做出方案后，必须按运动或传力特性的要求合理安排其串接相位角，如图 15-4（d）所示为曲柄摇杆机构和摇杆滑块机构的串接，如果将两个机构均处于极限位置时串接起来，如图 15-6 所示，则在此位置附近（相当大的主动件转角范围内），执行构件（滑块）的速度将接近于零，从而其位移也在运动副存在间隙的情况下可看做零，而且无论对主动件还是从动件来说，如图 15-6 所示的位置都处于最佳的传力位置。

如图 15-7 所示是压片机的设计方案之一。

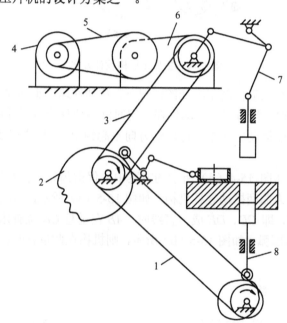

1、3—同步齿形带或链传动；2—送料机构；4—电动机；5—带传动；6—减速器；7—上冲压机构；8—下冲压机构

图 15-7　粉料压片机运动系统设计方案

15.2　扭结式糖果包装机的设计

15.2.1　设计要求

用挠性包装材料裹包产品，将末端伸出的裹包材料扭结封闭的机器称为扭结式裹包机。其裹包方式有双端扭结和单端扭结两种。

其主要技术参数如下

（1）生产能力：200～350 块/min。

（2）糖块规格：圆柱形（直径×长度）为 13mm×32mm，长方形（长×宽×高）为 27mm×16mm×11mm。

（3）包装纸规格：商标纸的宽 90mm，内衬纸的宽 30mm。

（4）电机：理糖电机为 0.37kW，主电机为 0.75kW。

（5）外形尺寸：1450mm×650mm×1620mm。

15.2.2　扭结式糖果包装机的组成及运动方案设计

扭结式糖果包装机有间歇运动和连续性运动两种类型。连续运动型一般用于一层纸包装，包装速度比间歇运动型的快。但它如果用两层纸包装糖果时要求内衬纸与外商标纸一样宽，会造成内衬纸的很大浪费。间歇运动型既可用于一层纸包装，也可用于两层纸包装，用两层纸时内衬纸和外商标纸可以不一样宽，这样可以节约成本。间歇双端扭结式糖果包装机主要由料斗、理糖部件、工序盘及传动操作系统等组成。

如图 15-8 所示为糖果包装机的包装工艺流程图，包装时糖果被理糖机构、推糖机构送到工序盘的指定位置后，内衬纸和外商标纸同时围绕糖块进行裹包动作，将糖块裹包成筒状。然后糖块两端伸出包装纸被扭结机械手扭结，糖果被封闭完成裹包，最后糖果被打糖杆打出。整个包装过程结束，下个包装过程开始。

如图 15-9 所示为包装扭结工艺路线图。图 15-9 中，主传送机构带动工序盘 2 做间歇转动。随着工序盘 2 的转动，分别完成对糖果的四边裹包及双端扭结。在第 I 工位，工序盘 2 停歇时，送糖杆 7、接糖杆 5 将糖果 9 和包装纸 6 一起送入工序盘上的一对糖钳手内，并被夹持形成 U 形状。然后，活动折纸板 4 将下部伸出的包装纸（U 形的一边）向上折叠。当工序盘转动到第 II 工位时，固定折纸板 10 已将上部伸出的包装纸（U 形的另一边）向下折叠成筒状。固定折纸板 10 沿圆周方向一直延续到第 IV 工位。在第 IV 工位，连续回转的两只扭结手夹紧糖果两端的包装纸，并完成扭结。在第 VI 工位，钳手张开，打糖杆 3 将已完成裹包的糖果成品打出，裹包过程全部结束。

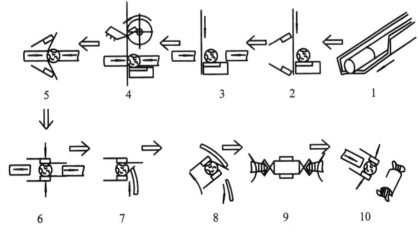

1—送糖；2—糖钳手张开、送纸；3—夹糖；4—切纸；5—纸、糖进入糖钳手；

6—接、送糖杆离开；7—下折纸；8—上折纸；9—扭结；10—打糖

图 15-8　扭结式糖果包装机包装工艺流程图

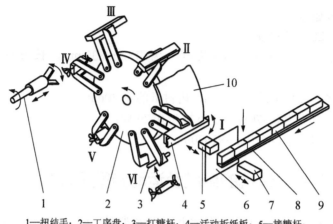

1—扭结手；2—工序盘；3—打糖杆；4—活动折纸板；5—接糖杆；

6—包装纸；7—送糖杆；8—输送带；9—糖果；10—固定折纸板

图 15-9　扭结式糖果包装机包装打结工艺路线图

15.2.3　扭结式糖果包装机传动系统的设计

间歇双端扭结式糖果包装机传动系统由主传动系统和理糖供送传动系统两部分组成。

如图 15-10 所示为间歇双端扭结糖果包装机主传动系统图。主电动机经机械式无级变速器、

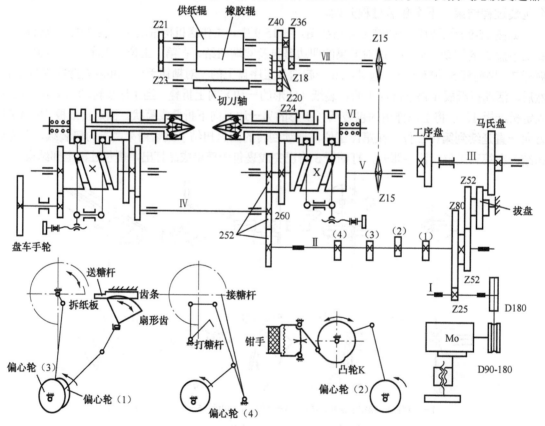

图 15-10　扭结式糖果包装机主传动系统

轴Ⅰ将运动传递给分配轴Ⅱ，分配轴Ⅱ将运动平行进行分配，经齿轮、马氏盘将运动传递给轴Ⅲ，带动工序盘间歇转动。另一传动路线为经齿轮传动带动轴Ⅴ、Ⅵ转动，从而带动扭结手完成扭结动作。轴Ⅴ经链传动、齿轮传动带动供纸辊及切刀运动，实现包装纸的供送及切断。分配轴Ⅱ上的偏心轮（1）带动送糖杆送糖；偏心轮（2）带动钳手开合；偏心轮（3）带动活动折纸板完成下折纸；偏心轮（4）带动接糖杆和打糖杆分别完成接糖和打糖动作。包装机正常工作之前，通过转动调试手轮对包装机进行调试。本机采用机械式无级调速，生产能力连续可调，能适应不同的包装纸和糖果的变化。由于采用了槽轮机构，所以该机不宜用于高速。

15.2.4　扭结式糖果包装机运动循环图设计

根据各执行机构的运动规律及其动作配合要求，绘制出如图 15-11 所示的工作循环图。接糖杆在分配轴转至 215° 时运动到接糖终点，并将纸与糖夹持在接糖杆和送糖杆之间，接糖杆

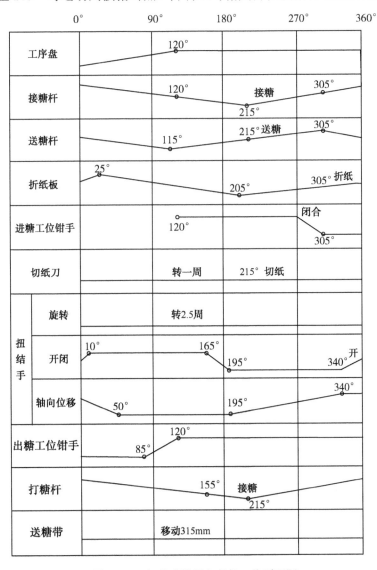

图 15-11　扭结式糖果包装机工作循环图

随送糖杆开始后退，至 305°送糖结束。同时，进糖工位糖钳手闭合，将纸与糖夹住。扭结手在 195°闭合，在旋转扭结的同时做轴向移动，以弥补包装纸的缩短量，至 340°轴向移动结束。出糖工位糖钳手 120°打开，打糖杆 155°开始打糖，至 215°打糖结束并开始返回。

15.3 平台印刷机设计

15.3.1 设计要求

设计平台印刷机的主传动机构，设计参数见表 15-2 所示。

表 15-2　平台印刷机设计参数

项　目	类　型	低　速　型	高　速　型
印刷生产率（张/h）		1920～2000	4000～4500
版台行程长度（mm）		730	795
压印区段长度（mm）		440	415
滚筒直径（mm）		232	360
电动机参数	功率（kW）	1.5	3
	转速（r/min）	940	1450

15.3.2 功能分解

平台印刷机的工作原理是将铅版上凸出的痕迹借助油墨压印到纸张上，如图 15-12 所示，平台印刷机的压印动作在卷有纸张的滚筒与嵌有铅版的版台之间进行。工艺动作过程由输纸、着墨（将油墨均匀涂抹在嵌于版台上的铅版上）、压印、收纸这 4 部分组成。各机构的运动由同一电动机驱动，运动由电动机经过减速装置后分成两路，一路经传动机构Ⅰ带动版台做往复直线运动，另一路经传动机构Ⅱ带动滚筒做回转运动。当版台与滚筒接触时，在纸张上压印出字迹或图形。

版台工作行程中有 3 个区段，如图 15-13 所示。在第 1 区段，输纸、着墨机构（未画出）相继完成输纸、着墨作业。在第 2 区段，滚筒和版台完成压印动作。在第 3 区段，收纸机构进行收纸作业。

通过对平台印刷机主传动机构的运动功能的分析，可知它的基本运动为：版台的往复直线运动，滚筒的连续或停歇运动。

此外，还要满足如下传动性能的要求。

（1）在压印过程中，滚筒与版台之间做纯滚动，即在压印区段，滚筒表面点的线速度与版台的移动速度相等，以保证印刷质量。

（2）版台在压印区内的速度变化限制在一定范围内（即运动尽可能平稳），以保证整个印刷幅面上的印痕浓淡一致。

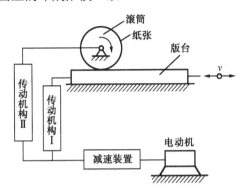

图 15-12　平台印刷机的工作原理

图 15-13　版台工作行程的 3 个区段

15.3.3　机构选型

根据平台印刷机的设计要求，版台应做往复运动，行程较大，且必须使工作行程中有一段等速运动（压印区段），并有急回特性。滚筒做停歇（滚停式）或连续（有等速段）转动。这些运动要求不一定都能得到满足，但必须保证版台和滚筒在压印段内保持纯滚动关系，即滚筒表面点的线速度和版台速度相等，这可在运动链中加入运动补偿机构，使两者运动达到良好的配合。

1．版台传动机构选型

将回转运动转换为直线往复运动的基本机构很多，如曲柄滑块机构、直动从动件凸轮机构、螺旋机构、齿轮齿条机构等，但它们不能完全满足平台印刷机主传动机构的运动要求。

如图 15-14 所示的六杆机构的结构比较简单，加工制造比较容易，且有急回特性和扩大行程的作用，但作为执行构件的版台，其往复运动速度是变化的，且构件数较多，机构刚性差，不宜用于高速。

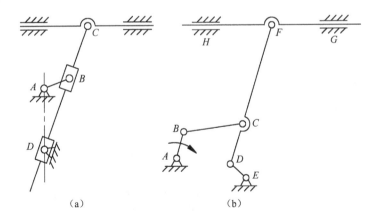

（a）　　　　　　　　（b）

图 15-14　六杆机构

因此，可将基本机构组合起来以满足设计要求，具体方案如下。

（1）曲柄滑块-齿轮齿条组合机构（A_1）。如图 15-15 所示的组合机构由偏置曲柄滑块机构与齿轮齿条机构串联而成。机构选型记为 A_1。其中下齿条为固定齿条，上齿条与版台固连在一起。该组合机构的主要特点是：由齿轮齿条机构实现运动的放大，版台行程是滑块铰链中心点 C 行程的两倍；而偏置曲柄滑块机构使上齿条（版台）的往复运动具有急回特性。

（2）双曲柄-曲柄滑块-齿轮齿条组合机构（A_2）。在如图 15-16 所示的组合机构中，下齿条是可移动的，并可由下齿条输入另一运动（由凸轮机构实现），以得到所需的合成运动。当不考虑下齿条的移动时，上齿条（版台）运动的行程是滑块铰链中心点 C 行程的两倍。齿轮与两个连杆机构串联，主要是用曲柄滑块机构满足版台的行程放大要求及回程时的急回特性要求，而用双曲柄机构满足版台在压印区近似等速运动的要求。

（3）齿轮可作为轴向移动的齿轮齿条机构（A_3）。在如图 15-17 所示的机构中，其齿轮齿条机构的上、下齿条均可移动，且都与版台固接在一起。当采用凸轮机构（图中未示出）拨动齿轮沿其轴向滑动时，可使齿轮时而与上齿条啮合，时而与下齿条啮合，实现版台的往复移动。若齿轮等速转动，则版台做等速往复移动。这将有利于提高印刷质量，使整个印刷幅面的印痕浓淡一致。但由于齿轮的拨动机构较复杂，故只在印刷幅面较大且对印痕浓淡均匀性要求较高时才采用。

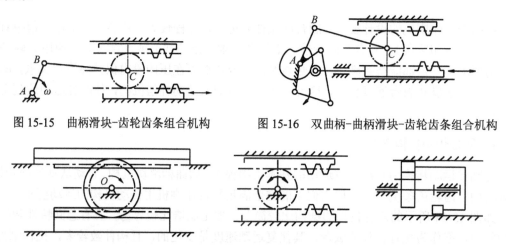

图 15-15 曲柄滑块-齿轮齿条组合机构　　图 15-16 双曲柄-曲柄滑块-齿轮齿条组合机构

图 15-17 齿轮可作轴向移动的齿轮齿条机构

2. 滚筒回转机构选型

（1）转停式滚筒的齿轮齿条传动机构（B_1）。在如图 15-18 所示的机构中，由版台上的齿条带动滚筒上的齿轮实现版台和滚筒间的纯滚动，该机构结构简单。但当版台空回时，滚筒应停止转动，因而须增加滚筒与版台间的脱离机构和版台的定位机构，以便版台空回时滚筒与版台脱离并定位。滚筒与版台运动的脱离装置可采用棘轮式超越离合器，滚筒的定位装置可采用如图 15-19 所示的凸轮定位机构。由于滚筒时转时停，惯性力矩较大，故不宜用于高速印刷场合。

（2）等速滚筒的齿轮传动机构（B_2）。在如图 15-20 所示的机构中，滚筒是由齿轮机构直接带动的，因而其运动速度是常量。这种滚筒等速回转机构一般只与版台等速移动机构（如齿轮可做轴向移动的齿轮齿条机构）组合使用。

（3）连续转动滚筒的双曲柄机构（B_3）。如图 15-21 所示的机构为由双曲柄机构与齿轮机构串联组成的滚筒回转机构，滚筒非等速转动。但在设计合适时，滚筒在压印区段的转速变化可以比较平缓，保证了印刷质量，又因这种机构的滚筒作连续转动，其动态性能比转停式滚筒好。

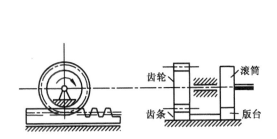

图 15-18 转停式滚筒运动方案

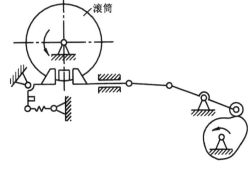

图 15-19 转停式滚筒的定位装置

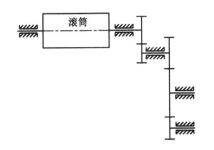

图 15-20 等速滚筒的齿轮传动机构

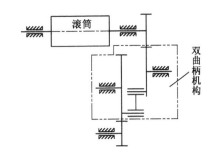

图 15-21 连续转动滚筒的双曲柄机构

15.3.4 机构组合

将上述各机构方案选优即可形成如表 15-3 所示的机构系统运动方案。

表 15-3 版台传动机构与滚筒传动机构方案的组合

机构系统运动方案	E_1	E_2	E_3
版台传动机构	A_1（曲柄滑块-齿轮齿条组合机构）	A_2（双曲柄-曲柄滑块-齿轮齿条组合机构）	A_3（齿轮可作轴向移动的齿轮齿条机构）
滚筒回转机构	B_1（转停式滚筒的齿轮齿条传动机构）	B_3（连续转动滚筒的双曲柄机构）	B_2（等速滚筒的齿轮传动机构）

方案 1 的设计矩阵 $E_1 = [A_1, B_1]$。版台运动（主传动）由曲柄滑块-齿轮齿条组合机构完成，具有急回运动特性和行程扩大功能，结构较紧凑，设计较简单。版台非等速移动。

滚筒的转停式回转由齿轮齿条机构实现，这样可保证滚筒表面点的线速度和版台速度在压印区段完全相等。滚筒与齿轮间装有单向离合器，以实现滚筒的单向转动。采用凸轮机构定位，可保证印刷机每个运动循环中滚筒停歇位置相同。为使版台回程时不与停歇的滚筒接触，滚筒下部一般被削掉一点。

方案 2 的设计矩阵 $E_2 = [A_2, B_3]$。版台运动（主传动）由双曲柄-曲柄滑块-齿轮齿条组合机构完成，具有急回运动特性和行程扩大功能，可满足版台在压印区近似等速的技术要求，结构较紧凑，机构设计较复杂。

滚筒的连续转动由双曲柄机构与齿轮机构串联组成的传动机构完成，虽然是非等速运动机构，但在设计合适时，连续转动式滚筒的动态性能比停转式滚筒好。

方案 3 的设计矩阵 $E_3=[A_3,B_2]$。版台运动（主传动）由齿轮可做轴向移动的齿轮齿条机构完成，版台做等速往复移动，印刷质量较高。但齿轮的拨动机构较复杂，且存在冲击。

滚筒的连续转动由齿轮机构完成，该机构只能与版台等速运动机构组合使用。

根据用户每小时印刷 1920 张纸的设计要求，选用低速型参数的生产条件，并根据前述方案评价的原则及产品结构简单、紧凑、制造方便、成本低等性能指标，选取设计方案 E_1。实际采用的平台印刷机运动方案如图 15-22 所示。

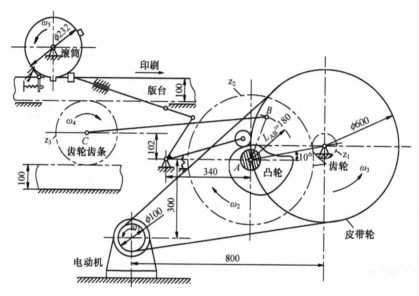

图 15-22　平台印刷机运动方案简图

15.3.5　传动系统方案设计

1．确定系统总传动比

根据电动机的转速和印刷的生产能力，确定系统总传动比为：

$$i=\frac{940}{1920/60}=29.4$$

2．传动比分配

选用二级减速，第一级采用带传动，选取带传动比为 6。第二级采用单级齿轮减速，齿轮传动比为 4.9。

由齿轮传动的强度确定齿轮的标准模数 $m=5$。初选带轮直径：$d_1=80$mm，$d_2=480$mm；齿轮齿数：$z_1=20$，$z_2=98$。

15.3.6　运动协调设计

版台压印和返回为一个运动循环。设计过程中应保证印刷机在印刷运动循环中，版台与滚筒的动作在时间和位置上协调。根据印刷机各执行机构的运动要求，绘制机构系统运动循环图，如图 15-23 所示。

曲柄	工作行程		非工作行程		
版台	印刷过程		回程		
滚筒齿轮	转动		停止		
滚筒	转动		停止		
凸轮从动件	等减速退回	近休止	等速靠近	远休止	等加速退止

0°　　　　　20°　　100°　　　　260°　　　340°　　360°

图 15-23　平台印刷机运动循环图

15.3.7　机构设计

1. 凸轮机构设计

由机构系统运动循环图可制定凸轮的从动件运动规律。由于该机械的运动速度较小，动力特性要求低，所以推程过程选用等速运动。为满足定位时间长和快退的要求，选用等加速等减速运动规律。其运动规律如图 15-24（a）所示。根据运动简图的整体布置，选用摆动从动件盘形凸轮机构。其基本参数为：基圆半径 r_0=80mm，滚子半径 r_r=30mm，最大摆角 ψ=20°，摆杆长度 l=300mm，凸轮中心到摆杆中心的距离 a=340mm。凸轮轮廓设计如图 15-24（b）所示。

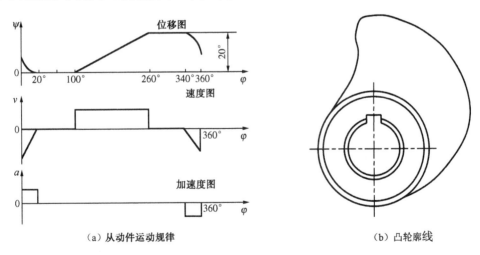

（a）从动件运动规律　　　　　　　　（b）凸轮廓线

图 15-24　凸轮机构设计

2. 曲柄滑块机构设计

由版台（齿条）的行程 H=730mm 得出曲柄滑块机构的行程为 730/2=365mm。根据有关设计手册选定连杆与曲柄长度之比 $\lambda=l_{BC}/l_{AB}=4$，行程速比系数 $K=1.05$。由此列出数学方程，求解得：曲柄长度 $l_{AB}=180\text{mm}$，连杆长度 $l_{BC}=720\text{mm}$，偏距 $e=102\text{mm}$。

15.4 半自动平压模切机设计

15.4.1 设计要求

1. 半自动平压模切机的功能

半自动模切机是印刷、包装行业压制纸盒、纸箱等纸制品的专用设备。该机械可对各种规格的纸板和厚度在 6mm 以下的瓦楞纸板进行压痕、切线，将纸板沿切线去掉边料后，可折成各种纸盒、纸箱或压制成各种富有立体感的精美凸凹商标和印刷品。

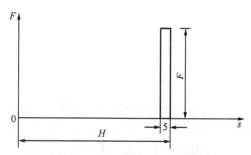

图 15-25 模切机生产阻力线图

2. 原始数据和参数要求

（1）每小时压制纸板 3000 张。

（2）电动机额定功率 $n_0=1450\text{r/min}$，模压时生产阻力 $F=2\times10^6\text{N}$，如图 15-25 所示。回程时不受力。行程速比系数 $K\geqslant1.0$，模压行程 $H=50\pm0.5\text{mm}$，模具和滑块的质量约为 120kg。

（3）工作台面距离地面约 1200mm。

（4）要求性能良好，结构简单紧凑，节省动力，寿命长，便于制造。

15.4.2 运动方案设计

1. 工艺动作分解

压痕、切线、压凹凸（以下简称模切）要用凹模和凸模加压；纸板要定位夹紧后再送到模切工位加压，之后将纸板送走。因此，模切机的工艺动作可以分解为控制夹紧片张开、夹紧、送料和加压模切 3 个移动动作。

2. 机构选型

（1）送料机构系统的构思与选择。为保证模切精度，纸板在输送过程中必须定位、夹紧。比较理想的方案是用夹紧片定位、夹紧，如图 15-26 所示，采用间歇运动机构驱动双列链传动机构，两链条 11 之间固定有模块 13（共 5条），其上装有夹紧片，选用结构简单、便于设计的直动从

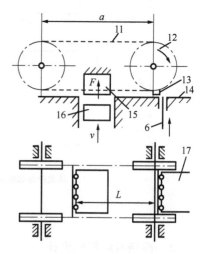

图 15-26 平压模切机工作原理示意图

动件盘形凸轮机构来控制夹紧片张开、夹紧。推杆 6 向上移动，顶住夹紧片使其张开，在工作台面 14 上，由人工喂入纸板 17；推杆 6 下降时，夹紧片靠弹力自动夹紧纸板。受间歇运动机构控制，主动链轮 12 转动，输送链带着纸板直移至模切工位便停止运动，进行模切后，输送链再将模切好的纸板送至指定位置，由固定挡块迫使夹紧片张开，纸板落到收纸台，完成一个运动循环。

（2）模切机构运动简图方案的拟定。从整机总体布置考虑，模切机构的加压方式有上加压、下加压和上下同时加压 3 种。上下同时加压难以使凸凹模对位准确，不宜采用；上加压要占据工作台上方的空间，而传动机构一般都布置在下方，故布置不合理；采用下加压方式则可使模切机构与传动机构一起布置在工作台面以下，能有效地利用空间，且便于操作和输送纸板。本方案采用下加压方式，图 15-26 中上模 15 装配调整后固定不动，下模装在滑块 16 上。

从模切机构的功能需要来看，模切机构需要有运动形式、运动方向和运动速度变换的功能，若电动机轴线水平布置，则须将水平轴线的连续转动，经减速后变换成沿铅垂方向的往复移动；模切机构还须具有显著的增力功能，以使滑块在上位克服较大的生产阻力，进行模切。

根据以上功能要求，考虑功能参数（如生产率、生产阻力、行程和行程速比系数等）及约束条件（如工作台面距地面的距离、结构简单、节省动力等），可以构思出一系列运动简图方案。经过初步淘汰，现列举部分方案，如图 15-27 所示。

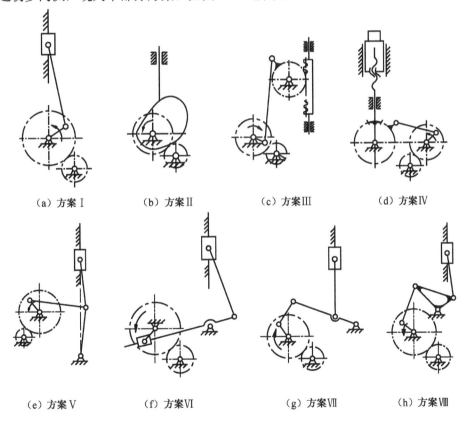

　　（a）方案Ⅰ　　　　（b）方案Ⅱ　　　　（c）方案Ⅲ　　　　（d）方案Ⅳ

　　（e）方案Ⅴ　　　　（f）方案Ⅵ　　　　（g）方案Ⅶ　　　　（h）方案Ⅷ

图 15-27　模切机构的部分运动方案

15.4.3 运动方案评价

从机构的功能、功能质量和经济适用性 3 个方面，对如图 15-27 所示的模切机构的各个方案进行初步定性分析，具体见表 15-4。

从表 15-4 的定性分析结果中不难看出，方案Ⅰ、Ⅱ、Ⅲ、Ⅳ的性能明显较差；方案Ⅵ尚可行，但也有一定缺点；方案Ⅴ、Ⅶ、Ⅷ有较优良的综合性能，且各有特点，这 3 个方案可作为备选方案，待运动设计、运动分析和力分析后，通过定量评价，才能做出最后的选择。

表 15-4 模切机构运动方案定性分析表

方案号	主要性能特征											
	功 能		功 能 质 量					经 济 适 用 性				
	运动变换	增力	加压时间①	一级传动角	二级传动角②	工作平稳性	磨损与变形	效率	复杂性	加工装配难度	成本	运动尺寸
Ⅰ	能满足	无	较短	较小	—	一般	一般	高	简单	易	低	最小
Ⅱ	能满足	无	可最长	小	—	有冲击	剧烈	较高	简单	较难	一般	较小
Ⅲ	能满足	弱	可较长	小	大	较平稳	一般	高	复杂	最难	较高	大
Ⅳ	能满足	强	短	—	—	平稳	强	低	最复杂	最难	较高	较大
Ⅴ	能满足	强	可较长	小	较大	一般	一般	高	较简单	易	低	最大
Ⅵ	能满足	一定	较短	最大	较大	一般	一般	高	较简单	较难	低	较大
Ⅶ	能满足	较强	可较长	大	很大	一般	一般	高	较简单	易	低	较大
Ⅷ	能满足	较强	可较长	较大	大	一般	一般	高	较简单	易	低	较大

注：① 加压时间是指在相同施压距离（5mm）内，下压模移动所用的时间，此时间越长则越有利。

② 一级传动角指四杆机构传动角，二级传动角指六杆机构中后一级四杆机构的传动角。

15.4.4 传动系统的拟定

1．总传动比计算

曲柄每转一周，模切纸板一张，这个过程为一个运动循环。曲柄转速为：

$$n_c=3000/60=50\text{r/min}$$

总传动比为：

$$i_c=n_0/n_c=1450/50=29$$

2．传动比分配

拟采用带传动和两级齿轮传动减速，按机械设计手册中推荐的范围，初定 $i_1=3$，$i_2=3.1$，$i_3=3.2$；各齿轮齿数为 $z_1=19$，$z_2=57$，$z_3=21$，$z_4=67$；选标准带轮直径 $d_1=140\text{mm}$，$d_2=425\text{mm}$。则在不考虑带传动的弹性滑动率 ε 时，实际传动比为：

$$i = \frac{d_2 z_2 z_4}{d_1 z_1 z_3} = \frac{425}{140} \times \frac{57}{19} \times \frac{67}{21} = 29.056$$

传动比误差 $\Delta i = \dfrac{i - i_c}{i_c} = 0.2\% < 5\%$ ，适合。

曲柄实际转速为：

$$n_{II} = n_0 / i = 1450/29.056 = 49.9 \text{r/min}$$

3．传动系统设计

在图 15-28 中，所有的轴线均水平布置，兼做曲柄和飞轮的齿轮 4、控制夹紧片的凸轮 5、驱动输送链轮 12 以及做间歇运动的原动件 7（不完全齿轮）都固定在同一构件轴III（分配轴）上，间歇运动机构的从动构件 8 与输送链的主动链轮 12 之间也采用链传动机构，其传动比 $i_L = n_{IV}/n_V$，由 i_L 可确定链轮 9、10 的齿数。设输送链主动链轮 12 的齿数为 z_{12}，间距为 p，输送链每次移动的距离为两个工位间的距离 L，则输送链轮的中心距离为：

$$a = (5L - z_{12}p)/2$$

输送链轮 12 的转速为：

$$n_V = 60L/(t z_{12} p)$$

式中，t 为链轮 12 每次转动的时间（s）；n 为链轮 12 的转速（r/min）。

t 可由工作循环图确定，并根据 t 进行不完全齿轮机构的运动设计，确定完 t 后再确定 n_{IV} 和 i_L。

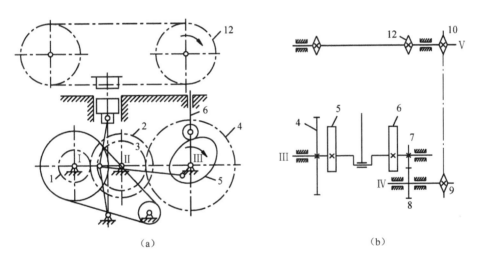

（a）　　　　　　　　　　　　（b）

图 15-28　模切机传动系统

15.4.5　运动循环图的拟定

模切机构若使用如图 15-27 所示的方案 V，则其运动循环图将如图 15-29 所示。这里以模切机构的下压模为标定件，以曲柄转角 φ 为横坐标，其设计要点如下。

（1）曲柄自 φ_1 运动至 φ_2 相当于下压模向上移动 5mm，这个过程为下压模施压区间。（$\varphi_2 - \varphi_1$）越大，加压效果越理想，这是模切机构运动设计应追求的主要目标。

（2）由间歇运动机构控制的输送链轮 12 应比 φ_1 角提前 10° 停止转动，并延后 φ_2 角 10° 开始转动，以确保加压工位上的纸板能处于静止状态下模切。

（3）在夹紧工位上，应确保输送链轮停止转动后，凸轮机构的推杆 6 才升至上位，以顶住夹紧片使其张开，输送链轮重新转动前，推杆 6 应迅速下降，使夹紧片夹紧纸板。在此期间，要有足够的时间将纸板喂入。

可以看出，图 15-29 中各机构的协调运动参数依赖于 φ_1、φ_2 角的准确值，这要等模切机构的运动设计完成后才能确定，此后才能确定其他有关的参数。

至此，该机构的运动方案设计大体上告一段落。待备选的各模切机构方案的运动设计、运动分析和动力分析完成后，通过对比和定量评价，再从中选出最优者，经过适当调整和修改，直到以最佳状态满足设计要求为止。

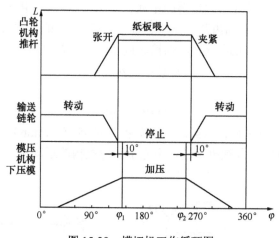

图 15-29　模切机工作循环图

第 16 章

课程设计题目及要求

16.1 膏体自动灌装机设计

1. 工作原理

膏体自动灌装机是通过出料活塞杆上下往复运动实现膏体灌装入盒内的，其主要工艺动作如下。

（1）将空盒送入六工位转盘，利用转盘间歇运动变换不同工位。

（2）在灌装工位上空盒上升灌入膏体。

（3）在贴锡纸工位上粘贴锡纸。

（4）在盖盒盖工位上将盒盖压下。

（5）送出成品。

2. 原始数据及设计要求

（1）膏体自动灌装机的生产能力：60 盒/min。

（2）膏体盒尺寸：直径 D=30～50mm，高度 h=10～15mm。

（3）工作台面离地面的距离为 1100～1200mm。

（4）要求机构的结构简单紧凑，运动灵活可靠，易于制造。

3. 设计方案提示

（1）六工位转盘机构可采用槽轮机构、不完全齿轮机构、凸轮式间歇运动机构等。
（2）空盒上升可采用凸轮机构。
（3）锡纸纸库下降可采用凸轮机构。
（4）压盖机构可采用凸轮机构。
为使上述各机构实现同步、协调工艺动作，3个凸轮可装在一根轴上。

4. 设计任务

（1）根据工艺动作要求拟定运动循环图。
（2）进行转盘间歇运动机构、空盒上升机构、锡纸纸库下降机构、压盖机构的选型。
（3）机械运动方案的评定和选择。
（4）根据选定的电动机和执行机构的运动参数拟定机械传动方案。
（5）对机械传动系统和执行机构进行几何尺寸和运动学参数计算。
（6）画出机械运动简图。

16.2 自动制钉机设计

1. 工作原理及工艺动作过程

木工用的大大小小铁钉是将一卷直径与铁钉直径相等的低碳钢丝通过下列工艺动作来完成的：

（1）校直钢丝，并按节拍要求间歇地输送到装夹工位。
（2）冷镦钉帽，在此前需夹紧钢丝。
（3）冷挤钉尖。
（4）剪断钢丝。

2. 原始数据及设计要求

（1）铁钉直径为$\phi 1.6 \sim \phi 3.4 \text{mm}$。
（2）铁钉长度为$25 \sim 80 \text{mm}$。
（3）生产率为360枚/min。
（4）最大冷镦力为3000N，最大剪断力为2500N。
（5）冷镦滑块质量为8kg，其他构件质量和转动惯量不计。
（6）要求机构紧凑，传动性能优良，噪声尽量小。

3. 设计方案提示

（1）送丝校直机构。要求送丝与校直合起来考虑机构的形式，同时应附加夹紧机构，在送丝时放松，其余时间夹紧。送丝校直机构可以采用间歇运动机构带动摆动爪，摆动爪压紧钢丝并送丝校直。夹紧机构利用联动关系开合。

（2）冷镦钉帽机构。可以采用移动式或摆动式冲压机构，一般可用平面六杆机构或平面四杆机构，其移动、摆动的行程在 25mm 左右为宜。为了减小电动机容量和机械速度波动，可加飞轮。

（3）冷挤和剪断机构在性能要求上与冷镦机构相同，因而采用机构也十分类似。

（4）由于机构较多，动作相互协调十分重要，尽量考虑将各执行机构的原动件固连在一个主轴上。

4．设计任务

（1）根据工艺动作要求拟定运动循环图。

（2）进行送丝校直机构、冷镦钉帽机构、冷挤钉尖机构、剪断钢丝机构的选型。

（3）机械运动方案的评定和选择。

（4）根据选定的原动机和执行机构的运动参数拟定机械传动方案。

（5）对机械传动系统和执行机构进行运动尺寸计算。

（6）画出机械运动简图。

（7）对执行机构进行运动分析，画出运动线图，进行运动模拟。

16.3　自动洗瓶机设计

1．工作原理及工艺动作过程

为了清洗圆形瓶子的外面，把待洗的瓶子放在两个转动着的导辊上，导辊带动瓶子旋转。当推头 M 将瓶向前推进时，转动着的刷子就把瓶子外面洗净。当前一个瓶子将洗刷完毕时，后一个待洗的瓶子已送入导辊。它的主要动作是：将到位的瓶子沿着导辊推进，瓶子推进过程中利用导辊转动将瓶子旋转以及将刷子转动。

如图 16-1 所示是洗瓶机有关部件的工作情况示意图。

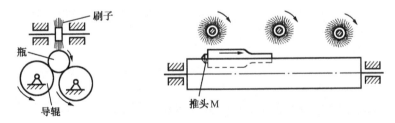

图 16-1　洗瓶机工作情况示意图

2．原始数据及设计要求

设计推瓶机构时的原始数据和要求如下。

（1）瓶子尺寸：大端直径 d=80mm，长 l=200mm。

（2）推进距离 l=600mm。推瓶机构应使推头 M 以接近均匀的速度推瓶，平稳地接触和脱离瓶子，然后推头快速返回原位，准备第 2 个工作循环。

（3）按生产率的要求，推程平均速度 $v=45\text{mm/s}$，返回时的平均速度为工作行程平均速度的 3 倍。

（4）机构传动性能良好，结构紧凑，制造方便。

3．设计方案提示

图 16-2　推头 M 的运动轨迹

（1）推瓶机构一般要求推头工作时做近似直线运动，回程时运动轨迹形状不限，但不能反向拨动下一个瓶子，如图 16-2 所示。鉴于上述运动要求，利用常用基本机构不容易实现，可以采用组合机构来实现。

（2）洗瓶机构由一对同向转动的导辊和 3 个转动的刷子组成，可以通过机械传动系统来完成。

4．设计任务

（1）根据工艺动作顺序和协调要求拟定运动循环图。

（2）进行推瓶机构、洗瓶机构的选型，以实现洗瓶动作要求。

（3）机械运动方案的评定和选择。

（4）根据选定的原动机和执行机构的运动参数拟定机械传动方案。

（5）对机械传动系统和执行机构进行运动尺寸计算。

（6）对执行机构进行运动分析，画出运动线图，进行运动模拟。

（7）画出机械运动方案简图。

16.4　电动机转子嵌绝缘纸机设计

1．工作原理及工艺动作过程

为了提高电动机转子空槽内嵌入绝缘纸的生产率和工作质量，构思一种高效的电动机转子嵌绝缘纸机是很有必要的。

电动机转子嵌绝缘纸机的主要工艺动作如下。

（1）送纸：将一定宽度、卷成一卷的绝缘纸前送一定量，到达指定位置。

（2）切纸：按需要切下一段绝缘纸。

（3）插纸：将插刀对折切下的绝缘纸插入空槽内。

（4）推纸：将已有部分插入槽内的绝缘纸推到要求的位置。

（5）间歇转动电动机转子：间歇转动转子使之进入下一工作循环。

2．原始数据和设计要求

（1）每分钟嵌纸 80 次。

（2）电动机转子尺寸：直径 $D=35\sim50\text{mm}$，长度 $L=30\sim50\text{mm}$。

（3）工作台离地面距离为 1100～1200mm。

（4）要求机构的结构尽量简单紧凑，工作可靠，噪声较小。

3．设计方案提示

（1）间歇送纸机构可以采用槽轮机构、凸轮式分度机构。

（2）切纸机构可以采用平面六杆机构、平面四杆机构、凸轮机构。

（3）插纸机构和推纸机构也可采用平面六杆机构、平面四杆机构、凸轮机构。

（4）电动机转子分度机构可以采用棘轮机构加连杆机构、槽轮机构、凸轮式间歇运动机构等。为了适应各种转子的需要，可将电动机转子带空槽直接作为棘轮。

4．设计任务

（1）根据工艺动作要求拟定运动循环图。

（2）进行送纸、切纸、插纸、推纸、转子分度 5 个执行机构的选型。

（3）机械运动方案的评定和选择。

（4）根据选定的原动机和执行机构的运动参数拟定机械传动方案。

（5）对机械传动系统和执行机构进行运动尺寸计算。

（6）画出机械运动简图。

（7）对执行机构进行运动分析，画出运动线图进行运动模拟。

16.5　蜂窝煤成型机设计

1．工作原理及工艺动作过程

冲压式蜂窝煤成型机是我国城镇蜂窝煤（通常又称煤饼）生产厂的主要生产设备，这种设备由于具有结构合理、质量可靠、成型性能好、经久耐用、维修方便等优点而被广泛采用。

冲压式蜂窝煤成型机的功能是将粉煤加入转盘的模筒内，经冲头冲压成蜂窝煤。

为了实现蜂窝煤冲压成型，冲压式蜂窝煤成型机必须完成如下 5 个动作。

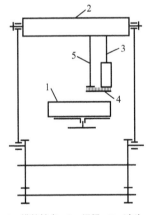

（1）粉煤加料。

（2）冲头将蜂窝煤压制成型。

（3）清除冲头和出煤盘积屑的扫屑运动。

（4）将在模筒内冲压后的蜂窝煤脱煤。

（5）将冲压成型的蜂窝煤输出。

2．原始数据及设计要求

（1）蜂窝煤成型机的生产能力为 30 次/min。

（2）图 16-3 表示冲头、脱模盘、扫屑刷、模筒转盘的相互位置关系。实际上，冲头和脱模盘都与上下移动的滑梁连成一体。当滑梁下冲时，冲头将粉煤冲压成蜂窝煤，脱模盘将已压成的蜂窝煤脱模。在滑梁上升过程中，扫屑刷将刷除冲头和脱模盘上黏着的粉煤。模筒转盘上均布有模筒，转盘的间歇运动使加料后的模筒进入冲压

1—模筒转盘；2—滑梁；3—冲头；
4—扫屑刷；5—脱模盘

图 16-3　冲压式蜂窝煤成型
机各部分位置示意图

位置、成型后的模筒进入脱模位置，空的模筒进入加料位置。

（3）为了改善蜂窝煤冲压成型的质量，希望冲压机构在冲压后有一保压时间。

（4）由于同时冲两个煤饼时的冲头压力较大，最大可达 5×10^4N，其压力变化近似认为在冲程的一半进入冲压，压力呈线性变化，由零值至最大值。因此，希望冲压机构具有增力功能，以减小机器的速度波动及减小原动机的功率。

（5）驱动电动机采用 Y180L—8，其功率 N=11kW，转速 n=730r/min。

（6）机械运动方案应力求简单。

3．设计任务

（1）按工艺动作要求拟定运动循环图。

（2）进行冲压脱模机构、扫屑刷机构、模筒转盘间歇运动机构的选型。

（3）机械运动方案的评定和选择。

（4）进行飞轮设计。

（5）按选定的电动机和执行机构运动参数拟定机械传动方案。

（6）画出机械运动方案简图。

（7）对传动机构和执行机构进行运动尺寸的计算。

16.6 糕点自动切片机设计

1．工作原理及工艺动作过程

糕点先成型（如长方形、圆柱形等），经切片后再烘干。糕点切片机要求实现两个工艺动作：糕点的直线间歇移动和切刀的往复运动。通过两者的动作配合进行切片。改变直线间歇移动速度或每次间隔的输送距离，以满足糕点的不同切片厚度的需要。

2．原始数据和设计要求

（1）糕点厚度为 10～20mm。

（2）糕点切片长度（即切片的高）为 5～80mm。

（3）切刀切片时最大作用距离（即切片的宽度方向）为 300mm。

（4）切刀工作节拍为 40 次/min。

（5）生产阻力很小，要求选用的机构简单、轻便、运动灵活可靠。

（6）电动机可以选用 0.55kW（或 0.75kW），1390r/min。

3．设计方案提示

（1）切削速度较大时，切片刀口会整齐平滑，因此切刀运动方案的选择很关键，切刀机构应力求简单适用、运动灵活和空间尺寸紧凑等。

（2）直线间歇运动机构如何满足切片长度变化的要求，是需要认真考虑的。调整机构必须简单、可靠，操作方便。无论是采用调速方案，还是采用调距方案，或者采用其他调整方案，均应对方案进行定性的分析比较。

（3）间歇运动机构必须与切刀运动机构工作协调，即全部送进运动应在切刀返回过程中完成。需要注意的是，切口有一定的长度（即高度），输送运动必须在切刀完全脱离切口后方能开始进行，但输送机构的返回运动则可与切刀的工作行程运动在时间上有一段重叠，以利于提高生产率。在设计机器运动循环图时，应按上述要求来选取间歇运动机构的设计参数。

4．设计任务

（1）根据工艺动作顺序和协调要求拟定运动循环图。
（2）进行间歇运动机构和切刀机构的选型，实现上述动作要求。
（3）机械运动方案的评定和选择。
（4）根据选定的原动机和执行机构的运动参数拟定机械传动方案。
（5）对机械传动系统和执行机构进行运动尺寸的计算。
（6）画出机械运动简图。
（7）对执行机构进行运动分析，画出运动线图，进行运动模拟。

16.7　汽车风窗刮水器设计

1．设计要求

汽车风窗刮水器是用于汽车刮水刷的驱动装置，如图 16-4（a）所示，风窗刮水器工作时，由电动机带动齿轮装置 1、2，传至曲柄摇杆机构 2′、3、4。电动机单向连续转动，刮水杆 4 做左右往复摆动，要求左右往复摆动的平均速度相等。其中，刮水刷的平均阻力矩如图 16-4（b）所示。

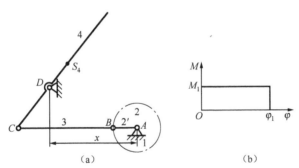

图 16-4　汽车风窗刮水器机构简图及阻力线图

2．设计数据

设计数据见表 16-1。

表 16-1　汽车风窗刮水器设计数据

内　容	曲柄摇杆机构设计及运动分析						曲柄摇杆机构动态静力分析		
符　号	n_1	K	φ	l_{AB}	x	L_{DS4}	G_4	J_{S4}	M_1
单　位	r/min		(°)	mm			N	kg·m²	N·mm
数　据	30	1	120	60	180	100	15	0.01	500

3．设计任务

（1）对曲柄摇杆机构进行运动分析。作机构 1～2 个位置的速度多边形和加速度多边形，起始位置为曲柄 AB 的左水平位置，每隔 45°为一个设计位置。

（2）对曲柄摇杆机构进行动态静力分析。确定机构一个位置的各运动副反力及应加于曲柄上的平衡力矩。

16.8　书本打包机设计

1．工作原理及工艺动作过程

设计书本打包机中的纵向推书机构、送纸机构及裁纸机构。

书本打包机的功用是要把一摞书（如 5 本一包）用牛皮纸包成一包，并在两端贴好封签，如图 16-5 所示。

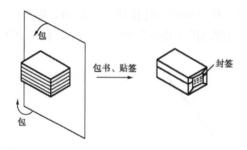

图 16-5　书本打包机的功用

书摞包、封过程的工艺顺序如图 16-6 所示，各工位的布置（俯视）如图 16-7 所示。其工艺过程如下所述（各工序标号与图 16-6、图 16-7 中标号一致）。

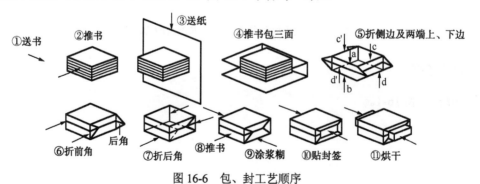

图 16-6　包、封工艺顺序

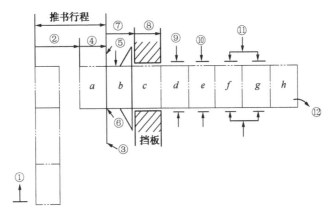

图 16-7　打包过程各工位布置（俯视图）

（1）横向送书，横向送一摞书进入流水线。

（2）纵向推书，纵向推一摞书前进到工位 a，使它与工位 b～g 上的 6 摞书紧贴在一起。

（3）送纸，书推到工位 a 前，包装纸已先送到位。包装纸使用整卷筒纸，由上向下送够长度后进行裁切。

（4）继续推书前进一摞书的位置到工位 b，由于在工位 b 的书摞上、下方设置有挡板，以挡住书摞上、下方的包装纸，所以书摞被推到工位 b 时实现三面包装，这一工序中推书机构共推动 a～g 的 7 摞书。

（5）推书机构回程时，折纸机构动作，先折侧边将纸包成筒状，再折两端上、下边。

（6）继续折前角。

（7）上步动作完成后，推书机构已进入到下一循环的工序（4），此时将工位 b 上的书推到工位 c。在此过程中，利用工位 c 两端设置的挡板实现折后角。

（8）推书机构又一次循环到工序（4）时，将工位 c 的书摞推至工位 d，此位置是两端涂浆糊的位置。

（9）在工位 d 向两端涂浆糊。

（10）在工位 e 贴封签。

（11）在工位 f、g 用电热器把浆糊烘干。

（12）在工位 h 用人工将包封好的书摞取下。

2. 原始数据及设计要求

图 16-8 表示由总体设计规定的各部分的相对位置及有关尺寸，其中轴 O 为机械主轴的位置。

（1）机构的尺寸范围。

机械的最大允许长度 A 和高度 B：$A\approx2000$mm；$B\approx1600$mm。

工作台面高度：$y_0\approx400$mm。

主轴位置：$x\approx1000$～1100mm，$y=300$～400mm。

纸卷位置：$x_1=300$mm，$y_1=300$mm。

为了保证工作安全和台面整洁，推书机构最好放在工作台面以下。

（2）工艺要求的数据。

书摞尺寸：宽度 $a=130$～140mm；长度 $b\approx180$～220mm；高度 $c=180$～220mm。

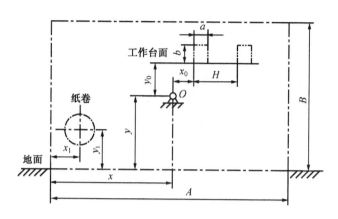

图 16-8　打包机各部分的相对位置及有关尺寸和范围

推书起始位置：x_0=200mm。

推书行程：H=400mm。

推书次数（主轴转速）：n=(10±0.1)r/min。

主轴转速不均匀系数：$\delta \leqslant 1/4$。

纸卷直径：d=400mm。

（3）纵向推书运动要求。

① 整个机械的运动以主轴回转 1 周为一个循环周期。因此，可以用主轴的转角表示推书机构从动件（推头或滑块）的运动时间。

② 推书动作耗时 1/3 周期，相当于主轴转 120°；快速退回动作耗时小于 1/3 周期，相当于主轴转角小于 100°；停止不动耗时大于 1/3 周期，相当于主轴转角大于 140°。

③ 纵向推书机构从动件的工艺动作与主轴转角的关系见表 16-2。

表 16-2　纵向推书机构从动件的工艺动作与主轴转角的关系

主 轴 转 角	纵向推书机构从动件（推头）的工艺动作
0°～80°	推单摞书前进
80°～120°	推 7 摞书前进，同时完成折后角的动作
120°～220°	从动件退回
220°～360°	从动件停止不动

为了清楚而形象地表示出该机构的上述运动循环关系，可以画出运动循环图的形式，如图 16-9 所示。

（4）其他机构的运动关系见表 16-3。

表 16-3　其他机构的运动关系

工 艺 动 作	主 轴 转 角
横向送书	150°～340°
折侧边，折两端上、下边，折前角	180°～340°
涂浆糊、贴封签、烘干	180°～340°
送纸	200°～360°～70°
裁纸	70°～80°

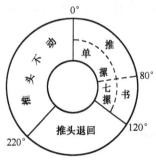

图 16-9　纵向推书机构运动循环图

（5）各工作阻力的数据。

① 每摞书的质量为 4.6kg，推书滑块的质量为 8 kg。

② 横向送书机构的阻力可假设为常数，相当于主轴上有等效阻力矩 $M_{c4}=4$ N·m。

③ 送纸、裁纸机构的阻力也假设为常数，相当于主轴上有等效阻力矩 $M_{c5}=6$ N·m。

④ 折后角机构的阻力相当于 4 摞书的摩擦阻力。

⑤ 折边、折前角机构的阻力总和，相当于主轴上受到等效阻力矩 M_{c6}，其大小可用机器在纵向推书行程中（即主轴转角在 0°～120° 范围内）主轴所受纵向推书阻力矩的平均值 M_{c3} 表示，即：

$$M_{c6}=6M_{c3}$$

M_{c3} 的大小可由下式算出：

$$M_{c3} = \frac{\sum_{i=1}^{n} M_{ci}}{n}$$

式中，M_{ci} 为推程中各分点上主轴所受的阻力矩；n 为推程中的分点数。

⑥ 涂浆糊、贴封签和烘干机构的阻力总和，相当于主轴上受到等效阻力矩 M_{c7}，其大小可用 M_{c3} 表示为：

$$M_{c7}=8M_{c3}$$

3．设计任务

（1）构思并选定机构方案。内容包括纵向推书机构和送纸、裁纸机构，以及从电动机到主轴之间的传动机构（电动机可从 Y-××-4 型中初选）。

（2）设计纵向推书机构。根据选定的方案，利用优化方法设计纵向推书机构的运动简图。

（3）确定传动机构及送纸。裁纸机构中与整机运动协调配合有关的主要尺寸（宏观定性的关系）。

（4）根据上面求得的尺寸，按比例画出全部机构的运动简图，并标注出主要尺寸。画出包封全过程中机构的运动循环图（全部工艺动作与主轴转角的关系图）。

（5）根据上面求得的尺寸，按比例画出一个主要机构的运动设计图，图中保留作图辅助线，并标注必要的尺寸。

（6）对机构进行力分析，求出主轴上的阻力矩在主轴转 1 周中的一系列数值，即：

$$M_{cj}=M_c(\varphi_j)$$

式中，φ_j 为主轴的转角；j 为主轴回转 1 周中的各分点序号。

力分析时，除考虑工作阻力和移动构件的重力、惯性力以及移动副中的摩擦阻力外，对于其他运动构件，可借助各运动副的效率值做近似估算。为简便起见，计算时可近似地利用等效力矩的计算方法。

（7）画出阻力矩线图，并计算出阻力矩的平均值 M_{cm}（若用计算机打印曲线 $M_{cj}=M_c(\varphi_j)$，则须画出坐标轴，并标出必要的字符和数值）。

（8）根据上面求出的平均阻力矩（计入传动机构效率）之后，算出所需电动机功率的理论值 $N_{计}$，再乘以安全系数 K（一般取 1.2～1.4），得出电动机功率 $N_{电}$，据此查阅电动机产品目录，应使所选电动机的额定功率 $N \geq N_{电}$。

（9）根据力矩曲线和给定的速度不均匀系数δ值，用近似方法（不计各构件的质量和转动惯量）计算出飞轮的等效转动惯量。

（10）只考虑纵向推书机构和传动机构中的移动构件和回转构件的质量，近似计算机构的等效转动惯量在主轴旋转1周中的一系列数值。将上面求出的飞轮等效转动惯量减去机构等效转动惯量的最小值，得出实际需要的飞轮的等效转动惯量的大小。

16.9 三面切书自动机设计

1. 工作原理及工艺动作

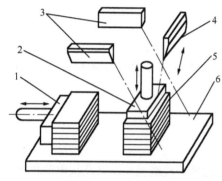

1—送料执行机构；2—压书执行机构；

3—两侧切书刀执行机构；4—横切书刀执行机构；

5—书本；6—工作台

图 16-10 三面切书机工艺示意图

三面切书自动机的功用是切去书籍的 3 个余边，其工作原理及工艺动作分解如图 16-10 所示，该系统由送料机构Ⅰ、压书机构Ⅱ、侧刀机构Ⅲ和横刀机构Ⅳ四个部分组成。在一个循环周期中（主轴旋转 1 周），各机构的执行构件完成对书籍的送料、压书、切去余边的工作任务。

（1）送料机构Ⅰ：它将输送带上输送过来的有一定高度的书本送至切书工位。

（2）压书机构Ⅱ：它将在切书工位的书本压紧。

（3）侧刀机构Ⅲ：它将已压好的书的两侧切去余边。

（4）横刀机构Ⅳ：它将已切去书的两侧余边的书本再切去前面余边。

2. 原始数据及设计要求

（1）被切书摞长×宽×高尺寸为 260mm×185mm×90mm，质量为 5kg。

（2）推书行程为 370mm，压头行程为 400mm，侧刀行程为 350mm，横刀行程为 380mm。

（3）生产率为 6 摞/min。

（4）要求选用的机构简单、轻便，运动灵活可靠。

3. 运动方案构思提示

（1）由于推书运动是间歇往复直线运动，能满足该运动规律的机构有移动从动件圆柱或盘形凸轮机构、凸轮与摆杆滑块机构以及带滑块的六杆机构等。

（2）压书机构的压头做间歇往复运动，在切书过程中始终压住书籍，故停歇时间较长，适用的机构有凸轮机构、带凸轮的组合机构或采用如图 16-11 所示的机构。

（3）侧刀机构的侧刀共两把，分别切除书籍的两侧边，机构简图如图 16-12 所示。

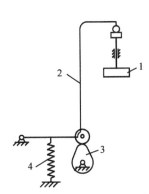

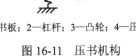

1—压书板；2—杠杆；3—凸轮；4—压书弹簧

图 16-11　压书机构

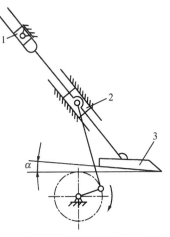

1—导向块；2—曲柄滑块机构；3—侧刀

图 16-12　侧刀机构

（4）横刀机构的运动简图如图 16-13 所示，它由空间曲柄连杆机构驱动横刀滑板在横刀斜导轨中滑动，使横刀下滑，切除书籍前面多余的纸边。

（5）上述 4 个机构的主动构件须用同一主轴驱动，这样才能在一个循环周期内使各机构的执行构件各自完成分功能运动的要求。

4．设计任务

（1）根据功能要求，确定工作原理和绘制系统功能图。

（2）按工艺动作过程拟定运动循环图。

（3）构思机构系统运动方案（至少两个以上），进行方案评价，选出最优方案。

（4）对传动机构和执行机构进行运动尺寸设计。

（5）绘制系统的机械运动方案简图。

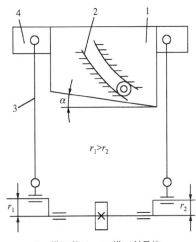

1—横切书刀；2—横刀斜导轨；

3—空间曲柄连杆机构；4—横刀滑板

图 16-13　横刀机构

16.10　巧克力糖自动包装机设计

1．设计要求

设计巧克力糖自动包装机。包装对象为圆台状巧克力糖，如图 16-14 所示，包装材料为厚 0.08mm 的金色铝箔纸。包装后外形应美观挺拔，铝箔纸无明显损伤、撕裂或褶皱，如图 16-15 所示。包装工艺方案为：纸坯采用卷筒纸，纸片水平放置，间歇剪切式供纸，如图 16-16 所示。包装工艺动作如下。

（1）将 64mm×64mm 铝箔纸覆盖在巧克力糖 ϕ17mm 小端正上方。

（2）使铝箔纸沿糖块锥面强迫成型。

（3）将余下的铝箔纸分半，先后向 $\phi24mm$ 大端面上褶去，迫使包装纸紧贴巧克力糖。设计数据见表16-4。

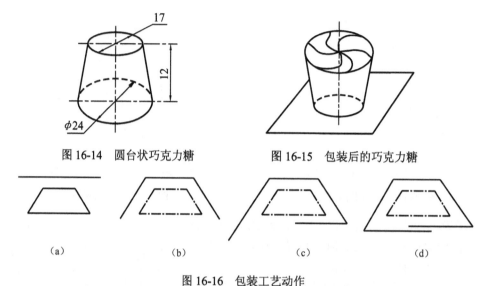

图 16-14　圆台状巧克力糖　　　　图 16-15　包装后的巧克力糖

（a）　　　　　（b）　　　　　（c）　　　　　（d）

图 16-16　包装工艺动作

表 16-4　设计数据表

方　案　号	A	B	C	D	E	F	G	H
电动机转速（r/min）	1440	1440	1440	960	960	820	820	780
每分钟包装糖果数目（个/min）	120	90	60	120	90	90	80	60

具体设计要求如下。

（1）要求设计糖果包装机的间歇剪切式供纸机构、铝箔纸锥面成型机构、褶纸机构以及巧克力糖果的送推料机构。

（2）整台机器外形尺寸（宽×高）不超过 800mm×1000mm。

（3）锥面成型机构不论采用平面连杆机构、凸轮机构或者其他常用机构，要求成型动作尽量等速，起、停时冲击小。

2．设计方案提示

（1）剪纸与供纸动作连续完成。

（2）铝箔纸锥面成型机构一般可采用凸轮机构、平面连杆机构等。

（3）实现褶纸动作的机构有多种选择，包括凸轮机构、摩擦滚轮机构等。

（4）巧克力糖果的送推料机构可采用平面连杆机构或凸轮机构。

（5）各个动作应有严格的时间顺序关系。

3．设计任务

（1）巧克力糖包装机一般应包括凸轮机构、平面连杆机构、齿轮机构等。

（2）设计传动系统并确定其传动比分配。

（3）绘制机器的机构运动方案简图和运动循环图。

（4）设计平面连杆机构，并对平面连杆机构进行运动分析，绘制运动线图。

（5）设计凸轮机构。确定运动规律，选择基圆半径，计算凸轮廓线值，校核最大压力角与最小曲率半径。绘制凸轮机构设计图。

（6）设计计算齿轮机构。

16.11　肥皂压花机设计

1. 设计要求及工艺动作过程

设计肥皂压花机，其功能是在肥皂块上利用模具压制花纹和字样，如图 16-17 所示，按一定比例将切制好的肥皂块 3 由推杆 4 送至压模工位，下模具 1 上移，将肥皂块推至固定的上模具 2 下方，靠压力在肥皂块上、下两面同时压制出图案，下模具返回时，顶杆 5 将肥皂块推出，如图 16-17（b）所示，完成一个运动循环。

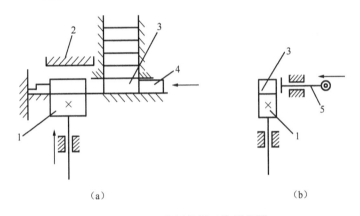

（a）　　　　　　　　　　　　　　　（b）

图 16-17　肥皂压花机工作原理图

2. 原始数据

每分钟压制 50 块肥皂。

3. 设计方案提示

执行构件的运动均为往复运动，可采用直动从动件凸轮机构、多杆曲柄滑块机构等来实现。传动系统部分可参考第 4 章关于肥皂压花机的有关内容。

4. 设计任务

（1）根据工艺动作要求拟定运动循环图。

（2）进行肥皂压花机的选型，实现动作的配合。

（3）机械运动方案的评定和选择。

（4）根据选定的原动机和执行机构的运动参数拟定机械传动系统方案。

（5）对传动机构和执行机构进行运动尺寸的设计。

16.12　螺钉头冷镦机设计

1. 工作原理及工艺动作过程

采用冷镦的方法将螺钉头镦出，可以大大减少加工时间和节省材料。冷镦螺钉头主要完成以下动作。

（1）自动间歇送料。

（2）截料并运料。

（3）预镦和终镦。

（4）顶料。

2. 原始数据及设计要求

（1）每分钟冷镦螺钉头 120 个。

（2）螺钉杆的直径 $D=2\sim4mm$，长度 $L=6\sim32mm$。

（3）毛坯料最大长度为 48mm，最小长度为 12mm。

（4）冷镦行程为 56mm。

3. 设计方案提示

（1）自动间歇送料可采用槽轮机构、凸轮式间歇运动机构等。

（2）将坯料转动切割可采用凸轮机构推动进刀。

（3）将坯料用冲压机构在冲模内进行预镦和终镦，冲压机构可采用平面四杆机构或六杆机构。

（4）顶料采用平面连杆机构等。

4. 设计任务

（1）按工艺动作要求拟定运动循环图。

（2）进行自动间歇送料机构、截料送料机构、预镦终镦机构、顶料机构的选型。

（3）机械运动方案评价和选择。

（4）按选定的电动机和执行机构的运动参数拟定机械传动方案。

（5）绘制机械运动方案简图。

（6）对传动系统和执行机构进行运动尺寸计算。

16.13　精压机冲压及送料机构系统设计

1. 功能要求及工艺动作分解

（1）总功能要求。将薄铝板送到待加工位置后，一次冲压成深筒形，并将成品推出模腔。

（2）工作原理及工艺动作分解。精压机的工作原理及工艺动作分解如图 16-18 所示。要求从侧面将坯料送至待加工位置，上模先以较大速度接近坯料，然后以匀速下冲，进行拉延成型工作，以后上模继续下行将成品推出型腔，最后快速返回。上模退出下模后，送料机构从侧面将坯料送至待加工位置，完成一个工作循环。

2．原始数据及设计要求

（1）以转动的电动机为动力源，从动件（执行构件）为上模，做上下往复直移运动，其大致运动规律如图 16-19 所示，具有快速下沉、等速工作进给和快速返回的特性。

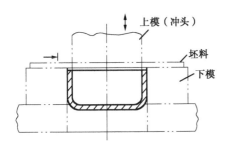
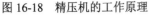
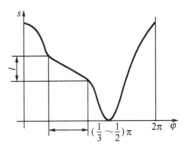

图 16-18　精压机的工作原理　　　　图 16-19　上模运动规律

（2）机构应具有较好的传力性能，特别是工作段的压力角 α 应尽可能小，传动角 γ 应大于或等于许用传动角 $[\gamma]=40°$。

（3）上模到达工作段之前，送料机构已将坯料送至待加工位置（下模上方）。

（4）生产率为 70 件/min。

（5）执行构件（上模）的工作段长度 $l=30\sim100$mm，对应曲柄转角 $\varphi=\left(\dfrac{1}{3}\sim\dfrac{1}{2}\right)\pi$；上模行程长度必须大于工作段长度的两倍以上。

（6）行程速度变化系数 $K \geqslant 1.5$。

（7）送料距离 $H=60\sim250$mm。

（8）电动机转速为 1500r/min。

3．运动方案构思提示

冲压机构的原动件是曲柄，从动件为滑块（上模），行程中有等速运动段（称为工作段），并具有急回特性，还应具有较好的动力特性。要满足这些要求，用单一的基本机构（如偏置曲柄滑块机构）是难以实现的，必须用组合机构。送料机构要求做间歇送进，比较简单。实现上述要求的机构组合方案很多，下面的几种设计方案仅供参考，更多的方案有待读者自行构思。

（1）如图 16-20 所示，冲压机构采用两自由度的双曲柄七杆机构，用齿轮副将其封闭为一个自由度。恰当地选择 C 点的轨迹和确定构件尺寸，可保证机构具有急回运动特性和工作段近于匀速的特性，并使压力角 α 尽可能小。

送料机构是由凸轮机构和连杆机构串联组成的，按机构运动循环图确定凸轮工作角和从动件运动规律，以确保在预定时间将坯料送至待加工位置。

（2）如图 16-21 所示，冲压机构是在导杆机构的基础上串联一个摇杆滑块机构组合而成的。由给定的行程速比系数 K 确定导杆机构的几何尺寸。适当选择导路位置，可使工作段满足匀速要求，工作段的传动角满足设计要求。送料机构采用凸轮机构，以便实现工件间歇送进。送料机构的凸轮轴通过齿轮机构与曲柄轴相连。

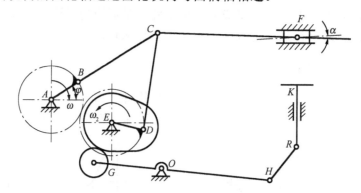

图 16-20 齿轮-连杆冲压机构和凸轮-连杆送料机构

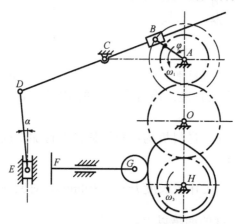

图 16-21 导杆-摇杆滑块冲压机构和凸轮送料机构

（3）如图 16-22 所示，冲压机构由铰链四杆机构和摇杆滑块机构串联组合而成。送料机构由凸轮机构和连杆机构串联组成，以便实现工件间歇送进。送料机构的凸轮轴通过齿轮机构与曲柄轴相连。

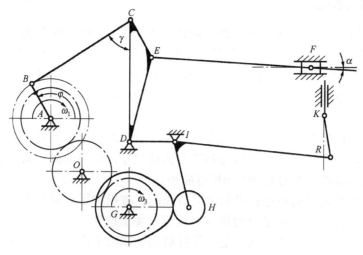

图 16-22 六连杆冲压机构和凸轮连杆送料机构

4．设计任务

（1）根据功能要求，确定工作原理和绘制系统功能图。
（2）按工艺动作过程拟定运动循环图。
（3）进行冲压机构和送料机构的选型。
（4）机械运动方案的评价，选出最优方案。
（5）按选定的电动机和执行机构运动参数拟定机械传动方案。
（6）进行飞轮设计。
（7）绘制系统机械运动方案简图。
（8）对传动机构和执行机构进行运动尺寸设计。

16.14　棉签卷棉机设计

1．工作原理及工艺动作过程

棉签的消耗量很大，拟采用机械完成棉签的卷制。棉签卷制过程可以仿照手工方式进行动作分解，也可另行构思动作过程。对棉签的手工卷制方法进行分解后可得到如下几个过程。

（1）送棉：将条状棉通过机构定时、适量送入。
（2）揪棉：将条状棉压（卷）紧并揪棉，使其揪下定长的条棉。
（3）送签：将签杆送至导棉槽上方与定长棉条接触。
（4）卷棉：签杆自转并引导棉槽移动完成卷棉动作。

2．原始数据及设计要求

（1）棉花：条状脱脂棉，宽 25～30mm，自然厚 4～5mm。
（2）签杆：医院通用签杆，直径约 3mm，杆长约 70mm，卷棉部分长为 20～25mm。
（3）生产率：每分钟卷 60 支，每支卷取棉块长为 20～25mm。
（4）卷棉签机体积要小，重量轻，工作可靠，外形美观，成本低，卷出的棉签松紧适度。

3．设计方案提示

（1）送棉可以采用两滚轮压紧棉条、对滚送进，如图 16-23 所示，送进的方式可采用间歇机构，以实现定时定量送棉；也可以采用直线送进方式，则送棉机构必须有持棉和直线、间歇、定长送进等功能。

（2）揪棉时应采用压棉和揪棉两个动作，压棉可以采用凸轮机构推动推杆压紧棉条，为自动调整压紧力，中间可加一弹簧。图 16-24（a）、（b）中的构件 5、6 同样在凸轮带动下将条棉 4 压紧，并实现揪棉动作。图 16-24（a）是靠 5、6 对滚揪断条棉，图 16-24（b）是构件 5、6 压紧后一起下沉，将条棉揪断。图 16-25 为所示实现揪棉动作的机构，图 16-25（a）中爪轮 1 上的爪 2 转到与支承在弹簧 5 上的滚轮 3 压紧条棉 4 后，爪轮继续转动并压缩弹簧 5，使条棉受到的压紧力增大，当转过一定角度

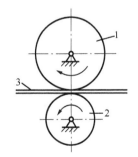

图 16-23　滚轮送棉机构

时，条棉被揪断。当轮爪与滚轮分离时，被揪下的棉块落入下面的导棉槽中，待签杆来卷，此时，滚轮在弹簧的作用下恢复原位，进入下一个工作循环。导棉槽的形状有圆弧和直线形两种，其作用是保证签杆与揪下的棉块相遇，并保证卷棉时棉签头部卷得圆滑，棉签有适当的松紧度，即卷棉时要给棉块适当的阻力。图 16-25（b）中嵌入两爪轮 1、3 的两块橡胶块相遇时，将条棉 4 夹在其间，靠弹性压紧，继续转动时，将条棉揪断。

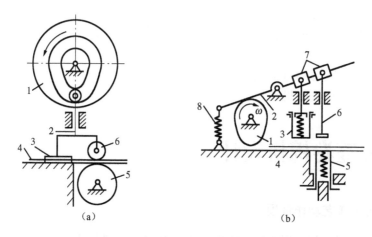

图 16-24　实现压棉和揪棉动作的机构

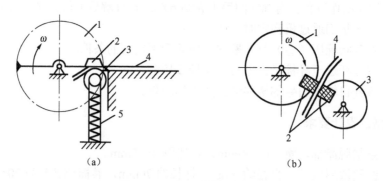

图 16-25　实现揪棉动作的机构

（3）送签可采用漏斗口均匀送出签杆，为避免签杆卡在漏斗口，可以让漏斗做一定振动。

（4）卷棉可将签杆送至导棉槽，使签杆自转并移动而产生卷棉，可采用带槽形的塑料带通过挠性传动来实现。图 16-26（a）为签杆 2 由漏斗形签箱 1 漏入卷轮 3 的槽中后即被卷轮 3 带离签箱，进到与静止摩擦片 4 接触后，在摩擦力的作用下签杆一面前进，一面自转，此时签杆外露在卷轮外的头部（约长 25mm）与导棉槽中的棉花相遇，且有一定的压紧力，从而完成卷棉动作。图 16-26（b）是用有槽的带 3 分取签杆，5 为静止摩擦片，因为带是挠性体，所以下面用托板 7 支撑，使签杆能与板 5 压紧，产生摩擦而自转。

4. 设计任务

（1）根据工艺动作要求拟定运动循环图。

（2）进行送棉、揪棉、送签、卷棉机构的选型，实现上述 4 种动作的配合。

（3）机械运动方案的评定和选择。

（4）根据选定的原动机和执行机构的运动参数拟定机械传动方案。

（5）对传动机构和执行机构进行运动尺寸设计。

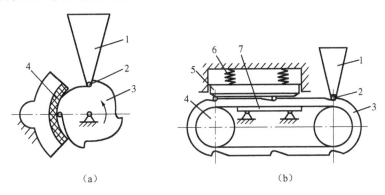

（a）　　　　　　　　　　　　（b）

图 16-26　签杆分送装置

16.15　步进输送机设计

1．工作原理

步进输送机是一种能间歇输送工件并使其间距始终保持稳定步长的传送机械，如图 16-27 所示，工件经过隔断板 1 从料轮滑落到辊道上，隔断板做间歇往复直线运动，工件按一定的时间间隔向下滑落。输送滑架 2 作往复直线运动；工作行程时，滑架上位于最左侧的推爪推动始点位置工件向前移动一个步长；当滑架返回时，始点位置又从料轮接受了一个新工件。由于推爪下装有压力弹簧，推爪返回时得以从工件底面滑过，工件保持不动。当滑架再次向前推进时，该推爪早已复位并推动新工件前移，与此同时，该推爪前方的推爪也推动前工位的工件一齐向前再移动一个步长。如此周而复始，实现工件的步进式传输。显而易见，隔断板的插断运动必须与工件的移动协调，在时间和空间上相匹配。

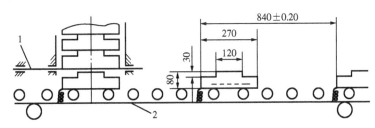

图 16-27　步进输送机布局

2．原始数据及设计要求

（1）输送工件形状和尺寸如图 16-27 所示。工件质量为 60kg，输送步长 $H=840$mm，允许误差为±0.2mm。

（2）辊道上允许输送工件最多为 8 件。工件底面与辊道间的摩擦系数为 0.15（当量值），输送滑架质量为 240kg，当量摩擦系数也为 0.15。

（3）滑架工作行程平均速度为 0.42m/s，要求保证输送速度尽可能均匀，行程速比系数 $K≥1.7$。

（4）最大摆动件线质量 20kg/m，质心在杆长中点，绕质心线转动惯量为 2kg·m²/m，其余构件质量与转动惯量忽略不计。发动机到曲柄轴的传动系统的等效转动惯量（视曲柄为等效转动构件）近似取为 2kg·m²。

（5）允许速度不均匀系数为[δ]=0.1。

（6）滑架导路水平线与安装平面高度允许在 1100mm 以下。

3．设计方案提示

（1）为保证推爪在推动工件前保持推程状态，输送机构的行程应大于工件输送步长 20mm 左右。

（2）在设计步进输送机构和插断机构时，可按已知滑架行程、平均速度和行程速比系数确定曲柄转速；由已知的工件形状尺寸确定插断板单向或双向的插入深度，并据此考虑机构的布局情况，确定插断机构从动件的运动范围和运动规律。

4．设计任务

（1）根据工艺动作要求拟定运动循环图。
（2）进行插断机构、步进输送机构的选型。
（3）机械运动方案的评定和选择。
（4）根据选定的原动机和执行机构的运动参数拟定机械传动方案。
（5）进行工件停止在工位上的惯性前冲量计算。
（6）对机械传动系统和执行机构进行运动尺寸计算。
（7）绘制机械运动方案简图。

16.16 自动喂料搅拌机设计

1．工作原理及工艺动作过程

设计用于化学工业和食品工业的自动喂料搅拌机。物料的搅拌动作是：电动机通过减速装置带动容器绕垂直轴缓慢整周转动；同时，固连在容器内的拌勺点 E 沿图 16-28 双点画线所示轨迹运动，将容器中的拌料均匀搅动。物料的喂料动作是：物料呈粉状或粒状定时从漏斗中漏出，输料持续一段时间后漏斗自动关闭。喂料机的开启、关闭动作应与搅拌机同步。物料搅拌好后的输出可不考虑。

2．原始数据

工作时假定拌料对拌勺的压力与深度成正比，即产生的阻力呈线性变化，如图 16-28 所示。表 16-5 所示为自动喂料搅拌机拌勺 E 的搅拌轨迹数据。表 16-6 所示为自动喂料搅拌机运动分析数据。表 16-7 所示为自动喂料搅拌机动态静力分析及飞轮转动惯量数据。

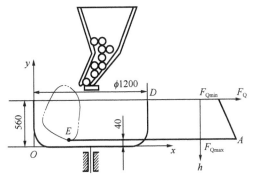

图 16-28　自动喂料搅拌机外形及阻力线图

表 16-5　自动喂料搅拌机拌勺 E 的搅拌轨迹数据表

位置号	i	1	2	3	4	5	6	7	8
方案 A	x_i	525	500	470	395	220	100	40	167
	y_i	148	427	662	740	638	460	200	80
方案 B	x_i	510	487	454	380	205	84	23	192
	y_i	153	368	670	748	646	467	205	82
方案 C	x_i	520	495	467	370	260	72	15	150
	y_i	150	310	570	750	705	462	200	82
方案 D	x_i	505	493	475	373	196	75	13	185
	y_i	185	332	524	763	660	480	225	103
方案 E	x_i	530	505	485	400	230	150	80	195
	y_i	160	490	670	750	640	550	300	80

表 16-6　自动喂料搅拌机运动分析数据

方案号	固定铰链 A、D 的位置				电动机转速/（r/min）	容器转速/（r/min）	每次搅拌时间/s	物料装入容器时间/s
	x_A/mm	y_A/mm	x_D/mm	y_D/mm				
A	1700	400	1200	0	1440	70	60	40
B	1725	405	1200	0	1440	65	80	50
C	1730	410	1200	0	1440	60	90	50
D	1735	420	1200	0	720	60	100	60
E	1745	425	1200	0	720	55	120	60

表 16-7　自动喂料搅拌机动态静力分析及飞轮转动惯量数据

方案号	F_{Qmax}/N	F_{Qmin}/N	δ	S_2	S_3	m_2/kg	m_3/kg	J_{S2}/（kg·m²）	J_{S3}/（kg·m²）
A	2000	500	0.05	位于连杆2的中点	位于从动连架杆3的中点	120	40	1.85	0.06
B	2200	550	0.05			125	42	1.90	0.065
C	2400	600	0.04			130	45	1.95	0.07
D	2600	650	0.04			135	48	2.00	0.075
E	2800	700	0.04			140	50	2.10	0.08

3．设计方案提示

（1）此题含有较丰富的机构设计与分析内容，如平面连杆机构实现运动轨迹的设计、平面连杆机构的运动分析与动态静力分析、飞轮转动惯量确定，以及齿轮机构设计、凸轮机构设计等。教师可根据实际情况确定全部或部分完成该题的设计任务。

（2）可使固连在铰链四杆机构连杆上的某点作为拌勺的点 E，实现预期的拌料轨迹。由于点 E 轨迹仅要求实现 8 点坐标，可以用多种方法设计该平面连杆机构。

4．设计任务

（1）机器应包括齿轮（或蜗杆蜗轮）机构、连杆机构、凸轮机构在内的三种以上机构。

（2）设计机器的运动系统方案简图，绘出机构系统的运动循环图。

（3）设计实现搅料拌勺点 E 轨迹的机构，一般可采用铰链四杆机构。该机构的两个固定铰链 A、D 的坐标值已在表 16-6 中给出（在进行传动比计算后确定机构的确切位置时，由于传动比限制，D 的坐标允许略有变动）。

（4）对平面连杆机构进行运动分析，求出机构从动件在点 E 的位移（轨迹）、速度、加速度；求机构的角位移、角速度、角加速度；绘制机构运动线图。

（5）对连杆机构进行动态静力分析。曲柄 1 的质量与转动惯量略去不计，平面连杆机构从动件 2、3 的质量 m_2、m_3 及其转动惯量 J_{S2}、J_{S3}，以及阻力曲线 F_Q 参见表 16-7。根据 F_{Qmin}、F_{Qmax} 和拌勺工作深度 h 绘制阻力线图，拌勺所受阻力方向始终与点 E 速度方向相反。根据各构件重心的加速度以及各构件角加速度确定各构件惯性力 F_i 和惯性力偶矩 M_i，将其合成为一力，求出该力至重心距离：

$$L_h = \frac{M_i}{F_i}$$

将所得结果列表。求出各位置的机构阻力、各运动副反作用力、平衡力矩，将计算结果列表。

（6）飞轮转动惯量的确定。飞轮安装在高速轴上，已知机器运转不均匀系数 δ（见表 16-7）及阻力变化曲线。注意拌勺进入容器及离开容器时的两个位置，其阻力值不同（其中一个为 0），应分别计算。驱动力矩 M_d 为常数。绘制 M_r-φ（全循环等效阻力矩曲线）、M_d-φ（全循环等效驱动力矩曲线）、ΔE-φ（全循环动能增量曲线）等曲线。求飞轮转动惯量 J_F。

（7）设计实现喂料动作的凸轮机构。根据喂料动作要求，并考虑机器的基本尺寸与位置，设计控制喂料机开启动作的摆动从动件盘形凸轮机构。确定其运动规律，选取基圆半径与滚子半径，求出凸轮实际廓线坐标值，校核最大压力角与最小曲率半径。绘制凸轮机构设计图。

（8）设计实现缓慢整周回转的齿轮机构（或蜗杆蜗轮机构）。

附录 A

常用电动机规格

1. Y系列三相异步电动机（JB3074-82）

Y 系列是一般用途的全封闭自扇冷鼠笼式三相异步电动机，它是我国统一设计的最新系列三相异步电动机。

Y 系列电动机具有高效、节能、启动转矩大、性能好、噪声小、振动小、可靠性高、功率等级和安装尺寸符合 IEC 标准及使用维护方便等优点。

Y 系列电动机适用于在不含易燃、易爆或腐蚀性气体的一般场所工作的无特殊要求的机械，如金属切削机床、泵、风机、运输机械、搅拌机、包装机械、食品机械等。由于该系列电动机有较好的启动性能，所以也适用于某些对启动转矩有较高要求的机械中，如压缩机等。

Y 系列电动机的型号由 4 部分组成：以 Y132S2-2 为例，第 1 部分 Y 表示异步电动机；第 2 部分 132 表示机座中心高（机座不带底脚时与机座带底脚时相同）；第 3 部分 S2 表示短机座（S—短机座、M—中机座、L—长机座）第 2 种铁芯长度；第 4 部分横线后的数字 2 表示电动机的极数。

Y 系列电动机的技术数据见表 A-1。

表 A-1 Y 系列电动机的技术数据

功 率 /kW	型 号	电 流 /A	转 速 /(r/min)	效 率 /%	功率因数 $/\cos\varphi$	堵转转矩 / 额定转矩	堵转电流 / 额定电流	最大转矩 / 额定转矩
同步转速 3 000r/min（2 极）、50Hz、380V								
0.75	Y801-2	1.8	2825	75	0.84	2.2	7.0	2.2
1.1	Y802-2	2.5	2825	77	0.86	2.2	7.0	2.2

续表

功 率 /kW	型 号	电 流 /A	转 速 /(r/min)	效 率 /%	功率因数 /cosφ	堵转转矩 额定转矩	堵转电流 额定电流	最大转矩 额定转矩
同步转速 3 000r/min（2 极）、50Hz、380V								
1.5	Y90S-2	3.4	2840	78	0.85	2.2	7.0	2.2
2.2	Y90L-2	4.7	2840	82	0.86	2.2	7.0	2.2
3	Y100L-2	6.4	2880	82	0.87	2.2	7.0	2.2
4	Y112M-2	8.2	2890	85.5	0.87	2.2	7.0	2.2
5.5	Y132S-2	11.1	2900	85.5	0.88	2.0	7.0	2.2
7.5	Y132S2-2	15.0	2900	86.2	0.88	2.0	7.0	2.2
11	Y160M1-2	21.8	2930	87.2	0.88	2.0	7.0	2.2
15	Y160M2-2	29.4	2930	88.2	0.88	2.0	7.0	2.2
同步转速 1 500r/min（4 极）、50Hz、380V								
0.55	Y801-4	1.5	1390	73	0.76	2.2	6.5	2.2
0.75	Y802-4	2.0	1390	74.5	0.76	2.2	6.5	2.2
1.1	Y90S-4	2.7	1400	78	0.78	2.2	6.5	2.2
1.5	Y90L-4	3.4	1400	79	0.79	2.2	6.5	2.2
2.2	Y100L1-4	5.0	1420	81	0.82	2.2	7.0	2.2
3	Y100L2-4	6.8	1420	82.5	0.81	2.2	7.0	2.2
4	Y112M-4	8.8	1440	84.5	0.82	2.2	7.0	2.2
5.5	Y132S-4	11.6	1440	85.5	0.84	2.2	7.0	2.2
7.5	Y132M-4	15.4	1440	87	0.85	2.2	7.0	2.2
11	Y160M-4	22.6	1460	88	0.84	2.2	7.0	2.2
15	Y160L-4	30.3	1460	88.5	0.85	2.2	7.0	2.2
18.5	Y180M-4	35.9	1470	91	0.86	2.0	7.0	2.2
同步转速 1 000r/min（6 极）、50Hz、380V								
0.75	Y90S-6	2.3	910	72.5	0.70	2.0	6.0	2.0
1.1	Y90L-6	3.2	910	73.5	0.72	2.0	6.0	2.0
1.5	Y100L-6	4.0	940	77.5	0.74	2.0	6.0	2.0
2.2	Y112M-6	5.6	940	80.5	0.74	2.0	6.0	2.0
3	Y132S-6	7.2	960	83	0.76	2.0	6.5	2.0
4	Y132M1-6	9.4	960	84	0.77	2.0	6.5	2.0
5.5	Y132M2-6	12.6	960	85.3	0.78	2.0	6.5	2.0
7.5	Y160M-6	17.0	970	86	0.78	2.0	6.5	2.0
11	Y160L-4	24.6	970	87	0.78	2.0	6.5	2.0
15	Y180L-6	31.5	970	89.5	0.81	1.8	6.5	2.0

续表

功率 /kW	型号	电流 /A	转速 / (r/min)	效率 /%	功率因数 /cosφ	堵转转矩 额定转矩	堵转电流 额定电流	最大转矩 额定转矩
同步转速 750r/min（8 极）、50Hz、380V								
2.2	Y132S-8	5.8	710	81	0.71	2.0	5.5	2.0
3	Y132M-8	7.7	710	82	0.72	2.0	5.5	2.0
4	Y160M1-8	9.9	720	84	0.73	2.0	6.0	2.0
5.5	Y160M2-8	13.3	720	85	0.74	2.0	6.0	2.0
7.5	Y160L-8	17.7	720	86	0.75	2.0	5.5	2.0
11	Y180L-8	25.1	730	86.5	0.77	1.7	6.0	2.0
15	Y200L-8	34.1	730	88	0.76	1.8	6.0	2.0
18.5	Y225S-8	41.3	730	89.5	0.76	1.7	6.0	2.0

2. YZR、YZ 系列冶金及起重用三相异步电动机（JB3229-83，JB3230-83）

起重及冶金用三相异步电动机是用于驱动各种形式的起重机械和冶金设备中辅助机械的专用系列产品。这种电动机具有较高的机械强度和较大的过载能力，能承受经常的机械冲击及振动，因此特别适用于短时或断续周期运行、频繁启动和制动、有时过负荷及有显著振动和冲击的设备。

YZR 系列为绕线转子电动机，YZ 系列为笼式转子电动机。冶金及起重用电动机大多采用绕线转子，但对于 30kW 以下电动机以及在启动不是很频繁而电网容量又许可满压启动的场所，也可采用笼式转子。

根据负荷的不同性质，电动机常用的工作制分为 S2（短时工作制）、S3（断续周期工作制）、S4（包括启动的断续周期性工作制）、S5（包括电制动的断续周期工作制）4 种。电动机的额定工作制为 S3，每一工作周期为 10min。电动机的基准负载持续率 FC 为 40%。

YZR、YZ 系列电动机的型号：以 YZR112M-6 为例，Y 表示异步电动机，Z 表示冶金及起重用，R 表示绕线转子（笼式无 R），112 表示中心高（mm），M 表示铁心长度代号，6 表示极数。

YZR、YZ 系列电动机的技术数据见表 A-2 和表 A-3 所示。

表 A-2　YZR 系列电动机技术数据

型号	S2				S3								
					6 次/h（热等效启动次数）								
	30min		60min		FC=15%		FC=25%		FC=40%			FC=60%	
	额定功率 /kW	转速 / (r/min)	额定功率 /kW	转速 / (r/min)	额定功率 /kW	转速 / (r/min)	额定功率 /kW	转速 / (r/min)	额定功率 /kW	最大转距 额定转距	转速 / (r/min)	额定功率 /kW	转速 / (r/min)
YZR112M-6	1.8	815	1.5	866	2.2	725	1.8	815	1.5	2.5	866	1.1	912
YZR132M1-6	2.5	892	2.2	908	3.0	855	2.5	892	2.2	2.86	908	1.3	924

型　　号	S2				S3 6次/h（热等效启动次数）								
	30min		60min		FC=15%		FC=25%		FC=40%			FC=60%	
	额定功率/kW	转速/（r/min）	额定功率/kW	转速/（r/min）	额定功率/kW	转速/（r/min）	额定功率/kW	转速/（r/min）	额定功率/kW	最大转距/额定转距	转速/（r/min）	额定功率/kW	转速/（r/min）
YZR132M2-6	4.0	900	3.7	908	5.0	875	4.0	900	3.7	2.51	908	3.0	937
YZR160M1-6	6.3	921	5.5	930	7.5	910	6.3	921	5.5	2.56	930	5.0	935
YZR160M2-6	8.5	930	7.5	940	11	908	8.5	930	7.5	2.78	940	6.3	949
YZR160L-6	13	942	11	957	15	920	13	942	11	2.47	945	9.0	952
YZR180L-6	17	955	15	962	20	946	17	955	15	3.2	962	13	963
YZR200L-6	26	956	22	964	33	942	26	956	22	2.88	964	19	969
YZR225M-6	34	957	30	962	40	947	34	957	30	3.3	962	26	968
YZR250M1-6	42	960	37	965	50	950	42	960	37	3.13	960	32	970
YZR250M2-6	52	958	45	965	63	947	52	958	45	3.48	965	39	969
YZR280S-6	63	966	55	969	75	960	63	966	55	3	969	48	972
YZR160L-8	9	694	7.5	705	11	676	9	694	7.5	2.73	705	6	717
YZR180L-8	13	700	11	700	15	690	13	700	11	2.72	700	9	720
YZR200L-8	18.5	701	15	712	22	690	18.5	701	15	2.94	712	13	718
YZR225M-8	26	708	22	715	33	696	26	708	22	2.96	715	18.5	721
YZR250M1-8	35	715	30	720	42	710	35	715	30	2.64	720	26	725
YZR250M2-8	42	716	37	720	52	706	42	716	37	2.73	720	32	725
YZR280M-8	63	722	55	725	75	715	63	722	55	2.85	725	43	730
YZR315S-8	85	724	75	727	100	719	85	724	75	2.74	727	63	731
YZR280S-10	42	571	37	560	55	564	42	571	37	2.8	572	32	578
YZR280M-10	55	556	45	560	63	548	55	556	45	3.16	560	37	569
YZR315S-10	63	580	55	580	75	574	63	580	55	3.11	580	48	585
YZR315M-10	85	576	75	579	100	570	85	576	75	3.45	579	63	584
YZR355M-10	110	581	90	585	132	576	110	581	90	3.33	589	75	588

续表

型　号	S3		S4 及 S5									
			150 次/h（热等效启动次数）						300 次/h（热等效启动次数）			
	FC=100%		FC=25%		FC=40%		FC=60%		FC=40%		FC=60%	
	额定功率 /kW）	转速 /（r/min）	额定功率 /kW	转速 /（r/min）	额定功率 /kW	转速 /（r/min）	额定功率 /kW	转速 /（r/min）	额定功率 /kW	转速 /（r/min）	额定功率 /kW	转速 /（r/min）
YZR112M-6	0.8	940	1.6	845	1.3	890	1.1	920	1.2	900	0.9	930
YZR132M1-6	1.5	940	2.2	908	2.0	913	1.7	931	1.8	926	1.6	936
YZR132M2-6	2.5	950	3.7	915	3.3	925	2.8	940	3.4	925	2.8	940
YZR160M1-6	4.0	944	5.8	927	5.0	935	4.8	937	5.0	935	4.8	937
YZR160M2-6	5.5	956	7.5	940	7.0	945	6.0	954	6.0	954	5.5	959
YZR160L-6	7.5	970	11	950	10	957	8.0	969	8.0	969	8.5	971
YZR180L-6	11	975	15	960	13	965	12	969	12	969	11	972
YZR200L-6	17	973	21	965	18.5	970	17	973	17	973		
YZR225M-6	22	975	28	965	25	969	22	973	22	973	20	977
YZR250M1-6	28	975	33	970	30	973	28	975	26	977	25	978
YZR250M2-6	33	974	42	967	37	971	33	975	31	976	30	977
YZR280S-6	40	976	52	970	45	974	42	975	40	977	37	978
YZR160L-8	5	724	7.5	712	7	716	5.8	724	6.0	722	50	727
YZR180L-8	7.5	726	11	711	10	717	8.0	728	8.0	728	7.5	729
YZR200L-8	11	723	15	713	13	718	12	720	12	720	11	724
YZR225M-8	17	723	21	718	18.5	721	17	724	17	724	15	727
YZR250M1-8	22	729	29	700	25	705	22	712	22	712	20	716
YZR250M2-8	27	729	33	725	30	727	28	728	26	730	25	731
YZR280M-8	40	732	52	727	45	730	42	732	42	732	37	735
YZR315S-8	55	734	64	731	60	733	56	733	52	735	48	736
YZR280S-10	27	582	33	578	30	579	28	580	26	582	25	583
YZR280M-10	33	587	42		37		33		31		28	
YZR315S-10	40	588	50	583	45	585	42	586	40	587	37	587
YZR315M-10	50	587	65	584	60	585	55	586	50	587	48	588
YZR355M-10	63	589	80	587	72	588	65	589	60	590	55	590

表 A-3　YZ 系列电动机技术数据

型号	S2 30min 额定功率 /kW	S2 30min 定子电流 /A	S2 30min 转速 /(r/min)	S2 60min 额定功率 /kW	S2 60min 定子电流 /A	S2 60min 转速 /(r/min)	S3 15% 额定功率 /kW	S3 15% 定子电流 /A	S3 15% 转速 /(r/min)	S3 25% 额定功率 /kW	S3 25% 定子电流 /A	S3 25% 转速 /(r/min)
YZ112M-6	1.8	4.9	892	1.5	4.25	920	2.2	6.5	810	1.8	4.9	892
YZ132M1-6	2.5	6.5	920	2.2	5.9	935	3.0	7.5	804	2.5	6.5	920
YZ132M2-6	4.0	9.2	915	3.7	8.8	912	5.0	11.6	890	4.0	9.2	915
YZ100M1-6	6.3	14.1	922	5.5	12.5	933	7.5	16.8	903	6.3	14.1	922
YZ100M2-6	8.5	18	943	7.5	15.9	948	11	25.4	926	8.5	18	943
YZ160L-6	15	32	920	11	24.6	953	15	32	920	13	28.7	936
YZ100L-8	9	21.1	694	7.5	18	705	11	27.4	675	9	21.1	694
YZ180L-8	13	30	675	11	25.8	694	15	35.3	654	13	30	675
YZ200L-8	18.5	40	697	15	33.1	710	22	47.5	686	18.5	40	697
YZ225M-8	26	53.5	701	22	45.8	712	33	69	687	26	53.5	701
YZ250M1-8	35	74	681	30	63.3	694	42	89	663	35	74	681

S3　6 次/h（热等效启动次数）

型号	40% 额定功率 /kW	40% 定子电流 /A	40% 转速 /(r/min)	最大转矩/额定转矩	堵转转矩/额定转矩	堵转电流/额定电流	效率 /%	功率因数	60% 额定功率 /kW	60% 定子电流 /A	60% 转速 /(r/min)	100% 额定功率 /kW	100% 定子电流 /A	100% 转速 /(r/min)
YZ112M-6	1.5	4.25	920	2.7	2.44	4.47	69.5	0.765	1.1	2.7	946	0.8	3.5	980
YZ132M1-6	2.2	5.9	935	2.9	3.1	5.16	74	0.745	1.8	5.3	950	1.5	4.9	960
YZ132M2-6	3.7	8.8	912	2.8	3.0	5.54	79	0.79	3.0	7.5	940	2.8	7.2	945
YZ100M1-6	5.5	12.5	933	2.7	2.5	4.9	80.6	0.83	5.0	11.5	940	4.0	10	953
YZ100M2-6	7.5	15.9	948	2.9	2.4	5.52	83	0.86	6.3	14.2	956	5.5	13	961
YZ160L-6	11	24.6	953	2.9	2.7	6.17	84	0.852	9	20.6	964	2.5	18.8	972
YZ100L-8	7.5	18	705	2.7	2.5	5.1	82.4	0.766	6.0	15.6	717	5	14.2	724
YZ180L-8	11	25.8	694	2.5	2.6	4.9	80.9	0.811	9	21.5	710	7.5	19.2	718
YZ200L-8	15	33.1	710	2.8	2.7	6.1	86.2	0.80	13	28.1	714	11	26	720
YZ225M-8	22	45.8	712	2.9	2.9	6.2	87.5	0.834	18.5	40	718	17	37.5	720
YZ250M1-8	30	63.3	694	2.54	2.7	5.47	85.7	0.84	26	56	702	22	45	717

参 考 文 献

[1] 邹慧君，张青. 机械原理课程设计手册（第二版）. 北京：高等教育出版社，2010.

[2] 李瑞琴. 机械原理（第二版）. 北京：国防工业出版社，2011.

[3] 赵满平，马星国. 机械原理课程设计. 沈阳：东北大学出版社，2005.

[4] 李瑞琴. 现代机械概念设计与应用. 北京：电子工业出版社，2009.

[5] 朱景梓. 渐开线齿轮变位系数的选择. 北京：人民教育出版社，1982.

[6] 师忠秀. 机械原理课程设计（第二版）. 北京：机械工业出版社，2009.

[7] 王三民. 机械原理与设计课程设计. 北京：机械工业出版社，2009.

[8] 陆凤仪，钟守炎. 机械原理课程设计（第二版）. 北京：机械工业出版社，2011.

[9] 申永胜. 机械原理教程（第二版）. 北京：清华大学出版社，2005.

[10] 孟宪源主编. 现代机构手册. 北京：机械工业出版社，1994.

[11] 裘建新. 机械原理课程设计. 北京：高等教育出版社，2010.

[12] 李瑞琴. 机构系统创新设计. 北京：国防工业出版社，2008.

[13] 许林成，赵治华，王治等. 包装机械原理与设计. 上海：上海科学技术出版社，1988.

[14] 孟宪源，姜琪. 机构构型与应用. 北京：机械工业出版社，2004.

[15] 张春林. 机械创新设计（第二版）. 北京：机械工业出版社，2007.

[16] 王淑仁. 机械原理课程设计. 北京：科学出版社，2006.

[17] 牛鸣岐，王保民，王振普. 机械原理课程设计手册. 重庆：重庆大学出版社，2001.

[18] 张策. 机械原理与机械设计（上、下册）（第二版）. 北京：机械工业出版社，2011.

[19] 邹慧君，张春林，李杞仪. 机械原理（第二版）. 北京：高等教育出版社，2006.

[20] 安子军. 机械原理（第二版）. 北京：国防工业出版社，2011.

[21] 郭为忠，于红英. 机械原理. 北京：清华大学出版社，2009.

[22] R.S.KHURMI，J.K.GUPTA. Theory of Machines［J］. First Multicolor Revised and Updated Edition，published by Eurasia Publishing House Ltd.，2005.

[23] Robert L. Norton，Design of Machinery: An Introduction to the Synthesis and Analysis of Mechanisms and Machines［J］. Second Edition，New York：McGraw-Hill，2001.

[24] 邹慧君，颜鸿森. 机械创新设计理论与方法. 北京：高等教育出版社，2008.

[25] 强建国. 机械原理创新设计. 武汉：华中科技大学出版社，2008.

[26] 曲继方，安子军，曲志刚. 机构创新原理. 北京：科学出版社，2001.

[27] 吕庸厚，沈爱红. 组合机构设计与应用创新. 北京：机械工业出版社，2008.

[28] 张继红，王桥医. 包装机械系统运动方案的创新设计. 包装工程，2007，(2)：72-74.

[29] 陈虹. 现代印刷机械原理与设计. 北京：中国轻工业出版社，2007.

[30] 刘毅. 机械原理课程设计. 武汉：华中科技大学出版社，2008.

［31］陈虹. 印刷设备概论. 北京：中国轻工业出版社，2010.

［32］张晓玲，沈韶华. 实用机构设计与分析. 北京：北京航空航天大学出版社，2010.

［33］桂乃磐. 机械力学与机构设计. 北京：高等教育出版社，2001.

［34］吕庸厚，沈爱红. 组合机构设计与应用创新. 北京：机械工业出版社，2008.

［35］宋井玲. 自动机械设计. 北京：国防工业出版社，2011.

电子工业出版社机械类教材图书

序 号	国际书号	书 名	定 价	作 者	出版年月
1	9787121197161	液压系统故障智能诊断与监测	48	黄志坚	2013-3-1
2	9787121190278	仪器制造工艺学	39.8	张雪飞	2013-1-1
3	9787121188862	注塑模具设计基础	33	王 静	2013-1-1
4	9787121190223	机床电气控制技术（第2版）	49	鲁远栋	2013-1-1
5	9787121113789	汽车概论（第2版）	32	夏怀成	2012-12-1
6	9787121187186	SolidWorks 三维设计及工程图应用	39	赵建国	2012-11-1
7	9787121186639	互换性与技术测量（第2版）	29	万书亭	2012-10-1
8	9787121180798	AutoCAD 快速入门与工程制图	35	赵建国	2012-9-1
9	9787121176074	电机与电气控制及PLC（第2版）	35	赵俊生	2012-8-1
10	9787121180125	SolidWorks 三维设计及动画制作	45	上官林建	2012-8-1
11	9787121175121	工程制图（第2版）	39	黄 玲	2012-8-1
12	9787121117770	机床夹具设计教程	29	何 庆	2012-8-1
13	9787121180712	测控电路设计与应用	39.8	郝晓剑	2012-8-1
14	9787121151668	现代控制理论	29	关新平	2012-5-1
15	9787121167052	UG NX8 数控编程基本功特训	59	冯 方	2012-5-1
16	9787121167108	UG NX8 产品设计与工艺基本功特训	55	陈 晨	2012-5-1
17	9787121169540	单片机原理及应用（第2版）	33	蔡振江	2012-5-1
18	9787121167461	机械制造技术基础	33	苏建修	2012-4-1
19	9787121158797	机械制图	26	胡志新	2012-4-1
20	9787121161544	机械工程控制基础学习指导与题解	27	曾孟雄	2012-4-1
21	9787121158599	机电系统计算机控制及辅助设计	35	赵俊生	2012-3-1
22	9787121151033	PLC 及电气控制	38	吴亦锋	2012-1-1
23	9787121155758	工程力学（第二版）	29	梁建术	2012-1-1
24	9787121121661	机械设计基础	39	乔峰丽	2011-12-1
25	9787121030062	机械工程控制基础	21	玄兆燕	2011-10-1
26	9787121135965	机械制造工艺学	36	刘传绍	2011-9-1
27	9787121135064	冲压工艺与模具设计	32	宇海英	2011-8-1
28	9787121135071	机电一体化系统设计	29	俞竹青	2011-8-1
29	9787121135866	互换性与测量技术基础	28	万秀颖	2011-8-1
30	9787121135118	塑料成型工艺及模具设计	27	贺 平	2011-8-1
31	9787121135002	液压与气压传动技术及应用	39	田 勇	2011-7-1
32	9787121135095	CAD/CAM 应用技术	33	任军学	2011-7-1
33	9787121134890	工程测试技术	34	郑艳玲	2011-6-1
34	9787121135446	微机原理及接口技术	35	张登攀	2011-6-1
35	9787121136009	简明材料力学	34	徐 鹏	2011-6-1
36	9787121134876	机电传动与控制	38	王宗才	2011-6-1

序 号	国际书号	书 名	定 价	作 者	出版年月
37	9787121135088	数控技术及应用	27	王怀明	2011-6-1
38	9787121135101	数控加工工艺	33	施晓芳	2011-6-1
39	9787121136078	过程控制系统	38	牛培峰	2011-6-1
40	9787121134999	机械原理同步辅导与习题全解	33	李瑞琴	2011-6-1
41	9787121133732	模具制造工艺学	32	张 霞	2011-5-1
42	9787121133992	数控编程与加工	36	杨丙乾	2011-5-1
43	9787121134937	机械控制工程基础	35	玄兆燕	2011-5-1
44	9787121135590	材料成型 CAE 技术及应用	33	吴梦陵	2011-5-1
45	9787121134913	精密与特种加工技术	32	明平美	2011-5-1
46	9787121133275	微机原理与接口技术	35	娄国焕	2011-5-1
47	9787121134906	机械设计课程设计	36	刘建华	2011-5-1
48	9787121133725	模具设计与制造	36	李小海	2011-5-1
49	9787121132834	机械工程控制基础	29	曾孟雄	2011-5-1
50	9787121133053	数控加工工艺与编程	33	赵先仲	2011-4-1
51	9787121132193	机械设计基础	36	薛铜龙	2011-4-1
52	9787121131684	电气控制系统设计	36	王得胜	2011-4-1
53	9787121131516	机械工程控制基础	28	田 勇	2011-4-1
54	9787121129704	自动控制原理	39	杨友良	2011-3-1
55	9787121129889	电气工程专业英语	29	薛士龙	2011-3-1
56	9787121129667	机械工程材料与成型技术	39	刘贯军	2011-3-1
57	9787121129339	机械生产实习教程与范例	28	何 庆	2011-3-1
58	9787121128868	材料力学	35	李文星	2011-2-1
59	9787121125355	磨削原理	55	任敬心	2011-1-1
60	9787121124303	机械设计基础	38	李 敬	2011-1-1
61	9787121123740	单片机原理与接口技术	38	吴亦锋	2010-11-1
62	9787121122972	机械设计	28	庞兴华	2010-11-1
63	9787121117312	机械工程测试技术	35	邵明亮	2010-9-1
64	9787121109041	工程图学习题集	32	姚辉学	2010-6-1
65	9787121108907	工程图学	36	姚辉学	2010-6-1
66	9787121108860	机床电气控制与 PLC	39.8	曲尔光	2010-6-1
67	9787121108808	机械原理课程设计	35	李瑞琴	2010-6-1
68	9787121103155	简明工程力学	34	徐 鹏	2010-4-1
69	9787121089954	互换性与测量技术基础	33	庞学慧	2009-7-1

注：有需要以上样书的读者，请联系编辑。

编辑：李洁　　电话：010-88254501　　邮箱：642050301@qq.com